应用型本科院校“十三五”规划教材/机械工程类

黑龙江省高等教育学会“十三五”高等教育科研课题（规划课题）
“机电类专业本科创新教育体系研究与实践”（批准编号：16G446）

主　编　王妍玮　胡　琥　张　蔓
副主编　赵秋英　曾凡菊　郭越富

单片机原理及应用

（第2版）

Principle and Applications of Microcomputer

哈爾濱工業大學出版社

内容简介

本书以C51语言和Keil软件为主线，以提高动手能力为目的，采用理论与实践相结合的方法，深入浅出地介绍了STC系列单片机的基本结构、工作原理、程序编程基础及应用实例，让学生们学以致用。本书以Keil为编程工具，结合硬件焊接制作科技作品，具有很强的直观性，可保证学生理论基础够用、动手实践能力得到发挥。

本书共分为三部分，第一部分为基础篇，包括第1~4章，着重介绍单片机基础知识、硬件资源、软件编程基础和基础应用实例；第二部分为提高篇，包括第5~8章，主要介绍STC系列单片机定时器与计数器、EEPROM的工作原理、AD和DA及串行口通信原理，为深入掌握单片机提供保障；第三部分为应用篇，包括第9~14章，侧重介绍数码管、液晶屏、键盘输入、电机驱动、传感器等常用的功能模块实例分析。

本书适合在单片机教学、单片机课程设计及本科生毕业设计中使用，也可作为自学、科研及竞赛的参考资料，诣通过亲自动手制作实物，掌握所学知识。

图书在版编目(CIP)数据

单片机原理及应用/王妍玮，胡琥，张蔓主编. —2版. —哈尔滨：哈尔滨工业大学出版社，2017.6

应用型本科院校"十三五"规划教材

ISBN 978-7-5603-6100-0

Ⅰ.①单… Ⅱ.①王…②胡…③张… Ⅲ.①单片微型计算机-高等学校-教材 Ⅳ.①TP368.1

中国版本图书馆CIP数据核字(2016)第148992号

策划编辑 杜 燕
责任编辑 李长波
出版发行 哈尔滨工业大学出版社
社 址 哈尔滨市南岗区复华四道街10号 邮编150006
传 真 0451-86414749
网 址 http://hitpress.hit.edu.cn
印 刷 哈尔滨久利印刷有限公司
开 本 787mm×1092mm 1/16 印张19.75 字数450千字
版 次 2012年8月第1版 2017年6月第2版
2017年6月第1次印刷
书 号 ISBN 978-7-5603-6100-0
定 价 38.00元

序

哈尔滨工业大学出版社策划的《应用型本科院校“十三五”规划教材》即将付梓,诚可贺也。

该系列教材卷帙浩繁,凡百余种,涉及众多学科门类,定位准确,内容新颖,体系完整,实用性强,突出实践能力培养。不仅便于教师教学和学生学习,而且满足就业市场对应用型人才的迫切需求。

应用型本科院校的人才培养目标是面对现代社会生产、建设、管理、服务等一线岗位,培养能直接从事实际工作、解决具体问题、维持工作有效运行的高等应用型人才。应用型本科与研究型本科和高职高专院校在人才培养上有着明显的区别,其培养的人才特征是:①就业导向与社会需求高度吻合;②扎实的理论基础和过硬的实践能力紧密结合;③具备良好的人文素质和科学技术素质;④富于面对职业应用的创新精神。因此,应用型本科院校只有着力培养“进入角色快、业务水平高、动手能力强、综合素质好”的人才,才能在激烈的就业市场竞争中站稳脚跟。

目前国内应用型本科院校所采用的教材往往只是对理论性较强的本科院校教材的简单删减,针对性、应用性不够突出,因材施教的目的难以达到。因此亟须既有一定的理论深度又注重实践能力培养的系列教材,以满足应用型本科院校教学目标、培养方向和办学特色的需要。

哈尔滨工业大学出版社出版的《应用型本科院校“十三五”规划教材》,在选题设计思路上认真贯彻教育部关于培养适应地方、区域经济和社会发展需要的“本科应用型高级专门人才”精神,根据前黑龙江省委书记吉炳轩同志提出的关于加强应用型本科院校建设的意见,在应用型本科试点院校成功经验总结的基础上,特邀请黑龙江省9所知名的应用型本科院校的专家、学者联合编写。

本系列教材突出与办学定位、教学目标的一致性和适应性,既严格遵照学科体系的知识构成和教材编写的一般规律,又针对应用型本科人才培养目标及与之相适应的教学特点，精心设计写作体例，科学安排知识内容，围绕应用讲授理论，做到“基础知识够用、实践技能实用、专业理论管用”。同时注意适当融入新理论、新技术、新工艺、新成果，并且制作了与本书配套的PPT多媒体教学课件，形成立体化教材，供教师参考使用。

《应用型本科院校“十三五”规划教材》的编辑出版，是适应“科教兴国”战略对复合型、应用型人才的需求，是推动相对滞后的应用型本科院校教材建设的一种有益尝试，在应用型创新人才培养方面是一件具有开创意义的工作，为应用型人才的培养提供了及时、可靠、坚实的保证。

希望本系列教材在使用过程中，通过编者、作者和读者的共同努力，厚积薄发、推陈出新、细上加细、精益求精，不断丰富、不断完善、不断创新，力争成为同类教材中的精品。

第 2 版前言

“单片机原理及应用”是一门实践性很强的专业基础课，为了适应 21 世纪机械、电子、智能控制的飞速发展和高等院校应用型本科教育的客观要求，本着整合、拓宽、更新的原则，本书在注重基础理论的基础上，强调实践能力的培养，着重介绍单片机的基本原理、常用功能和应用实例，为解决工程中的实际问题奠定基础。

本书共分为三部分，分别为基础篇、提高篇和应用篇，由浅入深、循序渐进地对单片机进行阐述，编程方式上采用灵活、移植性好的 C51 编程，并对 Keil 编程软件和 UV2 开发环境进行介绍，从最初的独立元器件到单片机最小系统的制作、程序下载、调试和案例分析，实现了科技作品制作的全过程，直观性强，突出应用型本科学生动手实践能力的培养。本书在编写中具有以下特点：

1. 案例丰富，入门容易

本书编写中列举了大量实例，由浅入深，易于模仿，使读者易于参考书中实例模仿练习，易于上手。

2. 软硬结合，易于教学

本书采用 C51 编程和硬件电路板制作相结合的方法，克服传统单片机教学中只是软仿、没有实物的缺点，直观易懂，有利于教学，激发学生的学习兴趣。

3. 内容精练，突出实践

本书根据工程实践需要，对于原理本着系统、够用的原则进行了精练，避免了复杂的汇编语言基础知识的学习，同时，本书不断吸收最新的单片机相关知识，更新教学知识点。

本书的编写人员有：哈尔滨石油学院王妍玮（第 8、10、13 章），黑龙江东方学院胡琥（第 2、5、6 章），哈尔滨石油学院张蔓（第 1、12、14 章），哈尔滨华德学院郭越富（第 9、11 章），哈尔滨华德学院曾凡菊（第 7 章），哈尔滨石油学院赵秋英（第 3 章），哈尔滨远东理工学院周方圆（第 4 章）。具体编写字数如下：王妍玮 11 万字，胡琥 8 万字，张蔓 7 万字，郭越富 6 万字，赵秋英 5 万字，曾凡菊 3 万字，周方圆 5 万字。此外，长春师范大学蒋东霖也为本书的编写做了大量工作，在此一并感谢。

本书在编写中参考了已有单片机的教材和资料，并在书后的参考文献中列出，这些宝贵的资料对本书的编写起到了重要作用，在此对所有参考文献的作者表示感谢。

本书的基础理论部分主次论述清楚，条理清晰，应用部分实例来自编者们多年的教学实例、科研和生产实践中的新研究成果。本书可以作为机械专业、自动化专业和信息相关专业的必修课教材，也可作为从事单片机研究人员的参考用书。

由于编者水平有限，书中出现疏漏和不足的地方在所难免，不妥之处恳请广大读者批评指正。

编　者

2016 年 12 月

目　录

第 1 章

绪　论

1.1　单片机概述

单片机自从1971年诞生开始,以其灵活的控制功能、极高的性价比,在各个领域得到了广泛的应用。单片机体积小,功耗低,抗干扰能力强,环境适应性强,可靠性高,价格低廉,学习开发容易。我国在20世纪80年代开始使用单片机,发展到现在,单片机仍然是进行产品设计的重要手段。

1.1.1　单片机简介

单片机(Micro Control Unit,MCU)是单片微型计算机的简称,又称为单片微控制器,是最常用的嵌入式微控制器,其实物如图1.1所示。单片机与实现单一功能的逻辑芯片不同,它是将处理控制单元(Contral Processing Unit,CPU)、存储单元(RAM、ROM)以及定时器、中断系统、输入输出接口等组合在一起构成的具备基本计算机属性的系统,它能够完成信息的处理、程序数据的存储等功能,相当于一个微型的计算机。

单片机由于具有诸多优点,被广泛地应用在工业控制领域,用来实现各种测试和控制功能。通过学习单片机的使用,可以帮助读者设计出功能更多、使用更方便的产品。

图1.1　单片机实物图

1.1.2　单片机的分类及发展

单片机最早是在微处理器(CPU)的基础上发展而来的。在单片机的发展过程中,最为人们熟知,应用最广泛,也是最成功的单片机是Intel公司的8031。随后,在8031的基础上发展出了MCS-51系列单片机系统,所有51系列单片机都兼容Intel 8031指令系统。随着技术的进步,单片机的处理能力不断加强,功能不断完善。目前,单片机已经具有从

4位到64位的完善的产品门类,并且可以根据需要选择具有不同存储容量、不同外设功能的单片机。世界上许多著名的芯片公司都有单片机产品,表1.1列出了目前主流的8位单片机生产厂商和型号。

表1.1　主要的8位单片机生产厂商和型号

生产厂商	国家或地区	单片机型号	备注
飞思卡尔(Freescale)	美国	S08系列、RS08系列、HC08系列等	原Motorola半导体
爱特梅尔(Atmel)	美国	8051系列、AVR系列等	
微芯科技(Microchip)	美国	PIC10系列、PIC12系列、PIC16系列等	
恩智浦(NXP)	荷兰	80C31、80C51、P87C554等	原Philips半导体
Silabs	美国	C8051F系列	
Zilog	美国	Z8051系列、Z8 Encore系列等	
凌阳科技(Sunplus)	中国台湾	SPMC65系列	
宏晶科技(STC)	中国	STC系列	

单片机按照其用途可分为通用型和专用型两类。通用性单片机具有比较丰富的内部资源,性能较强,功能全面,适应性强,能够满足多种应用需求。用户通过操作单片机内部的RAM、ROM、定时器、I/O端口等资源,可以实现不同的处理控制功能。我们通常所说的单片机就是指通用型单片机。本书介绍的也是通用型单片机。

专用型单片机是指根据用户需求或针对不同产品的特定功能设计制作的单片机。比如计算器中的计算单元,家用电器中的控制器等。这种应用的需求量巨大,是产品厂商和单片机厂商合作开发生产的。由于这种单片机是专门为特定功能或产品定制的,所以其系统结构和功能已经进行了优化,具有可靠性高、成本低的特点,特别适合在大批量产品中应用。

尽管ARM等32位处理器的应用已经日益受到人们关注,但在很多控制领域单片机有其自身的优势,到目前为止,兼容8031指令集的51单片机应用依然十分广泛,事实上,单片机仍然是世界上使用数量最多的处理器。比如生活中常见的电话、手机、计算器、各种家用电器、儿童电子玩具、鼠标、键盘等电脑配件中都有单片机的身影,汽车上也大量使用单片机进行电子控制。由此可见,单片机应用前景仍然十分乐观,而且单片机的学习可以为学习其他处理器奠定基础。

1.1.3　单片机的应用

单片机以其灵活的控制能力,丰富的产品线,使其应用领域广泛,几乎到了无孔不入的地步。单片机主要应用领域包括:

(1)家用电器。为了实现家用电器的各种功能控制,单片机在家用电器中的应用十分广泛,包括电话、冰箱、洗衣机、微波炉、音响等设备。

(2)工业控制。工业自动化及机电一体化的发展离不开单片机技术,在工业控制中,单片机负责信息采集、处理,过程控制、监控等。

(3)办公自动化。办公自动化看似是通过计算机实现的,但是单片机在其中扮演着重要的角色,如键盘、鼠标、打印机、传真机、考勤机等设备中都离不开单片机的控制处理。

(4)商业物流。商业物流发展速度很快,尤其是近几年网络购物的兴起,更是促进了物流业的迅速发展,这其中单片机发挥了重要作用,如电子秤、条码扫描器、POS 收款机、GPS 跟踪定位设备、出租车计价器等。

(5)智能化仪表。智能化仪表在生产生活中的应用很广泛,比如家庭用的水表、电表,工业化工用的各种指示仪表等,在这些智能化仪表中,单片机完成了数据处理、存储、传输,故障诊断、联网控制等功能。

(6)汽车电子。汽车的智能化程度越来越高,汽车仪表盘的显示、动力系统的监控、自动巡航技术、防盗系统等都离不开单片机。

(7)航空航天和国防军事。航空航天中的控制处理技术、遥测控制技术都需要单片机来完成;单片机在国防领域也有很多应用,如各种武器的电子系统。

单片机技术的广泛应用从根本上改变了控制系统、信息处理系统的设计思想和方法,从以前的纯硬件实现转变为硬件是基础、软件是灵魂的设计时代。同时,单片机的应用取得了巨大的经济效益和社会效益。

1.2　常用电子元器件简介

在单片机的硬件设计中,单片机是核心,但是也需要电阻、电容等各种电子元器件的配合,以完成特定功能电路的设计。

1.2.1　电阻、电容与电感

电阻、电容、电感是电路设计中最常用到的电子元件。

1. 电阻

电阻是电路中用得最多的元件。导体对电流的阻碍作用就称为导体的电阻,记为 R,单位是欧姆(Ω)。电阻在电路中的主要作用是控制电流,调整电压。电阻的电气性能指标通常有阻值、误差、额定功率等。

电阻的分类方法很多,通常可以分为固定电阻、可变电阻、特种电阻三大类,还可按照材料分类,分为碳膜电阻、水泥电阻、金属膜电阻和线绕电阻等;按照功率分,有 1/16 W,1/8 W,1/4 W,1/2 W,1 W,2 W 等额定功率的电阻;按阻值精度可分为精度为±5%,±10%,±20%的普通电阻和精度为±0.1%,±0.2%,±0.5%,±1%和±2%的精密电阻;按照封装方式可分为直插电阻和贴片电阻。

在进行电路设计中我们需要根据需要选择合适阻值、功率的电阻,在有些有精度要求的应用中还要选取精密电阻。电阻的阻值是人们最常关心的信息,直插式圆柱电阻通过色环来标记电阻的阻值,因此,也称为色环电阻。贴片电阻通过数字标记出电阻的阻值。下面分别介绍这两种电阻的阻值表示方法。

色环电阻将不同颜色的色环涂在电阻上表示电阻的标称值及允许误差。色环电阻的优点是无论怎么安装,都能方便地读出其阻值,便于检测和更换。表 1.2 为色环电阻的颜色及代表的数值。色环电阻又分为四色环电阻和五色环电阻,表示的意义见表 1.3。

贴片电阻的阻值读数相对容易得多,在贴片电阻的正面印有 3 个数字或是 2 个数字和英文 R 组合的形式。对于印有 3 个数字的电阻,前两位数字乘以第三位数字的 10 的幂次方即为阻值,例如 103,表示 $10\times10^3=10\ \text{k}\Omega$;对于所有 2 个数字加字母 R 的电阻,表示阻值小于 10 Ω 的电阻,如:6R8,表示 6.8 Ω 电阻。

表 1.2　色环电阻的颜色及代表的数值

颜色	有效数字	数量级	允许偏差/%
银	—	10^{-2}	±10
金	—	10^{-1}	±5
黑	0	10^0	—
棕	1	10^1	±1
红	2	10^2	±2
橙	3	10^3	—
黄	4	10^4	—
绿	5	10^5	±0.5
蓝	6	10^6	±0.25
紫	7	10^7	±0.1
灰	8	10^8	—
白	9	10^9	+50 ~ −20
无	—	—	±20

表 1.3　色环电阻的读数方法

<table>
<tr><td></td><td colspan="5">四色环电阻</td><td colspan="6">五色环电阻</td></tr>
<tr><td>第 1 色环</td><td colspan="5">十位数</td><td colspan="6">百位数</td></tr>
<tr><td>第 2 色环</td><td colspan="5">个位数</td><td colspan="6">十位数</td></tr>
<tr><td>第 3 色环</td><td colspan="5">10 的色环颜色数的幂</td><td colspan="6">个位数</td></tr>
<tr><td>第 4 色环</td><td colspan="5">误差率</td><td colspan="6">10 的色环颜色数的幂</td></tr>
<tr><td>第 5 色环</td><td colspan="5"></td><td colspan="6">误差率</td></tr>
<tr><td rowspan="2">示例</td><td>颜色</td><td>黄</td><td>紫</td><td>红</td><td>银</td><td>颜色</td><td>红</td><td>黑</td><td>黑</td><td>红</td><td>金</td></tr>
<tr><td>阻值</td><td colspan="4">$(4\times10+7)\times10^2\ \Omega=4.7\ \text{k}\Omega(\pm10\%)$</td><td>阻值</td><td colspan="5">$(1\times100+0+0)\times10^1\ \Omega=1\ \text{k}\Omega(\pm5\%)$</td></tr>
</table>

注:在电阻表示中的“k”表示的是 1 000,而不是计算机中的 1 024。

2. 电容

电容(Capacitance)指的是在给定电位差下的电荷储藏量,故又称为电容器,记为 C,国际单位是法拉(F)。一般来说,电荷在电场中会受力而移动,当导体之间有了介质,则阻碍了电荷移动而使得电荷累积在导体上,造成电荷的累积储存,最常见的例子就是两片平行金属板。在没有放电回路,不考虑介质漏电和自放电效应(电解电容比较明显)的情况下,电荷会在电容中永久存在,这是它的特征。电容具有通交流、隔直流的特性。电容的用途非常广泛,它是电子设计、电力领域中不可缺少的电子元件,主要用于电源滤波、信号滤波、信号耦合、谐振、隔直流等电路中。

电容可以按照电容材质、封装、有无极性等多种方法进行分类。按照电容材质可分为聚苯乙烯电容、聚丙烯电容、云母电容、低频瓷介电容,铝电解电容、钽电解电容、空气介质可变电容、薄膜介质可变电容、薄膜介质微调电容,独石电容等;按照电容封装方式可分为直插电容和贴片电容,同时直插电容和贴片电容又可按照外形、体积进行详细分类。

这些电容的电气特性、电容量、体积、形状各有特点,应用领域也不尽相同;规定把电容器外加1 V直流电压时所储存的电荷量称为该电容器的电容量。电容的基本单位为法拉(F)。但实际上,法拉是一个很不常用的单位,因为电容器的容量往往比1法拉小得多,常用微法(μF)、纳法(nF)、皮法(pF)(皮法又称微微法)等量值表示电容,它们的关系是

$$1\text{ 法拉(F)}= 10^6\text{ 微法(μF)}$$

$$1\text{ 微法(μF)}= 10^3\text{ 纳法(nF)}= 10^6\text{ 皮法(pF)}$$

目前常见的电容值表示方法为“XXX”形式的3个数字表示,如104,表示 10×10^4 pF,即0.1 μF。

3. 电感

在这里我们所说的电感是电感元件。当线圈通过电流后,在线圈中形成磁场感应,感应磁场又会产生感应电流来抵制通过线圈中的电流。我们把这种电流与线圈的相互作用关系称为电的感抗,也就是电感,单位是亨利(H)。利用此性质即可制成电感元件。与电容相反,电感具有通直流隔交流的特性,常被用来作为电源纹波过滤器,以消除无用高频信号。在某一特定电感量下,阻止或过滤掉某一频率下的高频杂波,不至于电源干扰设备或设备干扰电源。

电感按照磁体性质可分为空芯线圈电感、铁氧体线圈电感、铁芯线圈电感、铜芯线圈电感;按照工作用途可分为天线线圈电感、振荡线圈电感、扼流线圈电感、陷波线圈电感、偏转电感;按电感形式分类有固定电感、可变电感。

电感的基本单位是H(亨),和电容单位法拉一样,H也是一个很大的计量单位。我们常用的是μH(微亨),超过mH(毫亨)的都比较少见。H,mH,μH之间的关系是 10^3 倍,即

$$1\text{ H}=10^3\text{ mH(毫亨)}= 10^6\text{ μH(微亨)}$$

电感值通常是用数字标示,它的表示方式和计算方式类似贴片电阻,只是单位不同,例如220,同样第一二位为有效数字,第三位为10的幂次方数。计算结果是22 μH,电感同样有色环电感,计算方式也类似四色环电阻,在这不作详细介绍。

1.2.2　二极管、三极管

1. 二极管

二极管又称半导体二极管、晶体二极管(Diode),它是一种具有单向传导电流的电子器件。在晶体二极管内部有一个 PN 结、两个引线端子,这种电子器件按照外加电压的方向,具备单向电流的导通性。一般来讲,晶体二极管是一个由 P 型半导体和 N 型半导体烧结形成的 PN 结界面。在其界面的两侧形成空间电荷层,构成自建电场。当外加电压等于零时,由于 PN 结两边载流子的浓度差引起扩散电流和由自建电场引起的漂移电流相等而处于电平衡状态,这也是常态下的二极管特性。

按照构造分类,二极管可分为点接触型二极管、键型二极管、合金型二极管、扩散型二极管、平面型二极管、合金扩散型二极管、外延型二极管、肖特基二极管;按照用途可分为检波用二极管、整流用二极管、调制用二极管、混频用二极管、放大用二极管、开关用二极管、变容二极管、频率倍增用二极管、稳压二极管、PIN 型二极管、雪崩二极管、江崎二极管、快速关断(阶跃恢复)二极管、肖特基二极管等诸多类型。在电路设计中,二极管常用于整流、开关、限幅、续流、检波、变容、稳压、触发等。其中 LED 发光二极管是电路设计中非常常用的器件,常用于指示电路状态、显示等。

二极管种类繁多,在进行电路设计时,应根据具体功能需要选用合适的器件。

2. 三极管

三极管又称半导体三极管、晶体三极管或晶体管。在半导体锗或硅的单晶上制备两个能相互影响的 PN 结,组成一个 PNP(或 NPN)结构,其中间的 N 区(或 P 区)称基区,两边的区域称发射区和集电区,这三部分各有一条电极引线,分别称基极 B(Base)、发射极 E(Emitter)和集电极 C(Collector)。三极管具有能起放大、振荡或开关等作用的半导体电子器件(见图 1.2)。

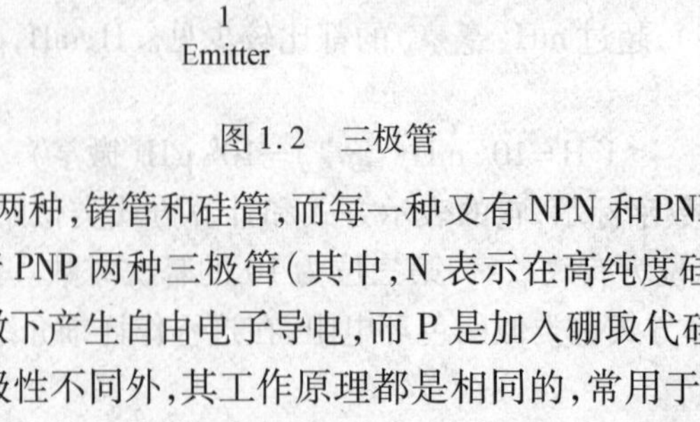

图 1.2　三极管

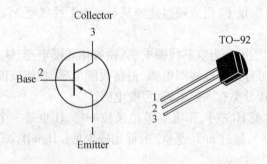

三极管按材料分有两种,锗管和硅管,而每一种又有 NPN 和 PNP 两种结构形式,但使用最多的是硅 NPN 和锗 PNP 两种三极管(其中,N 表示在高纯度硅中加入磷,是指取代一些硅原子,在电压刺激下产生自由电子导电,而 P 是加入硼取代硅,产生大量空穴利于导电)。两者除了电源极性不同外,其工作原理都是相同的,常用于电流放大。按用途可分为中频放大管、低频放大管、低噪声放大管、光电管、开关管、高反压管、达林顿管、带阻尼的三极管等。按功率分有小功率三极管、中功率三极管、大功率三极管。按工作频率分

有低频三极管、高频三极管和超高频三极管。

3. 三极管的检测

测试三极管要使用万用电表的欧姆挡,并选择 R×100 或 R×1k 挡位。红表笔所连接的是表内电池的正极,黑表笔则连接着表内电池的负极。

(1)在三极管类型(NPN 或 PNP)未知、引脚未知的情况下,首先利用万用表确定三极管的基极引脚。首先,任取两个电极,标记为电极 1 和电极 2,将万用表调至欧姆挡,用万用表表笔探测端分别测得电极 1 和 2 之间的正向电阻,再测量电极 2 和 1 之间的电阻(即电极 1,2 之间的反向电阻),观察指针的偏转程度,并进行记录。第一次未被选定的电极定义为电极 3,其次,再以同样的方法依次测量电极 1,3 和 2,3 之间的正向和反向电阻值。测量完毕后,观测每次测量电阻值的指针偏转角度,如果被测的两个电极间正向测量电阻偏转角度大,反向测量偏转角度小,而再进行其他两组电极测试时正向和反向测量指针偏转角度都很小,则在第一次未能被选择的被测电极就是三极管的基极引脚。

(2)测量 PN 结,确定管型。找出三极管的基极后,我们就可以根据基极与另外两个电极之间 PN 结的方向来确定管子的导电类型。将万用表的黑表笔接触基极,红表笔接触另外两个电极中的任一电极,若表头指针偏转角度很大,则说明被测三极管为 NPN 型管;若表头指针偏转角度很小,则被测管即为 PNP 型。

(3)找出了基极 B,另外两个电极哪个是集电极 C,哪个是发射极 E 呢?这时我们可以用测穿透电流 I_{CEO} 的方法确定集电极 C 和发射极 E。

①对于 NPN 型三极管,穿透电流的测量电路。根据这个原理,用万用表的黑、红表笔颠倒测量两极间的正、反向电阻 R_{CE} 和 R_{EC},虽然两次测量中万用表指针偏转角度都很小,但仔细观察,总会有一次偏转角度稍大,此时电流的流向一定是:黑表笔→C 极→B 极→E 极→红表笔,电流流向正好与三极管符号中的箭头方向一致,所以此时黑表笔所接的一定是集电极 C,红表笔所接的一定是发射极 E。

②对于 PNP 型的三极管,道理也类似于 NPN 型,其电流流向一定是:黑表笔→E 极→B 极 →C 极→红表笔,其电流流向也与三极管符号中的箭头方向一致,所以此时黑表笔所接的一定是发射极 E,红表笔所接的一定是集电极 C。

(4)若在前面的测量过程中,由于颠倒前后的两次测量指针偏转均太小难以区分时,就要"动嘴巴"了。具体方法是:在第三步的两次测量中,用两只手分别捏住两表笔与管脚的结合部,用嘴巴含住(或用舌头抵住)基极 B,仍用第三步的判别方法即可区分开集电极 C 与发射极 E。

1.2.3 晶振及振荡电路

单片机的运行离不开时钟,大部分单片机都需要通过外接晶振来产生所需时钟(现在有些单片机内部集成了时钟振荡器,在一些对时钟精度要求不高,而对产品价格和体积敏感的场合可以不需要外接晶振而直接使用单片机内部振荡器产生的时钟,如 STC11F02,MSP430 等系列单片机)。晶振又称晶体振荡器,是用一种能使电能和机械能相互转化的晶体在共振状态下工作,以提供稳定、精确的单频振荡,常用的晶体振荡器为石英晶体振荡器。图 1.3 为各种晶振图片。在单片机设计中,它结合单片机内部的时钟电路产生单片机运行所需的时钟频率,单片机的指令执行都是严格按照这一时钟频率执行的,时钟越高,单片机运行得也就越快,但由于设计和电气性能限制,单片机的时钟频率又不能无限增大。图 1.4 所示为晶振在单片机设计中的应用。

图 1.3　各种晶振图片

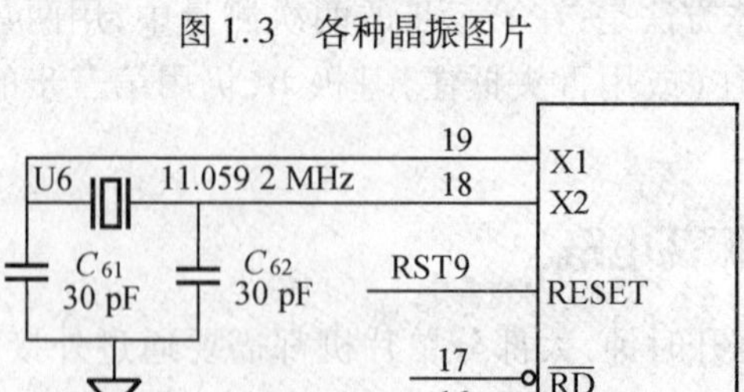

图 1.4　晶振在单片机设计中的应用

石英晶体振荡器是在石英晶片的两个对应表面喷涂上银层,引出两个电极,用外壳封装而成,其结构、符号、等效电路及特性曲线如图 1.5 所示。由图 1.5(c)可见,石英晶体可以等效为电容、电感和电阻串联的电路，它在不同频率下分别呈现为容性、感性和纯电阻性，如图1.5所示。

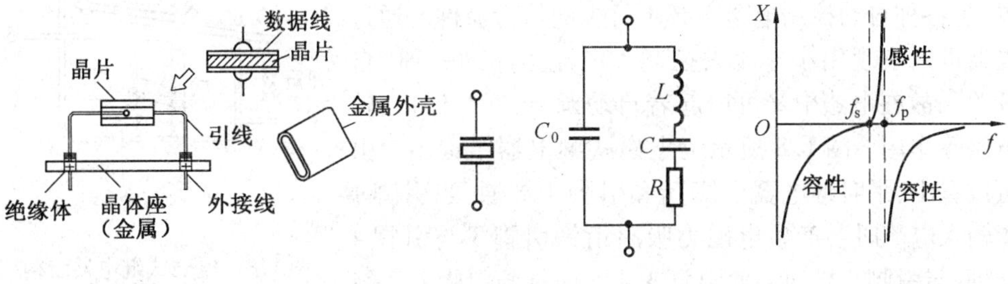

(a) 结构　　(b) 符号　　(c) 等效电路　　(d) 特性曲线

图1.5　石英晶体振荡器

石英晶体振荡电路的形式有多种，但基本电路有两类：

(1)并联型石英晶体振荡电路。由图1.5可见，当频率f在f_s和f_p之间时，石英晶体的电抗$X>0$，呈电感性。因此，可用石英晶体替代电容三点式正弦波振荡电路中的电感，与电容C_1和C_2组成并联谐振电路，如图1.6所示。该电路的振荡频率由晶振给出的标称频率决定。

(2)串联型石英晶体振荡电路。如图1.7所示电路中，晶振连接在输出级和输入级之间，为电路引入正反馈。当$f=f_s$时，晶振发生串联谐振，其电抗$X=0$，呈电阻性，因此正反馈最强，电路满足自激振荡条件而产生振荡。而在其他频率下，晶振阻抗很大，且为电抗性，不满足自激振荡的相位和幅值条件，因而电路不能起振。该电路的振荡频率也由晶振给出的标称频率决定。图中与晶振串联的电阻R_f用于调节正反馈的反馈量，使电路既能振荡，输出波形失真又小。

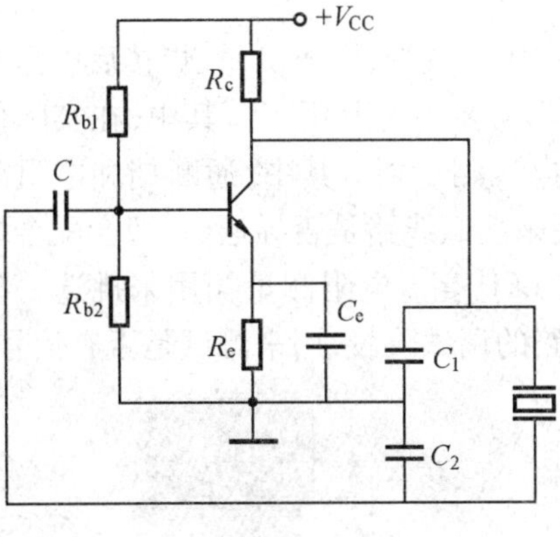

图1.6　并联型石英晶体振荡电路

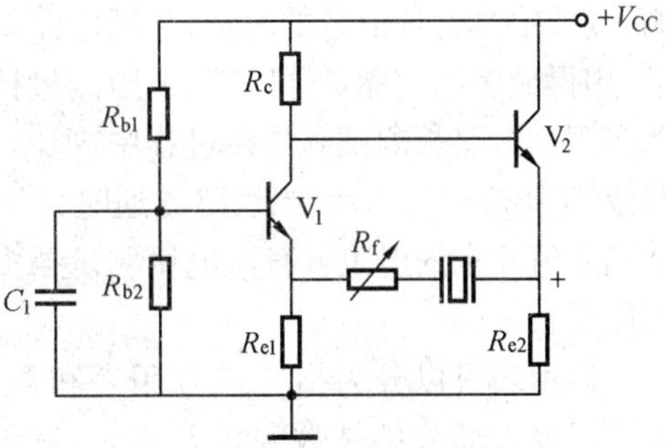

图1.7　串联型石英晶体振荡电路

石英晶体只有两个引脚，安装调试方便，而且特性好，容易起振，频率稳定性高，因此在单片机设计中得到广泛应用。

1.2.4　开关与继电器

单片机作为各种机电设备的控制核心，需要控制电机的转停、灯的亮灭等。由于单片机的 I/O 端口的驱动能力有限,所以需要通过控制继电器来间接控制目标设备。继电器是一种用电流控制的开关装置,是各种自动控制电路中必不可少的执行器件。通过继电器可以实现用小电流去控制大电流运作的一种"自动开关",故在电路中又可以起着自动调节、安全保护、转换电路等作用。图 1.8 所示为电磁式继电器结构图。由图可以看出,平时继电器引脚 3 和引脚 4 导通,当引脚 1 和 2 输入电流时会产生电磁力吸引衔铁引脚 3 与引脚 4 断开,而与引脚 5 导通。而引脚 3、4、5 时钟与引脚 1、2 绝缘,这样就可以达到"弱电"控制"强电"的目的,也可以实现控制信号和被控制信号的绝对隔离。除了电磁式继电器外,还有固态继电器、热敏干簧继电器、磁簧继电器、光继电器、时间继电器等多种类型,可以根据具体应用选择不同类型的产品。

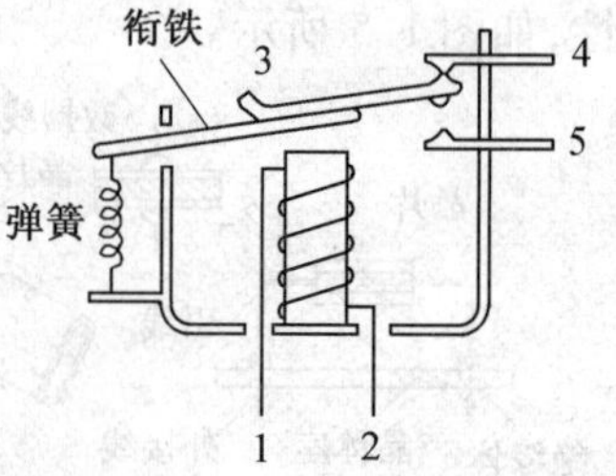

图 1.8　电磁式继电器结构图

1.3　常用的测试工具

在单片机的设计调试过程中,测试工具是必不可少的。通过测试工具的帮助,可以快速定位问题位置,发现设计缺陷和逻辑错误,帮助设计人员解决各种软硬件问题。其中最常用的测试工具是万用表和示波器。

1.3.1　万用表及测试方法

万用表又称多用表,是一种多功能、多量程的测量仪表,一般万用表可测量交直流电流、交直流电压、电阻、电容、温度、电路通断等,有的还可以测量电感量及半导体的一些参数(如 β)。

在进行单片机设计过程中,电路线路的检查,电阻的挑选,电压测量,焊接后电路的检测,调试中对各种信号的测量,判断电路的通断等都需要使用万用表。其中,在实际使用中,用得最多的功能是通断挡、电阻测量挡和直流电压测量挡。其中,通断挡和电阻测量挡多用在电路板测试和焊接过程中,通断挡就是用来测试线路是否导通,一般会配合蜂鸣器或 LED 灯作为指示,当线路导通时,蜂鸣器响或 LED 亮。电阻测量挡用来挑选一些有精确阻值要求的电阻。直流电压测量挡多用在电路的调试阶段,用来测试是否有信号,电压值是否正确等。

万用表可以分为指针式万用表和数字式万用表。目前大部分都是数字式万用表,其灵敏度高,精确度高,显示清晰,过载能力强,便于携带,使用更简单。图 1.9 所示为一款数字式万用表。首先,确认黑色表笔插入公共接地(COM)口,红色表笔插入复用接口(VΩHz),如图 1.9 所示。这里需要注意,当需要进行电流测试时,需要将红色表笔插入 10 A 或 mA 电流挡接口(具体使用哪个口应根据所

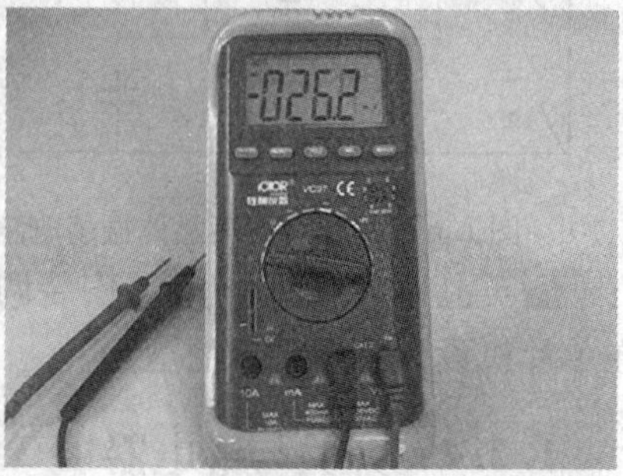

图 1.9　数字式万用表

测电流大小决定)。连接好表笔后,根据需要测量的物理量,将换挡拨盘拨到所需挡位,如需要测量直流电源,则将换挡拨盘拨到直流电压挡(V=),然后用表笔分别接触被测电压的两个端点即可在万用表上读出电压值;当需要测试电路通断时,应将拨盘拨到通断挡,对于图1.9所示的万用表,其通断挡是与二极管测试挡复用的,因此,调整好拨盘位置后,还需要按一下功能转换键(万用表显示屏下左数第一个按键),才能使用通断测试功能。其他测试功能使用方法类似这两种方法。在使用万用表时要特别注意,绝对不能使用电流挡去测试电压,否则会损坏万用表。

1.3.2　示波器及测试方法

示波器在电子设计领域的应用十分广泛。它能把测量出来电信号转换成波形图像显现在屏幕上,便于人们研究各种电信号的变化过程。早期的示波器是在荧光屏上显示波形,这类示波器是模拟示波器;现在大部分新型示波器都采用液晶屏幕显示,是数字示波器。

示波器可以测试各种不同的电量,如电压、电流、频率、相位差、调幅度等。对于简单的电路调试,虽然可以不需要示波器,但在示波器的帮助下,可以大大加快调试进度;而对于复杂电路的调试,示波器是必需的设备,否则出现的很多硬件问题无从下手解决,这点在单片机电路设计中查找时序错误问题显得尤为重要。

示波器的主要指标有通道数、带宽,对于数字示波器还有采样率、分辨率等指标。常用的是双通道示波器。带宽有60 MHz,100 MHz,500 MHz等不同型号的产品。如图1.10所示为安捷伦的InfiniiVision 7000B系列示波器。

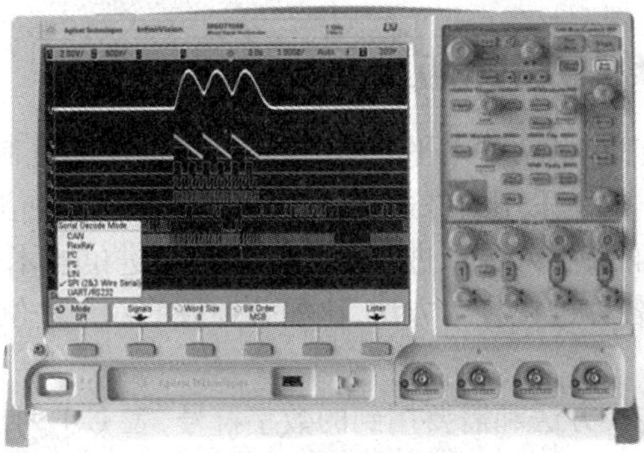

图1.10　安捷伦7000B系列示波器

不同类型的示波器除了性能指标有所不同外,在使用方法上基本相同。这里我们仅作简单说明,具体使用方法建议查看相关使用说明手册。使用示波器时,首先将测试探头接到通道输入BNC连接器上(后续说明中所指的都是图1.11),打开电源开关,然后就可以用测试探头测试目标板的波形(当使用熟练后,可以根据具体需求调整示波器的设置);在波形测试中,可以使用AutoScale按钮自动配置示波器,以对输入信号产生最佳的显示效果,对于没有AutoScale按钮的示波器,需要根据输入信号的幅值大小和频率分别调节示波器的水平时间旋钮以及相应通道的垂直灵敏度旋钮,以使波形显示便于观察分析。在测试中还可以根据需要,设置示波器实现所测波形的峰峰电压值、有效电压值、频率等多种信息;当需要比较两个以上波形的时序时,可以使用游标进行定量测量时序的时间差。这些具体应用可以在使用中慢慢摸索,可以很快掌握。

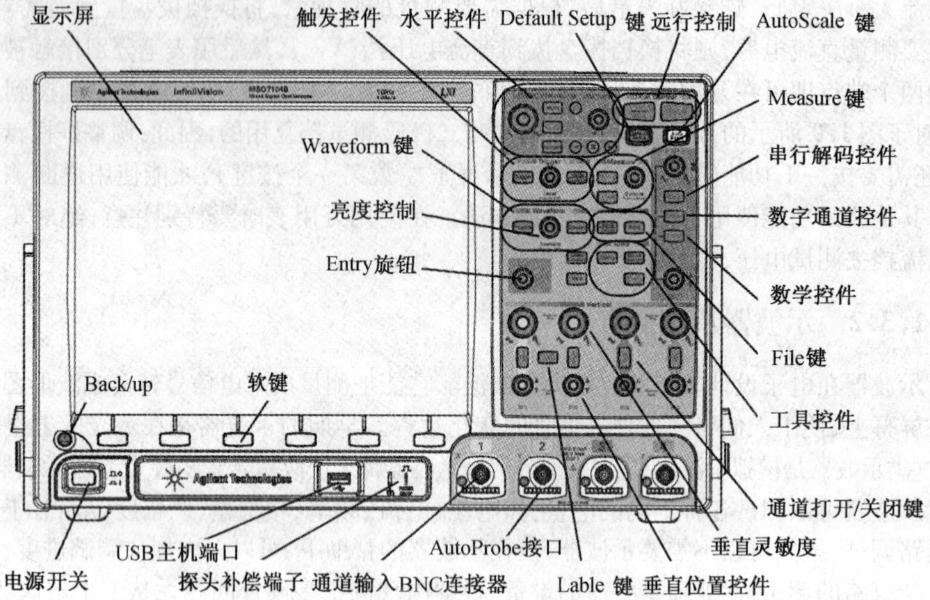

图 1.11　安捷伦 7000B 系列示波器前面板说明

1.4　单片机预备知识

1.4.1　计算机数制及其相互转换

由于数字电路只有高、低两种电平状态,这正好可以用二进制数中的 1、0 来表示,所以单片机与计算机一样都是采用的二进制计数编码来描述各种信息。由于二进制的数据不便于读写和识别,人们又引入了八进制和十六进制。进位技术是一种计数方法。在人们的日常生活中,使用各种进位技术方法,比如分钟数的六十进位,小时数的十二、二十四进位等。

每种进位都有其转换方法和需要用到的数字符号,表 1.4 列出了二进制(Binary)、八进制(Octal)、十进制(Decimal)、十六进制(Hexadecimal)用到的数字符号,在表中可以看到,十六进制中超过“9”的数字分别用字母表示。一般在数字后面加上相应进制的英文首字母表示这个数字的进制,如 1010B 表示二进制数,7O 表示八进制数,十进制数默认可以不写。

表 1.4　二进制、八进制、十进制、十六进制用到的数字符号

进制序号	0	1	2	3	4	5	6	7	8	9	10	11	12	13	14	15
二进制(B)	0	1	—	—	—	—	—	—	—	—	—	—	—	—	—	—
八进制(O)	0	1	2	3	4	5	6	7	—	—	—	—	—	—	—	—
十进制(D)	0	1	2	3	4	5	6	7	8	9	—	—	—	—	—	—
十六进制(H)	0	1	2	3	4	5	6	7	8	9	A	B	C	D	E	F

1. 十进制整数转换为二进制数

转换方法:除2取余法,即每次将整数部分除以2,余数为该位权上的数,而商继续除以2,余数又为上一个位权上的数,这个步骤一直持续下去,直到商为0为止,最后读数时,从最后一个余数读起,一直到最前面的一个余数。

【例1.1】 将十进制的132转换为二进制数。

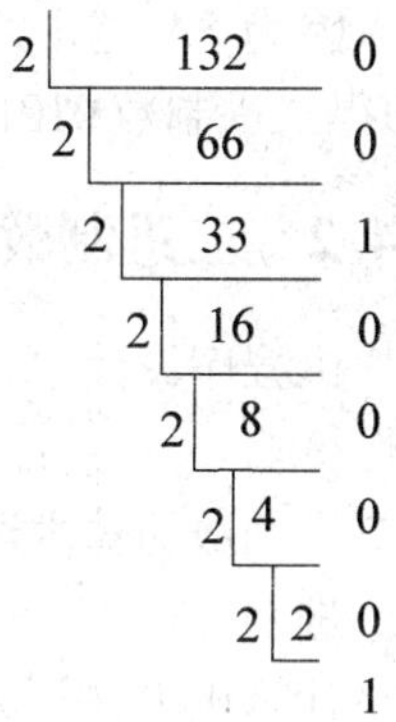

解 第1步:将132除以2,商66,余数为0;

第2步:将商66除以2,商33,余数为0;

第3步:将商33除以2,商16,余数为1;

第4步:将商16除以2,商8,余数为0;

第5步,将商8除以2,商4,余数为0;

第6步,将商4除以2,商2,余数为0;

第7步,将商2除以2,商1,余数为0;

第8步,将商1除以2,商0,余数为1;

第9步,读数,因为最后一位是经过多次除以2才得到的,因此它是最高位,读数字从最后的余数向前读,即132的二进制表示为10000100B。

2. 二进制转换为十进制

转换方法:按权相加法,即将二进制每位上的数乘以权,然后相加之和即是十进制数。

【例1.2】 将二进制数101转换为十进制数。

解 $$1\times2^2+0\times2^1+1\times2^0=5$$

在介绍二进制与八进制、十六进制转换前,我们需要先了解一个数学关系,即$2^3=8$,$2^4=16$,正是因为这种关系而更多地采用八进制和十六进制来描述二进制数。通过上面的数学关系可知,可以用三位二进制数表示一位八进制数,用四位二进制数表示一位十六进制数,这通过下面的转换计算可以很方便地看出来。在转换中应牢记$8=2^3$,$4=2^2$,$2=2^1$,$1=2^0$。下面开始介绍二进制与八进制、十六进制之间的转换。

3. 二进制转换为八(十六)进制

转换方法:三(四)位一组法。将二进制数从左向右每三(四)位组成一组,当最右边不足三(四)位时补零,将每组二进制数按权相加,得到的就是一位八(十六)进制数,全部转换完成,按顺序进行排列,得到的新数据即为八(十六)进制数据。

【例1.3】 将二进制数110101110B转换为八(十六)进制数。

解 转换为八进制数:首先将待转换二进制数每三位分成一组110 101 110;然后分别转换:6 5 6,即新的八进制数据位656O。

转换为十六进制数:首先将待转换二进制数每四位分成一组(000)1 1010 1110;然后分别转换:1 A E,即新的十六进制数1AEH(注:括号中的"0"是为了凑够四位补充的,在熟练后可以不补,对结果没有影响)。

4. 将八(十六)进制数转换为二进制数

转换方法:这是与二进制转换为八(十六)进制相反的过程。采用取一分三(四)法。即将一位八(十六)进制数分解成三(四)位二进制数,用三(四)位二进制按权相加去凑这位八(十六)进制数。

【例 1.4】 将八进制数 36O 转换为二进制数。

解 因为 36 是八进制数,将其分为 3 和 6,然后分别转换为二进制数 011 和 110,即得二进制数 011110B。

【例 1.5】 将十六进制数 5AH 转换为二进制数。

解 因为 5A 是十六进制数,将其分为 5 和 A,然后分别转换为二进制数 0101 和 1010,即得二进制数 01011010B。

1.4.2 二进制数的运算

单片机程序设计中,二进制的计算是不可避免的。在二进制计算中可分为算数运算和逻辑运算。

1. 二进制数的算术运算

同十进制一样,二进制数的算数运算也分为加、减、乘、除四类运算。它的基本运算是加法。在计算机中,引入补码表示后,加上一些控制逻辑,利用加法就可以实现二进制的减法、乘法和除法运算。表 1.5 列出了二进制加、减、乘、除运算的法则。

表 1.5 二进制加、减、乘、除运算的法则

	加	减	乘	除
运算法则	0+0=0	0-0=0	0×0=0	0÷0(无意义)
	0+1=1	0-1=1(从高位借位)	0×1=0	0÷1=0
	1+0=1	1-0=1	1×0=0	1÷0(无意义)
	1+1=10(向高位进位)	1-1=0	1×1=1	1÷1=1

在具体的二进制算数运算中,可以在遵循二进制运算法则的基础上参考十进制算数运算的方法。

2. 二进制数的逻辑运算

逻辑运算又称布尔运算,是计算机中处理逻辑关系的一种运算,它是逻辑代数的研究内容。在逻辑代数里,表示“真”与“假”、“是”与“否”、“有”与“无”这种具有逻辑属性的变量称为逻辑变量,用“与”、“或”、“非”进行逻辑关系运算。对于二进制数中的“1”和“0”可以赋以逻辑含义,例如用“1”表示“真”,用“0”表示“假”,这样二进制数便与逻辑值对应起来。需要说明的是,普通数值变量可以有各种取值,而逻辑变量只有“真”、“假”两种值,也就是“1”和“0”。

逻辑运算有四种基本运算,与(又称逻辑乘法)、或(又称逻辑加法)、非(又称逻辑否定)、异或。计算机的逻辑运算是按位进行的,而不像算术运算那样有进位或借位(表 1.6)。

在单片机的 C 语言编程中,逻辑运算符分别为与(“&&”)、或(“||”)、非(“!”),在具体运用时应特别注意与位运算符与(“&”)、或(“|”)、非(“~”)的区别。

表1.6 逻辑运算规则表

	与	或	非	异或
运算规则	0与0=0	0或0=0	0非=1	0异或0=0
	0与1=0	0或1=1	—	0异或1=1
	1与0=0	1或0=1	—	1异或0=1
	1与1=1	1或1=1	1非=0	1异或1=0

注:逻辑非为单目运算符,即只有一个参数。

1.4.3 BCD码和ASCII码

BCD码(Binary-Coded Decimal)又称二进码十进数或二-十进制代码,是一种用4位二进制数来表示1位十进制数中的0~9这10个数码的表示方法。BCD码这种编码形式利用了四个二进制位来储存一个十进制的数码,这种表示方式便于二进制和十进制之间的转换。相对于一般的浮点式记数法,采用BCD码既可保存数值的精确度,又可避免使电脑作浮点运算耗费大量时间。此外,BCD编码也常用于一些其他需要高精确度计算的场合。

BCD码可分为有权码和无权码两类:有权BCD码有8421码、2421码、5421码,其中8421码是最常用的;无权BCD码有余3码、格雷码等。

1.8421 BCD码

8421 BCD码具有直观、好理解的特点,是最基本和最常用的BCD码,它和四位自然二进制码相似,各位的权值为8、4、2、1,故称为有权BCD码。和四位自然二进制码不同的是,它只选用了四位二进制码中前10组代码,即用0000~1001分别代表它所对应的十进制数,余下的6组代码不用。

2.5421 BCD码和2421 BCD码

5421 BCD码和2421 BCD码为有权BCD码,它们从高位到低位的权值分别为5、4、2、1和2、4、2、1。这两种有权BCD码中,有的十进制数码存在两种加权方法,例如,5421 BCD码中的数码5,既可以用1000表示,也可以用0101表示;2421 BCD码中的数码6,既可以用1100表示,也可以用0110表示。这说明5421 BCD码和2421 BCD码的编码方案都不是唯一的,表1.7只列出了一种编码方案。表1.7为几种BCD编码对照表,下面分别进行介绍。表中2421 BCD码的10个数码中,0和9、1和8、2和7、3和6、4和5的代码对应位恰好一个是0时,另一个就是1,则称0和9、1和8互为反码。

3.余3码

余3码是8421 BCD码的每个码组加3(0011)形成的,常用于BCD码的运算电路中。

4.Gray码(格雷码)

Gray码也称循环码,其最基本的特性是任何相邻的两组代码中,仅有一位数码不同,因而又称单位距离码。Gray码的编码方案有多种,典型的Gray码见表1.7。从表1.7中看出,这种代码除了具有单位距离码的特点外,还有一个特点就是具有反射特性,即按表中所示的对称轴为界,除最高位互补反射外,其余低位数沿对称轴镜像对称。利用这一反射特性可以方便地构成位数不同的 Gray 码。

表 1.7　几种 BCD 编码对照表

十进制数	自然二进制数	8421BCD 码	5421BCD 码	2421BCD 码	余 3 码	Gray 码（格雷码）
0	0000	0000	0000	0000	0011	0000
1	0001	0001	0001	0001	0100	0001
2	0010	0010	0010	0010	0101	0011
3	0011	0011	0011	0011	0110	0010
4	0100	0100	0100	0100	0111	0110
5	0101	0101	1000	0101	1000	0111
6	0110	0110	1001	0110	1001	0101
7	0111	0111	1010	0111	1010	0100
8	1000	1000	1011	1110	1011	1100
9	1001	1001	1100	1111	1100	1101
10	1010	—	—	—	—	1111
11	1011	—	—	—	—	1110
12	1100	—	—	—	—	1010
13	1101	—	—	—	—	1011
14	1110	—	—	—	—	1001
15	1111	—	—	—	—	1000

而 ASCII 码（American Standard Code for Information Interchange，美国信息互换标准代码）是基于拉丁字母的一套电脑编码系统。它主要用于显示现代英语和其他西欧语言，是现今最通用的单字节编码系统。

在计算机中，所有的数据在存储和运算时都要使用二进制数表示，像字母 a，b，c，…，A，B，C，…这样的 52 个字母，以及阿拉伯数字、各种常用符号等在计算机中存储时也要使用二进制数来表示。因此，人们需要约定哪些二进制数表示哪些符号，于是美国国家标准学会（American National Standard Institute，ANSI）制定了 ASCII 编码，统一规定了这些常用符号用哪些二进制数来表示。

在编写单片机程序时经常会用到 ASCII 码，只需要对照 ASCII 码表查询即可。

习　题

1. 什么是单片机，举例说明身边单片机应用的实例。
2. 单片机如何分类，都是什么？
3. 熟悉常用的电子元器件，并利用二极管、电阻和电源组成小灯发光的电路。
4. 简述使用万用表测量的使用方法，练习使用万用表测量 1 kΩ，10 kΩ 电阻的阻值。
5. 二进制与十进制如何换算，试将 11001011 换算成十进制，57 换算成二进制。
6. 什么是 BCD 码，什么是 ASCII 码？

第 2 章

STC 系列单片机

2.1 STC 单片机概述

2.1.1 单片机的概念

随着微电子技术的不断发展,计算机技术也得到迅速发展,并且由于芯片的集成度的提高而使计算机微型化,出现了单片微型计算机(Single Chip Computer),简称单片机,也可称为微控制器 MCU(Micro Controller Unit)。单片机,即集成在一块硅片上的计算机,集成了中央处理器 CPU(Central Processing Unit)、存储器(RAM、ROM、EPROM)、定时/计数器以及 I/O 接口电路等主要计算机部件。

单片机作为微型计算机的一个分支,与一般的微型计算机没有本质上的区别,同样具有快速、精确、记忆功能和逻辑判断能力等特点。但单片机是集成在一块芯片上的微型计算机,它与一般的微型计算机相比,在硬件结构和指令设置上均有独到之处,主要特点有:

(1)体积小,质量轻;价格低,功能强;电源单一,功耗低;可靠性高,抗干扰能力强。这是单片机得到迅速普及和发展的主要原因。同时由于它的功耗低,使后期投入成本也大大降低。

(2)使用方便灵活、通用性强。由于单片机本身就构成一个最小系统,只要根据不同的控制对象作相应的改变即可,因而它具有很强的通用性。

(3)目前大多数单片机采用哈佛(Harvard)结构体系。单片机的数据存储器和程序存储器相互独立。单片机主要面向测控对象,将程序和数据分开,通常有大量的控制程序和较少的随机数据,使用较大容量的程序存储器来固化程序代码,使用少量的数据存储器来存取随机数据。程序在只读存储器 ROM 中运行,不易受外界侵害,可靠性高。

(4)突出控制功能的指令系统。单片机的指令系统中有大量的单字节指令,以提高指令运行速度和操作效率;有丰富的位操作指令,满足了对开关量控制的要求;有丰富的转移指令,包括无条件转移指令和条件转移指令。

(5)较低的处理速度和较小的存储容量。因为单片机是一种小而全的微型机系统,它具有牺牲运算速度和存储容量来换取其体积小、功耗低等特色。

单片机完全是做嵌入式应用,故又称为嵌入式微控制器。按用途可将其分为通用型和专用型两大类。根据单片机数据总线的宽度不同,单片机主要可分为4位机、8位机、16位机和32位机。在高端应用(图形图像处理、通信)中,32位机应用已经较为普遍,但在中、低端控制应用中,且在将来较长一段时间内,8位机依然是单片机的主流机种。近年来推出的增强型单片机产品内部继承了高速I/O、ADC、PWM等接口部件,并在低电压、低功耗、串行总线扩展、程序存储器类型、存储器容量及开放方式等方面有较大的发展。

2.1.2 8位单片机的主要生产厂家和机型

20世纪80年代以来,单片机的发展非常迅速。就通用单片机而言,世界上一些著名的计算机厂家投放市场的产品就有50多个系列,数百个品种。

1. 8051内核单片机

MCS-51系列单片机是美国Intel公司研发的,该系列有80C31、80C51、80C52、87C51等多种产品。典型产品是80C51,其构成了80C51单片机的标准。MCS-51系列单片机资源配置见表2.1。

表2.1 MCS-51系列单片机资源配置表

系列	典型产品	I/O	定时/计数器	中断	串行口	片内RAM	片内ROM
51系列	80C31	4×8	2×16位	5	1	128 B	无
	80C51	4×8	2×16位	5	1	128 B	4 K
	87C51	4×8	2×16位	5	1	128 B	4 K
	89C51	4×8	2×16位	5	1	128 B	4 K
52系列	80C32	4×8	3×16位	6	1	256 B	无
	80C52	4×8	3×16位	6	1	256 B	8 K
	87C52	4×8	3×16位	6	1	256 B	8 K
	89C52	4×8	3×16位	6	1	256 B	8 K

目前,获得8051内核的厂商在该内核的基础上进行了功能与性能改进,具有代表性的有:

(1)深圳宏晶科技公司的STC系列,http://www.STCMCU.com。

(2)荷兰飞利浦公司的8×C552系列,http://www.philips.com.cn。

(3)美国Atmel公司的89C51系列,http://www.atmel.com。

2. 其他单片机

除8051外,比较有代表性的单片机还有以下几种:

(1)美国Motorola公司的6801系列和6805系列,http://Motorola.com.cn。

(2)美国Freescale公司的MC9S08、MC9S12,http://Freescale.com.cn。

(3)美国Microchip公司的PIC 16C系列和17C系列,http://Microchip.com。

(4)美国TI公司的MPS430系列,http://ti.com.cn。

(5)美国Atmel公司的AVR系列,http://www.atmel.com。

尽管单片机种类很多,但在我国使用最多的还是8051内核的单片机。单片机技术虽然缺少统一的技术标准,但其工作原理都是一样的,其主要区别在于片内资源的不同,编程格式不同。当使用C语言编程时,编程语言的差别就很小了。因此,只要学好了一种单片机,使用其他单片机时,只需仔细阅读相应的技术文档就可以进行项目或产品的开发。

2.1.3　STC系列单片机

STC系列单片机是深圳宏晶科技公司研发的增强型8051内核单片机,相对于传统的8051内核单片机,在片内资源、性能和工作速度都有很大的改进,尤其采用了基于Flash在线系统编程(ISP)技术,使得单片机应用系统的开发变得简单,无需仿真器或者专用编程器即可进行单片机系统的开发,同样也方便了单片机的学习。

STC单片机产品系列化,种类繁多,现有超过百种单片机产品,能满足不同单片机应用系统的控制需求(表2.2)。按照单片机工作速度与片内资源配置不同,STC系列单片机有若干个系列产品。按工作速度可分为12T/6T和1T系列产品。12T/6T包含STC89和STC90两个系列。1T产品包含STC11/10和STC12/15系列。STC89、STC90、STC11/10属于基本配置,STC12/15系列则相应增加了PWM、A/D和SPI模块。每个系列包含若干种产品,其差异主要是片内资源数量上的差异,均具有较好的加密性能,保护开发者的知识产权。在应用选型时,应根据控制系统的实际需求,选择合适的机种,即单片机内部资源要尽可能满足控制系统的需求,减少外部接口电路,同时选择单片机应遵循片内资源够用原则,充分满足单片机系统高性价比和高可靠性。

表2.2　STC系列单片机

型号 STC89	工作电压/V	Flash ROM/字节	SRAM/字节	定时器	UART 异步串口	PCA PWM D/A	A/D	I/O 数量	看门狗	内置复位	EEP ROM 字节	内部低压中断	外部中断
C51RC	5.5~3.3	4 K	512	3	1个	无	无	36	有	有	4 K	有	4个
C52RC	5.5~3.3	8 K	512	3	1个	无	无	36	有	有	4 K	有	4个
53RC	5.5~3.3	13 K	512	3	1个	无	无	39	有	有	无	有	4个
LE51RC	3.6~2.0	4 K	512	3	1个	无	无	39	有	有	4 K	有	4个
LE52RC	3.6~2.0	8 K	512	3	1个	无	无	39	有	有	4 K	有	4个
LE53RC	3.6~2.0	13 K	512	3	1个	无	无	39	有	有	无	有	4个

2.2 STC89C51RC/RD+单片机的引脚

STC89C51RC/RD+是 STC89 系列的典型产品,它集成以下资源:

①增强型 8051 单片机,6 时钟/机器周期和 12 时钟/机器周期可任意选择,指令代码完全兼容传统 8051。

②用户应用程序空间为 4K/8K/13K/16K/32K/64K 字节。

③片上集成 128 字节 RAM。

④通用 I/O 口(35/39 个)。

⑤ISP(在线系统可编程)/ IAP(在线应用可编程),无需专用编程器,无需专用仿真器,可通过串口(RxD/P3.0, TxD/P3.1)直接下载用户程序,数秒即可完成一片。

⑥有 EEPROM 功能。

⑦看门狗。

⑧内部集成 MAX810 专用复位电路(HD 版本和 90C 版本才有)。

⑨共 3 个 16 位定时/计数器,其中定时器 0 还可以当成 2 个 8 位定时器使用。

⑩外部中断 2 路,下降沿中断或低电平触发中断,Power Down 模式可由外部中断低电平触发中断方式唤醒。

⑪通用异步串行口(UART),还可用定时器软件实现多个 UART。

STC89C51RC/RD+的封装形式有 LQFP-44,PDIP-40,PLCC-44,PQFP-44。如选择 STC89 系列,可优先选择 LQFP-44 封装。其封装形式如图 2.1 所示。

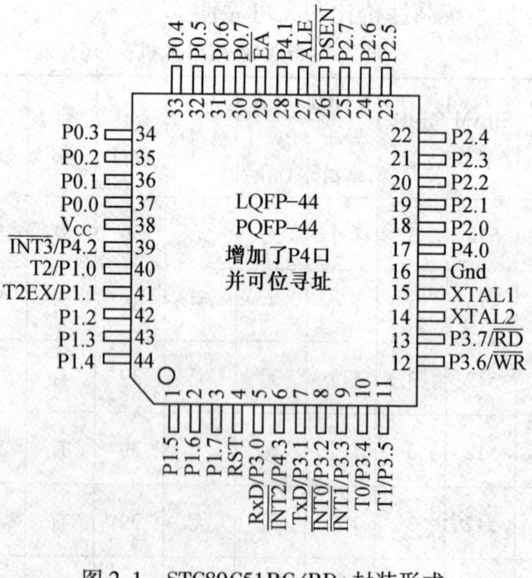

图 2.1 STC89C51RC/RD+封装形式

这些引脚可分为四类:

(1)电源引脚 V_{CC}和 Gnd(共 2 根)。V_{CC}接电源正极;Gnd 接地。

(2)外接晶振引脚 XTAL1,XTAL2(共 2 根)。

2 个时钟引脚 XTAL1,XTAL2 外接晶体与片内反相放大器构成一个振荡器,它为单片机提供了时钟控制信号。2 个时钟引脚也可外接晶体振荡器。

当采用外部振荡器产生时钟时,单片机时钟信号由 XTAL1,XTAL2 引脚外接晶体产生时钟信号,或者直接从 XTAL1 输入外部时钟信号。采用外接晶体产生时钟信号,如图 2.2 所示,时钟信号的频率取决于晶体的频率,电容器 C_1 和 C_2 的作用是稳定频率和快速起振,一般取值为 5 ~47 pF,典型值为 47 pF 或者 30 pF。STC89C51RC/RD+单片机的时钟频率最大可达 48 MHz。

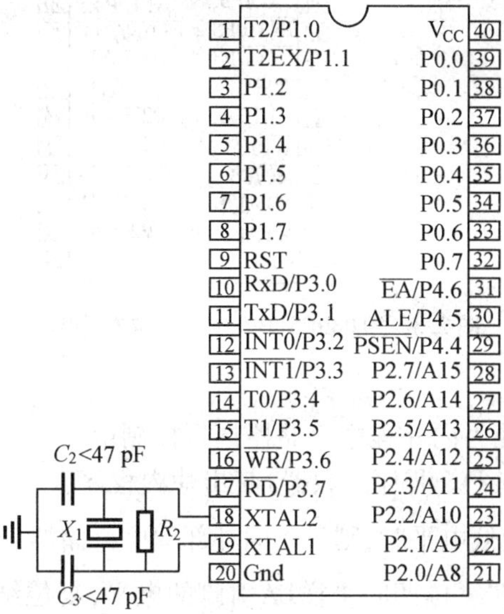

图 2.2　STC89C51RC/RD+外部时钟方式电路图

(3)控制引脚。

此类引脚提供控制信号,有的引脚还具有复位功能。

①RST 复位引脚(见图 2.3)。RST(RESET)是复位信号输入端,此引脚加上持续时间大于两个机器周期的高电平时,将使单片机复位。

②ALE 引脚。ALE 为地址锁存允许信号,当单片机上电正常工作后,ALE 引脚不断输出正脉冲信号。当访问单片机外部存储器时,ALE 输出信号的负跳沿用作低 8 位地址的锁存信号。即使不访问外部锁存器,ALE 端仍有正脉冲信号输出,此频率为时钟振荡器频率的 1/6。但是,每当访问外部数据存储器时,每两个机器周期中,ALE 只出现一次,即丢失一个 ALE 脉冲。因此,ALE 一般不适宜用作精确的时钟源或者定时信号。此外,利用 ALE 引脚输出正脉冲信号的特点,可用示波器查看单片机是否完好。

在对片外 EPROM 型单片机编程写入时,此引脚作为编程脉冲的输入端。

③$\overline{\text{PSEN}}$引脚。外部程序存储器选通输出引脚。在单片机访问外部程序存储器时,此引脚输出的负脉冲作为读外部程序存储器的选通信号。此引脚接外部程序存储器的$\overline{\text{OE}}$(输出允许)端。

如果要检查一个单片机应用系统是否上电,CPU 能否正常从外部程序存储器读取指令,可用示波器查看$\overline{\text{PSEN}}$引脚有无脉冲输出,如有,则表示此时单片机系统已上电,处于

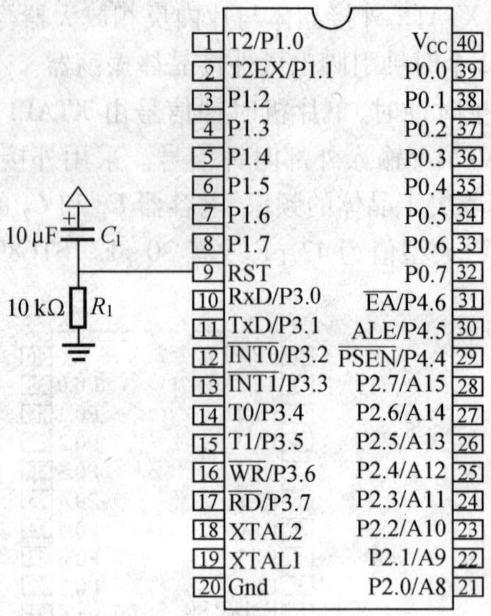

图 2.3　STC89C51RC/RD+复位电路图

正常工作的状态。

④$\overline{EA}$引脚。$\overline{EA}$的功能为内外程序存储器选择控制端。当$\overline{EA}$端为高电平时，单片机访问内部程序存储器，但在 PC（程序计数器）超出片内程序存储器容量时，将自动执行片外程序存储器。当$\overline{EA}$保持低电平时，则只访问外部程序存储器，不管是否有内部存储器。需要注意的是，单片机只在复位期间采样$\overline{EA}$引脚的电平，复位结束后，$\overline{EA}$引脚的电平对于程序存储器的访问没有影响。

（4）输入/输出（I/O）及复用功能引脚。

P0 口：P0 口既可作为输入/输出口，也可作为地址/数据复用总线使用。当 P0 口作为输入/输出口时，P0 是一个 8 位准双向口，上电复位后处于开漏模式。P0 口内部无上拉电阻，所以作为 I/O 口必须外接 10 ~ 4.7 kΩ 的上拉电阻。当 P0 作为地址/数据复用总线使用时，是低 8 位地址线[A0 ~ A7]，数据线的[D0 ~ D7]，此时无需外接上拉电阻。

P1 口：8 位准双向 I/O 口。其中 P1.0 还作为定时/计数器 2 的外部输入端口，P1.1 还作为定时/计数器 2 捕捉/重装方式的触发控制。

P2 口：P2 口内部有上拉电阻，既可作为输入/输出口，也可作为高 8 位地址总线使用（A8 ~ A15）。当 P2 口作为输入/输出口时，P2 是一个 8 位准双向口。

P3 口：8 位准双向 I/O 口，双功能复用口。

P4 口：8 位准双向 I/O 口，双功能复用口。（部分封装形式具备）

2.3　STC89C51RC/RD+单片机内部结构和特点

2.3.1　STC89C51RC/RD+单片机内部结构

STC89C51RC/RD+系列单片机是 STC 推出的新一代高速、低功耗、超强抗干扰的单片机，指令代码完全兼容传统 8051 单片机，12 时钟/机器周期和 6 时钟/机器周期可以任意选择，HD 版本和 90C 版本内部集成 MAX810 专用复位电路。其内部结构框图如图 2.4 所示。STC89C51RC/RD+单片机中包含中央处理器（CPU）、程序存储器（Flash）、数据存储器（SRAM）、定时/计数器、UART 串口、I/O 接口、EEPROM、看门狗等模块。STC89C51RC/RD+系列单片机几乎包含了数据采集和控制中所需的所有单元模块，可称得上一个片上系统。

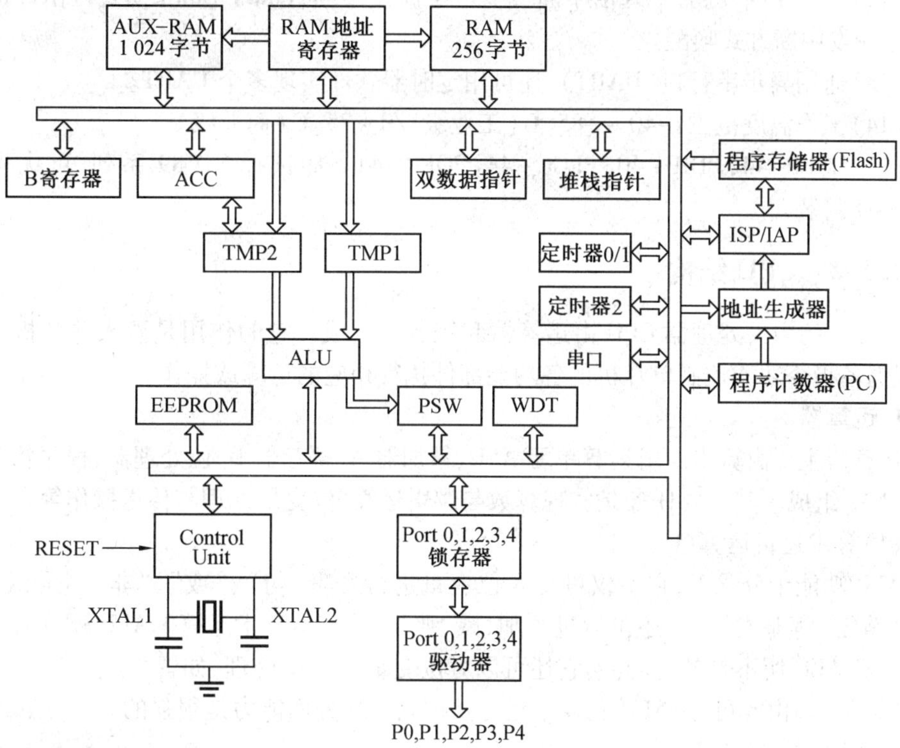

图 2.4　STC89C51RC 内部结构图

其特点主要有：

（1）增强型 8051 单片机，6 时钟/机器周期和 12 时钟/机器周期可任意选择，指令代码完全兼容传统 8051。

（2）工作电压：5.5～3.3 V（5 V 单片机），3.8～2.0 V（3 V 单片机）。

（3）工作频率范围：0～40 MHz，相当于普通 8051 的 0～80 MHz，实际工作频率可达 48 MHz。

（4）用户应用程序空间：4K/8K/13K/16K/32K/64K 字节。

（5）片上集成 1 280 字节或 512 字节 RAM。

（6）通用 I/O 口（35/39 个），复位后为：P1/P2/P3/P4 是准双向口/弱上拉（普通 8051 传统 I/O 口）；P0 口是开漏输出，作为总线扩展用时，不用加上拉电阻，作为 I/O 口用时，需加上拉电阻。

（7）ISP（在系统可编程）/ IAP（在应用可编程），无需专用编程器，无需专用仿真器，可通过串口(RxD/P3.0, TxD/P3.1)直接下载用户程序,数秒即可完成一片。

(8)有 EEPROM 功能。

(9)看门狗。

(10)内部集成 MAX810 专用复位电路(HD 版本和 90C 版本才有),外部晶体 20M 以下时,可省外部复位电路。

(11)共 3 个 16 位定时/计数器,其中定时器 0 还可以当成 2 个 8 位定时器使用。

(12)外部中断 4 路,下降沿中断或低电平触发中断,Power Down 模式可由外部中断低电平触发中断方式唤醒。

(13)通用异步串行口(UART),还可用定时器软件实现多个 UART。

(14)工作温度范围:-40 ~ +85 ℃(工业级)/0 ~ 75 ℃(商业级)。

(15)LQFP-44, PDIP-40, PLCC-44, PQFP-44。如选择 STC89 系列,可优先选择 LQFP-44 封装。

2.3.2 CPU 结构

单片机的中央处理器 CPU 由运算器和控制器组成。它的作用是读入并分析每条指令,根据各指令功能控制单片机的各功能部件执行相应的运算或操作。

1. 运算器

运算器主要由算术逻辑运算单元 ALU、累加器 A、寄存器 B、位处理器、程序状态字寄存器 PSW 组成。其主要任务是实现算数与逻辑运算、位变量处理与传送操作等。

(1)算术逻辑运算单元 ALU。

ALU 功能十分强大,它不仅可对 8 位变量进行逻辑“与”、“或”、“非”、“异或”、“循环”、“清零”等基本操作,还可以进行加、减、乘、除等基本算术运算。ALU 还具有一般的微计算机 ALU 所不具备的功能,它还可以对位变量进行位处理,如置位、清零、逻辑“与”“或”等操作。由此可见,ALU 在算术运算及控制处理方面能力是很强的。

(2)累加器 A。

累加器 A 是一个 8 位的累加器,是 CPU 中使用最为频繁的一个寄存器,也可以写为 A_{CC}。其主要作用是:是 ALU 单元的输入之一,因而是数据处理源之一,但它又是 ALU 运算结果的存放单元;与此同时,累加器 A 还是数据的中转站,CPU 中大多数数据都要通过累加器 A,故而累加器 A 容易出现“堵塞”现象。需要说明的是,累加器 A 的进位标志位 Cy 较为特殊,因为它同时是位处理机的位累加器。

(3)寄存器 B。

寄存器 B 是为执行乘法和除法操作而设置的,用于存放乘法和除法运算的操作数和运算结果。在不执行乘法和除法操作时,可作为一个普通寄存器使用。

(4)程序状态字 PSW。

程序状态字 PSW 是一个 8 位可读写的寄存器,位于单片机的特殊功能寄存器区,字节地址为 D0H。PSW 的不同位包含了程序运行状态的不同信息,掌握并牢记 PSW 各位的含义是十分重要的。PSW 各位定义见表 2.3。

表 2.3　PSW 各位定义

PSW	字节地址	位	B7	B6	B5	B4	B3	B2	B1	B0
	D0H	名称	CY	AC	F0	RS1	RS0	OV	F1	P

CY:进位标志位。执行加/减法指令时,如果操作结果的最高位出现进/借位,则 CY 置 1,否则清零。执行乘法运算后,CY 清零。在进行位处理时,CY 是位累加器,也可写为 C。

AC:辅助进位位。当执行加/减法指令时,如果低 4 位向高四位数产生进/借位,则 AC 置 1,否则清零。

F0:用户标志位。它是由用户使用的一个状态标志位,可用软件来使它置 1 或者清 0,也可以由软件来测试标志位 F0 以控制程序的流向。

OV:溢出标志位。当执行算术指令时,由硬件置 1 或清 0,以指示计算是否产生溢出,所谓有溢出就是当最高位与次高位的进位情况不一致。

F1:用户标志位。它是由用户使用的一个状态标志位,可用软件来使它置 1 或者清 0。

P:奇偶校验位。该标志位用来表示累加器 A 中为 1 的位数的奇偶数。P=1,则 A 中"1"的个数为奇数,反之,A 中"1"的个数为偶数。

RS1,RS0:工作寄存器组选择控制位。这两位用来选择工作寄存器中的哪一组为当前工作寄存器区(4 组工作寄存器在单片机的 RAM 区中,请参见 2.4 节)。它们与 4 组工作寄存器的对应关系见表 2.4。

表 2.4　工作寄存器对应关系表

RS1	RS0	当前使用的工作寄存器组(R0 ~ R7)
0	0	0 组(00H ~ 07H)
0	1	1 组(08H ~ 0FH)
1	0	2 组(10H ~ 17H)
1	1	3 组(18H ~ 1FH)

2. 控制器

控制器是单片机的指挥控制部件,其主要任务是识别指令,并根据指令的性质控制单片机的各功能部件,从而保证单片机各部分能自动而协调工作。单片机指令的执行是在控制器的控制下进行的。单片机执行一条指令的全过程是:首先,从程序存储器中读出指令,送指令寄存器保存,然后送指令译码器进行译码,译码结果送定时控制逻辑电路,由定时控制逻辑电路产生各种定时信号和控制信号,再送到单片机各部件区进行相应的操作。控制器主要由程序计数器 PC、程序地址寄存器、指令寄存器 IR、指令译码器 ID、定时及控制逻辑电路组成。

(1)程序计数器 PC。

程序计数器 PC 是控制部件中最基本的寄存器,是一个独立的 16 位计数器,存放下一条将要从程序存储器中取出的指令地址。其基本工作过程是:读指令时,程序计数器将其中的数作为所取指令的地址输出给程序存储器,然后程序存储器按此地址输出指令字节,同时程序存储器本身自动加1,读完本条指令后,PC指向下一条指令在程序存储器中的地址。程序计数器的宽度决定了单片机对程序存储器的可以直接寻址的范围,16位计数器可寻址64 KB。特别需要说明的是,程序计数器PC中内容的变化决定了程序的流程,其最基本的工作方式是程序计数器自动加1。在执行转移类、子程序调用和中断响应时,PC的内容不再自动加1,而是由指令或者中断响应过程自动给PC置入新的地址,从而改变程序的流向。

(2)指令寄存器IR、指令译码器ID及控制逻辑电路。

指令寄存器IR保存当前正在执行的指令。每执行一条指令,先要把它从程序存储器中取到指令寄存器IR。指令内容包括操作码和地址码两部分。操作码送指令译码器ID,并形成相应的微操作信号;地址码送操作数形成电路以便形成实际的操作数地址。

控制逻辑电路是微处理器的核心部件,它的任务是控制取指令、执行指令,存取操作数或运算结果,向其他部件发出各种微操作信号,协调各部件工作,完成指令指定的任务。

2.4 STC89C51RC/RD+系列单片机存储器结构和地址空间

STC89C51RC/RD+系列单片机的存储器采用的是哈佛结构,即程序存储器和数据存储器空间截然分开,程序存储器和数据存储器各有自己的寻址方式、寻址空间和控制系统。在物理上有4个独立的存储空间:程序存储器(程序Flash),片内基本RAM,片内扩展RAM与E^2PROM(数据Flash)。

2.4.1 程序存储器

程序存储器用于存放用户程序、数据和表格等信息,STC89C51RC/RD+系列单片机内部集成了4~64 K字节的Flash程序存储器,其各种型号单片机的片内程序Flash存储器的地址见表2.5,并如图2.5所示。

表2.5 片内程序Flash存储器的地址

型号	程序存储器
STC89C51	0000H~0FFFH(4 K)
STC89C52	0000H~1FFFH(8 K)
STC89C53	0000H~33FFH(13 K)
STC89C54	0000H~3FFFH(16 K)
STC89C58	0000H~7FFFH(32 K)
STC89C510	0000H~9FFFH(40 K)
STC89C512	0000H~BFFFH(48 K)
STC89C514	0000H~DFFFH(56 K)
STC89C516	0000H~FFFFH(64 K)

单片机复位后,程序计数器(PC)的内容为0000H,从0000H单元开始执行程序。因

此,一般在 0000H 单元存放一条无条件转移指令,让 CPU 去执行用户指定位置的主程序。

STC89C51RC/RD+单片机利用$\overline{EA}$引脚来确定是访问片内程序存储器还是访问片外程序存储器。当$\overline{EA}$引脚接高电平时,对于 STC89C51RC/RD+单片机首先访问片内程序存储器,当 PC 的内容超过片内程序存储器的地址范围时,系统会自动转到片外程序存储器。以 STC89C54RD+单片机为例,当$\overline{EA}$引脚接高电平,单片机首先从片内程序存储器的 0000H 单元开始执行程序,当 PC 的内容超过 3FFFH 时系统自动转到片外程序存储器中取指令时,外部程序存储器的地址从 4000H 开始。

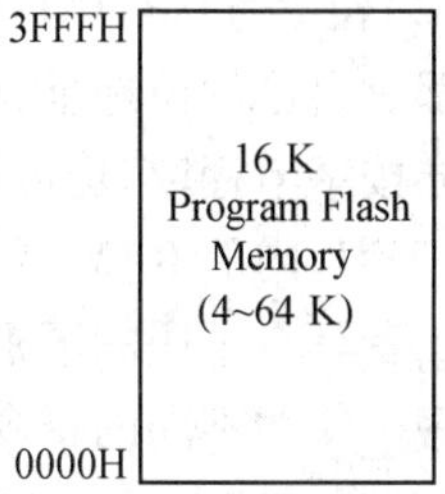

图 2.5　片内程序 Flash 存储器的地址

中断向量入口地址为程序存储器的某些单元被固定用于中断源的中断入口服务程序的入口地址。STC 系列单片机复位后,程序存储器 PC 的内容为 0000H,故系统必须从 0000H 单元开始取指令。程序存储器的 0000H 地址是系统程序的启动地址,一般在该单元存放一条绝对跳转指令,跳向用户设计的主程序的起始地址。在程序存储器中,有 8 个单元有特殊用途。8 个特殊单元分别对应 8 种中断源的中断服务程序入口地址,见表 2.6。

表 2.6　中断服务程序入口地址

中断源	$\overline{INT0}$	T0	$\overline{INT1}$	T1	UART	T2	$\overline{INT2}$	$\overline{INT3}$
中断向量地址	0003H	000BH	0013H	001BH	0023H	002BH	0033H	003BH

通常在这些中断入口地址都存放一条跳转指令。加跳转指令的目的是,由于两个中断入口间隔仅为 8 个存储单元,存放中断服务程序往往是不够的。

2.4.2　内部数据存储器

片内数据存储器共分为 256 字节,可分为 3 个部分:低 128 字节 RAM(与传统 8051 兼容),高 128 字节 RAM 及特殊功能寄存器区。

1. 低 128 字节

低 128 字节依据 RAM 作用的差异性,又分为工作寄存器区、位寻址区和用户 RAM 区(堆栈、数据缓冲区),如图 2.6 所示。

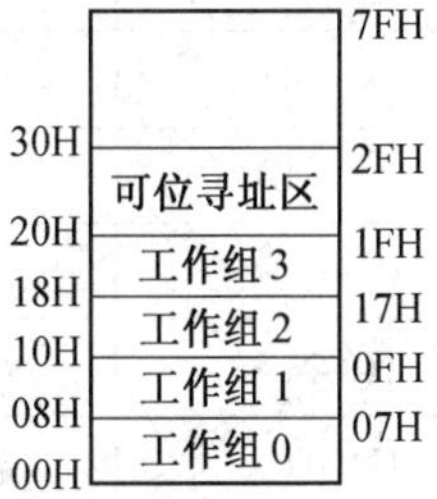

图 2.6　片内 RAM 的结构

(1)工作寄存器区(00H ~ 1FH)。此 32 个字节又分为 4 个工作寄存器组,每组包含有 8 个 8 位寄存器,编号为 R7 ~ R0。程序运行时,只能有一个工作寄存器组作为当前工作寄存器组,当前工作寄存器组的存储单元可用作寄存器,用 R7 ~ R0 表示。工作寄存器组的选择是通过程序状态字 PSW 中的 RS1、RS0 实现的。由当前工作寄存器组切换到另一个工作寄存器组,原来工作寄存器组的寄存器的内容需要屏蔽保护起来。利用这一特性可方便地完成快速现场保护任务,详见表 2.4。

(2)位寻址区(20H~2FH)。此16个字节是位寻址区,每个字节8位,共128位,每一位都有自己的位地址,构成了1位处理机的存储空间。本区域不仅可以像普通RAM单元一样按字节存取,也可以对每一位单独进行存取操作。位寻址区所对应的地址范围是00H~7FH,内部RAM低128字节的地址也是00H~7FH;从外表看,二地址是一样的,实际上二者具有本质的区别,位地址指向的是一个位,而字节地址指向的是一个字节单元,在程序中使用不同的指令区分。

(3)用户RAM区(30H~7FH)。30H~7FH共80个字节,用户RAM区即为一般的RAM区,无特殊功能特性,一般作为数据缓冲、堆栈使用。

2. 高128字节(80H~FFH)

高128字节属普通存储区域。为了与特殊功能寄存器区加以区分,规定只能使用寄存器间接寻址的方式访问,特殊功能寄存器区只能采用直接寻址的方式,高128字节还可作为对堆栈区使用。

3. 特殊功能寄存器区SFR(80H~FFH)

特殊功能寄存器(SFR)是用来对片内各功能模块进行管理、控制、监视的控制寄存器和状态寄存器,是一个特殊功能的RAM区。STC89C51RC/RD+系列单片机有41个特殊功能寄存器。所谓特殊功能寄存器是指该RAM单元的状态与某一具体的硬件接口电路有关,要么反映某个硬件接口电路的工作状态,要么决定某个硬件电路的工作状态。单片机内部I/O接口电路的管理与控制就是通过其相应特殊功能寄存器进行操作与管理。特殊功能寄存器按其存储性质的不同又可分为两类:可位寻址特殊功能寄存器与不可位寻址的特殊功能寄存器。凡字节地址能被8整除的单元是可位寻址的,对应可位寻址都有一个位地址,其地址等于其字节地址加上位号,实际编程大多采用其位功能符号表示,如PSW中的CY、P等。

STC89C51RC/RD+系列单片机的特殊功能寄存器名称及地址映象见表2.7。

表2.7 特殊功能寄存器名称及地址映象表

符号		描述	地址	复位值
P0		P0口	80H	1111111B
SP		堆栈指针	81H	00000111B
DPTR	DPL	数据指针(低)	82H	0000000B
	DPH	数据指针(高)	83H	0000000B
PCON		电源控制寄存器	87H	00X10000B
TCON		定时器控制寄存器	88H	0000000B
TMOD		定时器工作方式寄存器	89H	0000000B
TL0		定时器0低8位寄存器	8AH	0000000B
TL1		定时器1低8位寄存器	8BH	0000000B
TH0		定时器0高8位寄存器	8CH	0000000B

续表 2.7

符号	描述	地址	复位值
TH1	定时器 1 高 8 位寄存器	8DH	00000000B
AUXR	辅助寄存器	8EH	XXXXXX00B
P1	P1 口	90H	11111111B
SCON	串行口控制寄存器	98H	00000000B
SBUF	串行口数据缓冲器	99H	XXXXXXXXB
P2	P2 口	A0H	11111111B
AURX1	辅助寄存器 1	A2H	XXXX0XX0B
IE	中断允许寄存器	A8H	0X000000B
SADDR	从机地址控制寄存器	A9H	00000000B
P3	P3 口	B0H	11111111B
IPH	中断优先级寄存器高	B7H	00000000B
IP	中断优先级寄存器低	B8H	0X000000B
SADEN	从机地址掩膜寄存器	B9H	00000000B
XICON	辅助中断控制寄存器	C0H	00000000B
T2CON	T2 控制寄存器	C8H	00000000B
T2MOD	T2 工作方式寄存器	C9H	XXXXXX00B
TL2	定时器 2 低 8 位寄存器	CCH	00000000B
TH2	定时器 2 高 8 位寄存器	CDH	00000000B
PSW	程序状态字	D0H	00000000B
ACC	累加器 A	E0H	00000000B
WDT_CONTR	看门狗控制寄存器	E1H	XX000000B
ISP_DATA	ISP/IAP 数据寄存器	E2H	11111111B
ISP_ADDRH	ISP/IAP 高 8 位地址寄存器	E3H	00000000H
ISP_ADDRL	ISP/IAP 低 8 位地址寄存器	E4H	00000000B
ISP_CMD	ISP/IAP 命令寄存器	E5H	XXXXX000B
ISP_TRIG	ISP/IAP 命令触发寄存器	E6H	XXXXXXXXB
ISP_CONTR	ISP/IAP 控制寄存器	E7H	000XX000B
P4	P4 口	E8H	XXXX1111B
B	B 寄存器	F0H	00000000B

需要说明的是,在编程中,用特殊功能寄存器的符号或位地址的符号来表示特殊功能寄存器的地址或位地址。

下面简单介绍 SFR 中的某些寄存器,其他没有介绍的特殊功能寄存器将在后续章节中介绍。累加器 ACC、B 寄存器、程序状态字 PSW 已在前文作了详细介绍,此处不再赘述。

(1)堆栈指针 SP。

堆栈是在片内 RAM 中开辟出来的一个区域,主要是为了子程序调用和终端操作而设立。其主要功能有两个:保护断点和保护现场。因为无论是子程序调用还是中断操作,都要返回主程序。因此,单片机去执行子程序或者中断服务程序之前,都要考虑返回问题。为此,应预先把主程序的断点保护起来,为程序的正确返回做准备。此外,堆栈也可用于数据的临时存放,在程序设计中也常用到。

堆栈指针 SP 是一个 8 位的特殊功能寄存器,其内容指示出堆栈栈顶在内部 RAM 中的位置,指向内部 RAM 00 ~ 7FH 的任何单元,单片机复位后,SP 内容为 07H。在实际操作中,为了避免堆栈区与工作寄存器区、位寻址区发生冲突,一般将堆栈区设置在用户 RAM 区。

堆栈操作遵循"先进后出,后进先出"的原则。入栈时,SP 先加 1,数据再压入 SP 指向的存储单元;出栈时,先将 SP 指向单元的数据弹出到指定的存储单元,SP 再减 1。

(2)数据指针 DPTR。

DPTR 是一个 16 位的 SFR,其高位字节寄存器用 DPH 表示,低位字节用 DPL 表示。可用于存放 16 位地址,用于对 16 位地址的程序存储器和扩展 RAM 进行访问。

(3)端口 P0 ~ P4。

特殊功能器 P0 ~ P4 分别为 I/O 端口 P0 ~ P4 的寄存器,即每一个 8 位 I/O 口都为 RAM 中的一个存储单元。通过对 5 个寄存器的操作,可实现相应端口的输入/输出数据。

2.4.3 片外数据存储器

1. 外部扩展 64K 字节数据存储器(见图 2.7)

STC89C51RC/RD+系列单片机具有扩展 64 KB 外部数据存储器和 I/O 口的能力。访问外部数据存储器期间,$\overline{WR}$或$\overline{RD}$信号要有效,具体内容详见第 6 章。

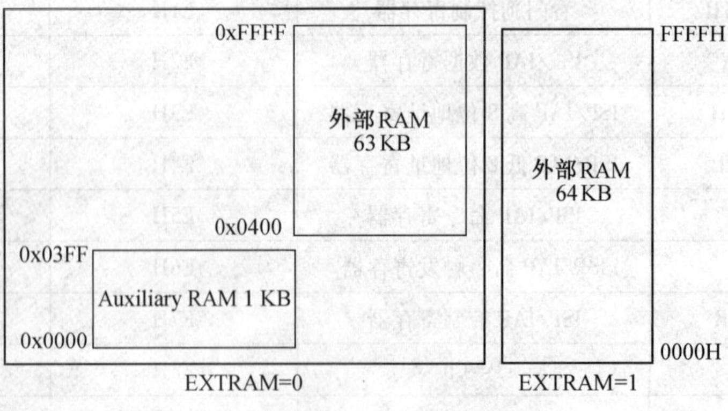

图 2.7　片外数据存储器结构图

当 MOVX 指令访问物理上在内部,逻辑上在外部的片内扩展的 1 024 字节 EXTRAM 时,以上设置均被忽略,以上设置只是在访问真正的片外扩展器件时有效。

2. 扩展数据存储器(XRAM)

STC89C51RC/RD+系列单片机片内除集成了 256 字节的 RAM(高、低各 128 字节)作为数据存储器,还集成了 512 ~ 1 024 字节不等的扩展 RAM(具体扩展容量依型号不同而有所差异),参见表 2.8,地址范围为 0000H ~ 03FFH,如图 2.7 中左侧所示部分,右侧 0000H ~ FFFFH 为 64 K 的外部 RAM 地址对比图,从图中可以看出,地址范围为 0000H ~ 03FFH 的存储区逻辑上属于片外数据存储器。

扩展 RAM 类似于传统的片外数据存储器,采用访问片外数据存储器的指令(如汇编指令:MOVX)访问扩展功能。但使用时,XRAM 与外扩片外数据存储器不能并存,可通过 AUXR 寄存器进行选择。AUXR 是一个只写寄存器,一般不进行读操作。如用读操作读取 AUXR 的内容,读出数据不确定。

表 2.8　AUXR 寄存器

寄存器	地址	7	6	5	4	3	2	1	0	复位值
AUXR	8EH	—	—	—	—	—	—	EXTRAM	ALEOFF	XXXXXX00

EXTRAM 为内部/外部 RAM 存取,0:内部扩展的 EXT_RAM 可存取;1:外部数据存储器存取。

ALEOFF 为 ALE 禁止/使能,0:ALE 脚输出固定的 1/6 晶振频率信号在 12 时钟模式时,在 6 时钟模式时输出固定的 1/3 振频率信号;1:ALE 脚仅在执行 MOVX 或 MOVC 指令时才输出信号。

另外,在访问内部扩展 RAM 之前,用户还需在烧写用户程序时在 STC-ISP 编程器中设置允许内部扩展 AUX-RAM 访问,如图 2.8 所示。

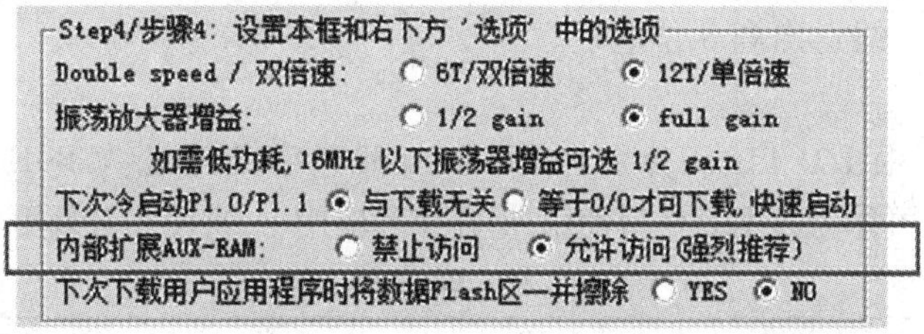

图 2.8　STC-ISP 编程器中设置

需要注意的是,有些用户系统因为外部扩展了 I/O 或者用片选去选多个 RAM 区,有时与此内部扩展的 EXTRAM 逻辑上有冲突,将此位设置为“1”,禁止访问此内部扩展的 EXTRAM 即可。

2.5　STC 系列单片机并行输入/输出端口(字操作)

STC89C51RC/RD+系列单片机共有 5 组 I/O 端口,分别记为 P0 ~ P4。各口的每一位均由锁存器、输出驱动器和输入缓冲器组成。实际上,P0 ~ P4 已被归入特殊功能寄存器之列。这 5 个口除了按字节寻址外,还可按位寻址。P0 ~ P4 有 3 种工作模式,准双向口/弱上拉(标准 8051 输出模式)、仅为输入(高阻)或开漏输出功能。STC89C51RC/RD+系列单片机的 P1/P2/P3/P4 上电复位后为准双向口/弱上拉(传统 8051 的 I/O 口)模式,P0 口上电复位后是开漏输出。P0 口作为总线扩展用时,不用加上拉电阻,作为 I/O 口用时,需加 10 ~4.7 kΩ 上拉电阻。

1. P0 口

P0 口共有 8 根 I/O 口线,分别为 P0.0 ~ P0.7。口的各位口线具有完全相同但又相互独立的逻辑电路,其字节地址为 80H,位地址为 80H ~ 87H,其复位值为 FFH。在实际应用中,P0 口绝大部分情况下都是作为单片机的地址/数据线使用。当外接存储器时,P0 口可作为数据总线及低 8 位地址总线分时复用。

2. P1 口

P1 口共有 8 根 I/O 口线,分别为 P1.0 ~ P1.7,字节地址为 90H,位地址为 90H ~ 97H。P1 口能作为通用的 I/O 口使用,可输入/输出 8 位或者 1 位数据。需要注意的是,P1.0、P1.1 具有复用功能,具体见表 2.9。

表 2.9 AUXR 寄存器 P1.0,P1.1 具有复用功能

P1.0/T2	40	1	2	P1.0	标准 I/O 口,P1.0
				T2	定时/计数器 2 的外部输入
P1.1/T2EX	41	2	3	P1.1	标准 I/O 口,P1.1
				T2EX	定时/计数器 2 捕捉/重装方式的触发控制

3. P2 口

P2 口共有 8 根 I/O 口线,分别为 P2.0 ~ P2.7,字节地址为 A0H,位地址为 A0H ~ A7H。当 P2 口作为输入/输出口时,P2 是一个 8 位准双向口;当访问外部存储器时,它可作为高 8 位地址总线送出高 8 位地址。

4. P3 口

P3 口共有 8 根 I/O 口线,分别为 P3.0 ~ P3.7,字节地址为 B0H,位地址为 B0H ~ B7H。虽然 P3 口可作为通用 I/O 口使用,但在实际应用中,常使用其复用功能,见表 2.10。

表 2.10 P3 复用功能

P3.0/RxD	P3.0	标准 I/O 口,P3.0
	RxD	串行口数据接收端
P3.1/TxD	P3.1	标准 I/O 口,P3.1
	TxD	串行口数据发送端
P3.2/$\overline{INT0}$	P3.2	标准 I/O 口,P3.1
	$\overline{INT0}$	外部中断 0
P3.3/$\overline{INT1}$	P3.3	标准 I/O 口,P3.1
	INT1	外部中断 1
P3.4/T0	P3.4	标准 I/O 口,P3.1
	T0	T0 外部计数输入

续表 2.10

P3.0/RxD	P3.0	标准 I/O 口,P3.0
	RxD	串行口数据接收端
P3.5/T1	P3.5	标准 I/O 口,P3.1
	T1	T1 外部计数输入
P3.6/$\overline{WR}$	P3.6	标准 I/O 口,P3.1
	$\overline{WR}$	外部数据存储器写选通
P3.7/$\overline{RD}$	P3.7	标准 I/O 口,P3.1
	$\overline{RD}$	外部数据存储器读选通

5. P4 口

P4 口口线条数随着封装形式的不同而有所差异。PLCC44 与 LQFP44 封装形式的单片机具有 7 条口线,分别是 P4.0～P4.6。PDIP40 封装形式 P4 口有 3 条口线,为 P4.4～P4.6。除可作为 I/O 使用之外,各口还具有复用功能,见表 2.11。

表 2.11　P4 复用功能

P4.0	P4.0	标准 I/O 口,P4.0
P4.1	P4.1	标准 I/O 口,P4.1
P4.2/$\overline{INT3}$	P4.2	标准 I/O 口,P4.2
	$\overline{INT3}$	外部中断 3
P4.3/$\overline{INT2}$	P4.3	标准 I/O 口,P4.3
	$\overline{INT2}$	外部中断 2
P4.4/$\overline{PSEN}$	P4.4	标准 I/O 口,P4.4
	$\overline{PSEN}$	外部程序存储器选通信号输出引脚
P4.5/ALE	P4.5	标准 I/O 口,P4.5
	ALE	地址锁存允许信号输出引脚/编程脉冲输入引脚
P4.6/$\overline{EA}$	P4.6	标准 I/O 口,P4.6
	$\overline{EA}$	内外部存储器选择引脚

2.6　STC 系列单片机布尔(位)处理器

一般微处理器的 CPU 是以字节为单位进行运算和操作的,但在控制系统中常常需要解决是或非的逻辑问题。例如,某个开关的接通或断开、某个指示灯的熄和亮、电动机的开动或停止等。如果每次都是用一个字节,就产生了浪费,因为这个 1 或 0 的问题一位就够用了。为了满足这些需要,STC 系列单片机与字节处理器相对应,还特别设置了一个结构完整的布尔(位)处理器,大大增强了单片机的实时控制能力,提高了编辑效率。

虽然布尔处理器是整个单片机的一个组成部分，但它有自己的指令系统和累加器（程序状态字 PSW 中的进位标志 CY），有自己的 RAM（内部 RAM 区中的 128 个可寻址位和特殊功能寄存器），有自己的 I/0（P0 ~ P3 口的各位），因此，它是一个完整的、独立功能很强的位处理器。

在该系统中，除了程序存储器和 ALU 与字节处理器合用之外，还有如下功能。

1. 位处理功能

（1）累加器 CY 为借用进位标志位。在布尔运算中，CY 是数据源之一，又是运算结果的存放处，是位数据传送中的中心。

（2）位寻址的 RAM 区。从内部数据 RAM 区的 32 ~ 47（20H ~ 2FH）的 16 个字节单元，共包含 128 位（0 ~ 127），是可位寻址的 RAM 区。

（3）位寻址的寄存器。特殊功能寄存器（SFR）中的可位寻址的位。

（4）位寻址的并行 I/O 口。P0、P1、P2 及 P3 各口的每一位都可以进行位寻址。

（5）位操作指令系统。位操作指令可实现对位的按位置位、按位清 0、按位取反、位状态判跳、位传送、位逻辑、位运算、位输入/输出等操作。

强大的布尔（位）处理功能，是 STC 系列单片机的突出优点之一。

2. 可以位寻址单元的数目

可以位寻址的单元共有 228 个。分布在：

（1）RAM 区。20H ~ 2FH 字节中所有位，共计有 128 个单元。

（2）特殊功能寄存器区。P0，TCON，P1，SCON，P2，IE，P3，1P. PSW，A，B，PCON 及 TMOD 中的相应位，共计 95 个单元（IE 中有两位无定义，IP 中有三位无定义，PSW 中有一位无定义，PCON 中有三位无定义）。

3. 采用布尔处理方法的优点

利用位逻辑操作功能进行随机逻辑设计，可把逻辑表达式直接变换成软件执行，方法简便，免去了过多的数据往返传送、字节屏蔽和测试分支，大大简化了编程，节省存储器空间，加快了处理速度，还可实现复杂的组合逻辑处理功能。所有这些，特别适用于某些数据采集、实时测控等应用系统。这些给“面向控制”的实际应用带来了极大的方便，是其他微机机种所无可比拟的。

2.7 STC 单片机最小系统

单片机最小系统，或者称为最小应用系统，是指用最少的元件组成的单片机可以工作的系统。对 STC 系列单片机来说，最小系统一般应该包括单片机、晶振电路、复位电路。下面给出一个 STC 单片机的最小系统电路图。

1. 复位电路

单片机复位电路好比电脑的重启部分，当电脑在使用中出现死机，按下重启按钮，电脑内部的程序从头开始执行。单片机也一样，当单片机系统在运行中，受到环境干扰出现程序跑飞的时候，按下复位按钮，内部的程序自动从头开始执行。

复位电路由电容串联电阻构成，由图 2.9 并结合“电容电压不能突变”的性质，可以

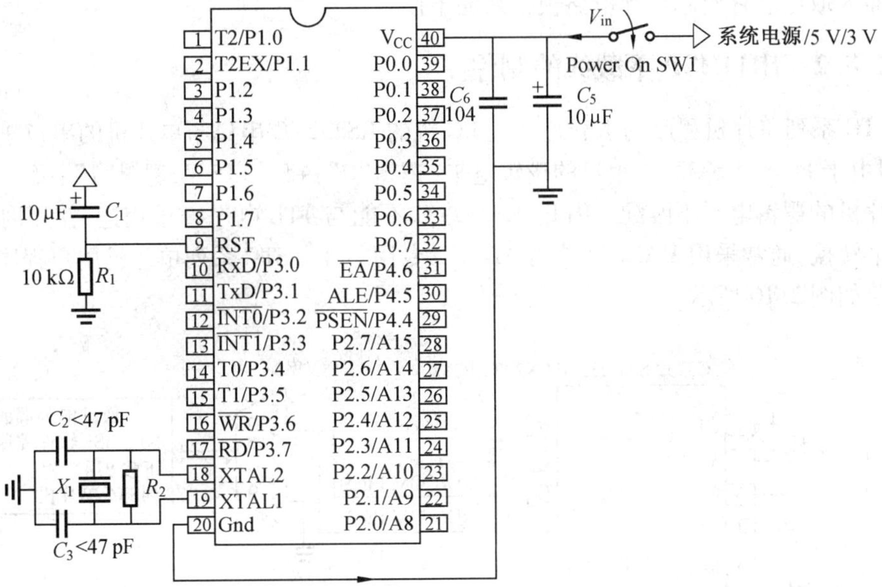

图 2.9 单片机的最小系统电路图

知道，当系统一上电，RST 脚将会出现高电平，并且，这个高电平持续的时间由电路的 *RC* 值来决定。典型的 STC 单片机当 RST 脚的高电平持续两个机器周期以上就将复位，所以，适当组合 *RC* 的取值就可以保证可靠的复位。一般教科书推荐 *C* 取 10 ~ 30 μF，*R* 取 8.2 kΩ。当然也有其他取法的，原则就是要让 *RC* 组合可以在 RST 脚上产生不少于 2 个机周期的高电平。至于如何具体定量计算，可以参考电路分析相关书籍。

2. $\overline{\text{EA}}$

当接高电平时，单片机在复位后从内部 ROM 的 0000H 开始执行；当接低电平时，复位后直接从外部 ROM 的 0000H 开始执行。这一点是初学者容易忽略的。

2.8 STC 单片机程序下载

2.8.1 ISP 下载线

ISP(In-System Programming)在系统可编程，指电路板上的空白器件可以编程写入最终用户代码，而不需要从电路板上取下器件，已经编程的器件也可以用 ISP 方式擦除或再编程。ISP 技术是未来发展方向。

ISP 的实现相对要简单一些，一般通用作法是内部的存储器可以由 PC 的软件通过串口来进行改写。对于单片机来讲可以通过 ISP 或其他的串行接口接收上位机传来的数据并写入存储器中。所以即使我们将芯片焊接在电路板上，只要留出和上位机接口的这个串口，就可以实现芯片内部存储器的改写，而无须再取下芯片。

ISP 技术的优势使得单片机系统在开发时，不需要编程器就可以进行单片机的实验和开发，单片机芯片可以直接焊接到电路板上，调试结束即成成品，免去了调试时由于频繁地插入取出芯片对芯片和电路板带来的不便。

2.8.2 串口 ISP 下载线的制作

STC 系列单片机程序的下载是通过 PC 机的 RS232-C 串口与单片机的串口进行通信的,但由于 PC 机 RS232-C 串口的逻辑电平(逻辑“0”:+5 ~ +15 V,逻辑“1”:-5 ~ -15 V)与单片机的逻辑电平不匹配。因此,RS232-C 不能与 TTL 电平直接相连,使用时必须进行电平转换,通常采用 MAX232 或者 STC232 专用芯片。STC 系列单片机用户程序的下载线电路如图 2.10 所示。

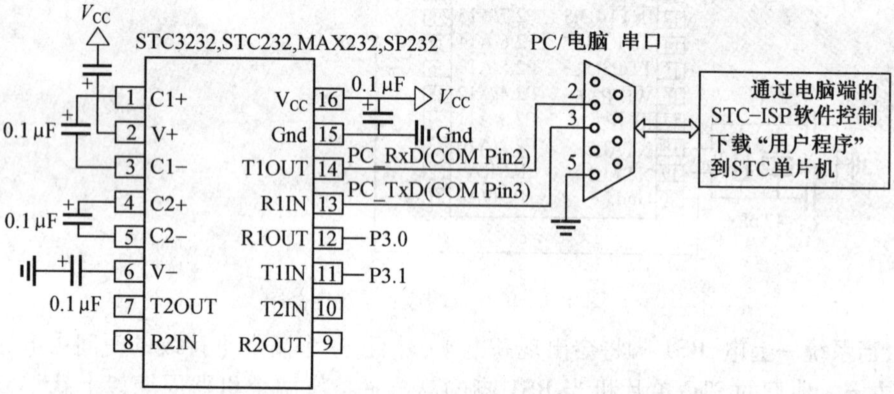

图 2.10 串口 ISP 下载线电路图

2.8.3 USB 下载线制作

随着电子技术的发展,笔记本包括台式机都渐渐地舍弃了并口、串口,USB-ISP 下载线势在必行。如图 2.11 所示为 USB-ISP 下载线电路图。图中 2k7 表示 2.7 kΩ 电阻。

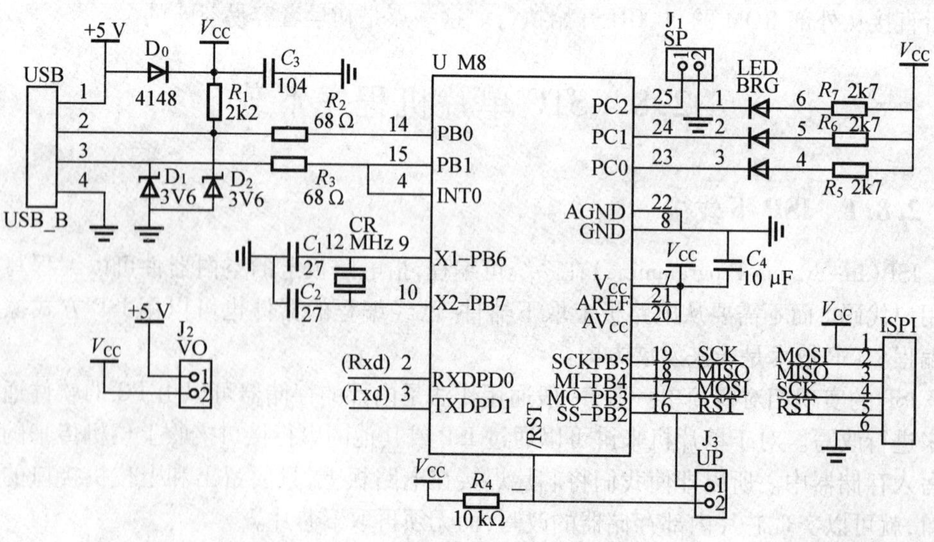

图 2.11 USB 下载线电路图

习　题

1. 何为单片机,常见的单片机有哪些?

2. STC 系列单片机片内继承了哪些功能部件？各功能部件的最主要功能是什么?

3. 说明 STC89C51RC/RD+ $\overline{EA}$引脚的作用,该引脚接高电平和低电平各有何功能?

4. 简述 STC89C51RC/RD+的存储器结构。

5. 简述特殊功能寄存器和一般数据存储器之间的区别。

6. 内部 RAM 中,哪些单元可以作为工作寄存器区,哪些单元可以进行位寻址?

7. 片内 RAM 低 128 个单元分为哪三个主要部分,功能是什么?

8. 在特殊功能寄存器中,只有部分特殊功能寄存器具有位寻址功能,如何判断具有位寻址功能的特殊功能寄存器？可位寻址的位地址与其对应的字节地址有什么规律？在编程应用中,如何表示特殊功能寄存器的位地址?

9. 简述程序状态字 PSW 特殊功能寄存器各位的含义。

10. 简述 PC 和 DPTR 的异同。

11. 写出 P3 口各引脚的主要功能。

12. 简述 STC89C51RC/RD+单片机复位后,程序计数器 PC、主要特殊功能寄存器及其片内 RAM 的工作状态。

第3章

单片机的C51程序设计基础

在单片机的开发与应用中,可以采用汇编语言,也可以采用其他高级语言,如BASIC语言、PL/M和C51语言。但在众多语言中,使用单片机C51语言进行单片机系统的开发,可以缩短开发周期,降低开发成本。因此,单片机C51语言已成为目前最流行的单片机开发语言。

3.1 单片机的C51基础知识介绍

C51语言和C语言的语法结构基本一致,包括头文件、主函数等。只不过,其运行的硬件环境不同。C语言基本在计算机上运行,而C51语言在单片机上运行。

3.1.1 C51语言的基本数据类型

任何程序设计都离不开对数据的处理。数据在计算机内存中的存放情况由数据结构决定。C51语言的数据结构是以数据类型出现的。C51语言中的基本数据类型有字符(char)、整型(int)、长整型(long)、浮点型(float)等。C51语言基本数据类型的长度及值域见表3.1。

表3.1 基本数据类型的长度及值域

数据类型	长　度	值　域
unsigned char	1	0～255
signed char	1	-128～+127
unsigned int	2	0～65 535
signed int	2	-32 768～+32 767
unsigned long	4	0～4 294 967 295
signed long	4	-2 147 483 648～+2 147 483 647
float	4	±1.175 494E-38～±3.402 823E+38
*	1～3	对象的地址

续表 3.1

数据类型	长　度	值　域
bit	位	0 或 1
sfr	1	0 ~ 255
sfr16	2	0 ~ 65 535
sbit	位	0 或 1

1. 字符 char

char 类型的长度是一个字节，通常用于定义处理字符数据的变量或常量。它可分无符号字符类型（unsigned char）和有符号字符类型（signed char），默认值为 signed char 类型。unsigned char 类型用字节中所有位表示数值，可以表达的数值范围是 0 ~ 255。signed char 类型用字节中最高位表示数据的符号，“0”表示正数，“1”表示负数，负数用补码表示。unsigned char 常用于处理 ASCII 码字符或小于等于 255 的整型数。

2. 整型 int

int 是最常用的数据类型。整型的长度是 2 个字节，用于存放一个双字节数据。它可分为有符号整型 signed int 和无符号整型 unsigned int，默认值为 signed int 类型。signed int 中字节中最高位表示数据的符号，“0”表示正数，“1”表示负数，负数用补码表示。

3. 长整型 long

long 型的长度为 4 个字节，用于存放一个四字节数据。它分为无符号长整型 unsigned long 和有符号长整型 signed long，默认值为 signed long。signed long 中字节中最高位表示数据的符号，“0”表示正数，“1”表示负数，负数用补码表示。

4. 浮点型 float

float 型数据用于表示包含小数点的数据。C51 中有三种类型的浮点数，即 float 类型、double 类型和 long double 类型。但在 C51 中，不具体区分这三种类型，它们都被当做 float 类型对待。因此，它们有相同的精度和取值范围。浮点型数据均为有符号浮点数，C51 中没有无符号浮点数。

5. 指针型 *

* 型本身就是一个变量。在 C51 中，指针指向变量的地址，即存储单元的地址，是一种特殊的数据类型。这个指针变量要占据一定的内存单元，对不同的处理器长度也不尽相同，在 C51 中它的长度一般为 1 ~ 3 个字节。

6. 位类型 bit

bit 类型是 C51 的一种扩展数据类型，利用它可定义一个位变量，但不能定义位指针，也不能定义位数组。它的值是一位二进制数，不是 0 就是 1。位的作用有逻辑与、逻辑或、逻辑异或、按位取补、右移和左移。

7. 特殊功能寄存器 sfr

sfr 类型也是一种扩充数据类型，占用一个内存单元。利用它可以访问 51 单片机内部的所有特殊功能寄存器。例如：

sfr P0=0x80;　　　//定义 P0 为 P0 端口在片内的存储器,P0 口地址为 80H。

sfr P1=0x90;　　　//定义 P1 为 P1 端口在片内的存储器,P1 口地址为 90H。

sfr 声明字节寻址的特殊功能寄存器,比如 sfr P0=0x80;表示 P0 口地址为 80H。注意:"sfr"后面必须跟一个特殊寄存器名;"="后面的地址必须是常数,不允许带有运算符的表达式,这个常数值的范围必须在特殊功能寄存器地址范围内,位于 0x80H 到 0xFFH 之间。

8. 16 位特殊功能寄存器 sfr16

sfr16 类型占用两个内存单元。sfr16 和 sfr 一样用于操作特殊功能寄存器,所不同的是它用于操作占两个字节的寄存器。

9. 可寻址位 sbit

sbit 类型也是 C51 中的一种扩充数据类型,利用它可以访问芯片内部的 RAM 中的可寻址位或特殊功能寄存器中的可寻址位,例如:

sbit P1_1=P1^1;　　　//P1_1 为 P1 中的 P1.1 引脚

这样在以后的程序语句中就可以用 P1_1 来对 P1.1 引脚进行读写操作。

3.1.2　C51 数据类型的扩展

字符型 char、整型 int、浮点型 float 等都属于基本数据类型,除此之外,C51 语言还提供一些扩展数据类型,它们都是由基本数据类型构造而成,因此称为构造数据类型。这些按照一定规则构造而成的数据类型包括数组、指针、结构、联合以及枚举。

1. 数组

在程序设计中,为了处理方便,常把具有相同数据类型的若干变量按有序的形式组织起来,这些按序排列的相同数据类型的集合称为数组,数组中的单个变量称为数组元素。一个数组可以分解为多个数组元素,这些数组元素可以是基本数据类型或构造类型。按数组元素的基本数据类型不同,数组又可分为数值数组、字符数组、指针数组、结构数组等各种类别。数组可以是一维的,也可以是多维的。

(1)数组的定义。

①一维数组的定义形式如下:

类型说明符　数组名[常量表达式];

例如,定义一个具有 10 个元素的一维整型数组 x,代码如下:

int x[10];　　　　//定义了 x[0]~x[9]10 个元素

②二维数组的定义形式如下:

类型说明符　数组名[常量表达式 1][常量表达式 2];

例如,定义一个具有 2×6 个元素的字符型二维数组 y,代码如下:

char y[2][6];　　　//定义了 y[0][0] ~y[0][5]和 y[1][0]~y[1][5]共 12 个元素

在定义数组时,对于数组类型说明应注意以下几点。

①数组的类型实际上是指数组元素的取值类型,对于同一个数组,其所有元素的数据类型都是相同的。

②数组名的书写规则应符合标示符的书写规定。

③数组名不能与其他变量名相同，如下：

```
void main()
{
int a;
float a[10];
…
}
```

这样的程序书写是错误的。因为定义的变量 a 和定义的数组 a 相同，把其中一个改换成其他名即可。例如：float b[10]；。

④方括号中常量表达式表示数组元素的个数，如 a[5]表示数组 a 有 5 个元素。C51 中，数组的下标从 0 开始计算。

⑤不能在方括号中用变量来表示元素的个数，但是可以是符号常数或变量表达式，因为 C51 语言不支持动态分配数组大小。例如：

```
int a[3+2],b[7+FD];        //是合法的
int n=5;int a[n];          //是错误的
```

⑥C51 语言允许在同一个类型说明中，说明多个数组和多个变量，例如：

```
int a,b,k1[10];            //定义整型变量 a,b 和整型数组 k1,数组大小为 10
```

(2)数组元素的初始化赋值。

数组元素初始化赋值是指在数组说明时给数组元素赋予初值。数组元素初始化是在编译阶段进行的，这样将减少运行时间，提高效率。初始化赋值的一般形式为：

类型说明符　数组名[常量表达式]={值,值……值}；

在花括号中的各数据值即为各元素的初值，各值之间用逗号间隔。例如：

```
int a[10]={0,1,2,3,4,5,6,7,8,9};     //相当于 a[0]=0,…,a[9]=9;
```

C51 语言对数组元素的初始化赋值还有以下几点规定。

①可以只给部分元素赋初值。当花括号中值的个数少于元素个数时，只给前面部分元素赋值，后面元素自动赋 0。

②只能给元素逐个赋值，不能给数组整体赋值。例如给 5 个元素全部赋 1 值，只能写为 int a[5]={1,1,1,1,1}；而不能写为 int a[5]=1；。

③如不给可初始化的数组赋初值，则全部元素均为 0。

④如给全部元素赋值，则在数组说明中，可以不给出数组元素的个数。例如：

```
int a[]={1,2,3,4,5};     //a 有 5 个元素,分别是 1,2,3,4,5
```

2. 指针

指针是 C51 语言中广泛使用的一种数据类型，利用指针变量不但可以操作各种基本的数据结构和数组等复合数据结构，而且能像汇编语言一样，具有处理内存地址的能力。变量在计算机或单片机内部都占有一块存储区域，变量的值就存放在这块内存区域之中。在程序中，访问或修改变量是通过访问或修改这块区域的内容来实现的。C51 语言中对变量访问的另一种形式，就是先求出变量的地址，再通过地址对它进行访问，这就是本节

所要论述的指针及指针变量。

(1) 指针变量的定义。

计算机中的数据都是存放在存储器中的。而存储器中的一个字节称为一个内存单元,为了正确地访问这些内存单元,必须为每个内存单元编号,根据一个内存单元的编号即可准确地找到该内存单元。内存单元的编号也称为地址。既然根据内存单元的编号或地址就可以找到所需的内存单元,通常也把这个地址称为指针。C51 语言中,用一个变量来存放指针,这种变量称为指针变量。一个指针变量的值就是某个内存单元的地址。定义指针的目的是为了通过指针去访问内存单元。

定义指针变量的一般形式为:

类型标示符 * 指针名 1, * 指针名 2,…;

指针变量名前的“ * ”号表示该变量为指针变量,但指针变量名应该是指针名 1 或指针名 2 等,而不是 * 指针名 1 或 * 指针名 2 等。要弄清一个指针需要弄清指针的 4 个方面内容:指针的类型,指针所指向的类型,指针的值,指针本身所占据的内存区。

①指针的类型。只要把指针声明语句里的指针名字去掉,剩下的部分就是此指针的类型。这里指的是指针本身具有的类型。例如:

```
int  * ptr;                    //指针的类型是 int *
```

②指针所指向的类型。只要把指针声明语句中的指针名字和名字左边的指针声明符 * 去掉,剩下的就是指针所指向的类型。例如:

```
int  * ptr;                    //指针所指向的类型是 int
```

③指针的值。指针的值是指针本身存储的数值,这个值将被编译器当做一个地址,而不是一个一般的数值。指针所指向的内存区就是从指针的值所代表的那个内存地址开始,长度为指针所指向的类型的一片内存区。

④指针本身所占据的内存区。指针本身占用了多大的内存只需要用指针的类型测一下就知道了。对于 8 位的,指针本身占据了 1 个字节的长度;16 位的,指针本身占据了两个字节的长度。

(2)指针变量的赋值。

指针变量可以指向任何类型的变量。当定义指针变量时如果不进行初始化,系统不能确定它具体的指向。未经赋值的指针变量不能使用,否则将造成整个程序的混乱。指针变量的赋值只能赋予地址,不能赋予任何其他数据,否则将引起错误。C51 语言中提供了地址运算符“&”,表示变量的地址。其一般形式为:

& 变量名

例如:&a 表示变量 a 的首地址。

指针变量的赋值有以下几种方式。

①指针变量的初始化赋值,示例如下:

```
int a; int  * p=&a;           //初始化赋值,&a 表示取变量 a 的首地址
```

②把变量的地址赋予指针变量,示例如下:

```
int a; int  * p;p=&a;         //利用 * a 获得变量 a 的首地址,然后赋值给 p
```

③ 把一个指针变量的值赋予指向相同类型变量的另一个指针变量,示例如下:

```
int a=4,b=2,*p1=&a,*p=*b;          //定义变量和初始化
p2=p1;                             //把 a 的地址赋予指针变量 p2
*p2=*p1;                           //把 p1 指向的内容赋给 p2 所指的区域
```

④ 把数组的首地址赋予指向数组的指针变量,示例如下:

```
int a[4],*p;p=a;
或 p=&a[0]                         //数组名表示数组的首地址,故可赋予指向
                                   数组的指针变量
```

(3) 指针变量的引用。

指针变量是含有一个数据对象地址的特殊变量,指针变量中只能存放地址。有关的运算符有两个,它们是地址运算符"&"和间接访问运算符"*"。"&"前面讲过了。"*p"为指针变量 p 所指向的变量,其含义是获得指针变量所指向的内存地址中的值。

需要注意的是,指针运算符"*"和指针变量说明中的指针说明符"*"不是一回事。在指针变量说明中,"*"是类型说明符,表示其后的变量是指针类型。而表达式中出现的"*"则是一个运算符,用以表示指针变量所指的地址中的数据。

由于指针是变量,可以通过它们的指向,间接访问不同的变量。这样,使程序代码编写得更为灵活、简洁和有效。

3. 结构

结构是一种构造类型的数据,它是将若干不同类型的数据变量有序地组合在一起而形成的一种数据的集合体。组成该集合的各个数据变量称为结构成员,整个集合体使用一个单独的结构变量名。一般来说,结构中的各个变量之间是存在某些关系的。由于结构式将一组相关联的数据变量作为一个整体来进行处理,因此在程序中使用结构将有利于对一些复杂而又具有内在联系的数据进行有效的管理。

(1)结构和结构变量的定义。

结构是一种构造类型,它是由若干变量组合而成的。结构的一般形式为:

```
struct 结构名
{
类型说明符 变量名;
类型说明符 变量名 ……
};
```

示例如下:

```
struct student
{
char name[15];
int num;
int age;
char sex[3];
};
```

本例中定义了一个结构 student,该结构由 4 个变量组成,分别是 name,num,age,sex。

结构变量的定义有以下三种方法：

①先定义结构，再定义结构变量。例如：

```
struct student Alice, Bob;
```

定义两个结构变量分别是学生 Alice 和 Bob。

②在定义结构的同时，定义结构变量。例如：

```
Alice, Bob;
```

③直接说明结构变量。例如：

```
struct
{
char name[15];
int num;
int age;
char sex[3];
} Alice, Bob;
```

第三种方法与第二种方法的区别在于第三种方法中省去了结构名。说明变量 Alice 和 Bob 为 student 类型后，即可向这两个变量中的各个成员赋值，并使用该变量。

(2)结构变量的引用。

在定义了一个结构变量之后，就可以对它进行引用，即可以进行赋值、存取和运算。一般情况下，结构变量的引用是通过对其结构元素的引用来实现的。引用结构元素的一般格式为：

结构变量名.结构元素

以前面定义的变量为例：Alice.num 即 Alice 的学号，Bob.sex 即为 Bob 的性别。

4.联合

联合也是 C51 语言中的一种构造类型的数据结构。在一个联合中可以包含很多个不同类型的数据元素，例如可以将一个 float 型变量、一个 int 型变量和一个 char 型变量放在同一个地址开始的内存单元中。以上 3 个变量在内存中的字节数不同，但却都从同一个地址开始存放，即采用了所谓的“覆盖技术”。这种技术可使不同的变量分时使用同一个内存空间，从而提高内存的利用率。

(1)联合的定义。联合的一般格式为：

```
union 联合类型名
{成员列表} 变量列表;
```

例如：

```
union newdata
{
int a;
float b;
char c;
}ob,oc;
```

本例中定义了一个名为 newdata 的联合,并定义两个名为 ob,oc 的联合变量。联合变量的长度与其中最大数据长度 b 一致,即占用 4 个字节。

(2)联合变量的引用。

与结构变量类似,对联合变量的引用也是通过对其联合元素的引用来实现的。引用元素的一般格式为:

联合变量名.联合元素

(3)结构和联合的区别。

结构和联合在很多方面都很相似,但它们之间有本质的区别。主要在于联合变量的成员占用同一个内存空间,而结构变量中的成员分别独占自己的内存空间,互相不干扰。因此对于由多个不同数据类型成员组成的结构变量和联合变量,在任何同一时刻,联合变量中只存放一个被选中的成员,而结构的所有成员都存在。对于联合变量的不同成员赋值,将会对其他成员重写,原来成员的值就不存在了,因此不能引用;而对于结构变量的不同成员赋值是相互不影响的。

5. 枚举

在实际问题中,有些变量的取值被限定在一个有限的范围内。例如,一年只有 12 个月,发光二极管有红、绿两色,一个星期只有七天等。如果把这些量说明为整型、字符型或其他类型显然是不妥当的。因此,C51 语言提供了一种为“枚举”的类型,它实际上是一个有名字的某些整型数常量的集合,这些整型数常量是该类型变量可取的所有的合法值,即在“枚举”类型的定义中列举出所有可能的取值。它说明为该“枚举”类型的变量取值不能超过定义的范围。

(1)枚举的定义。枚举的一般格式如下:

enum 枚举名{枚举值列表} 变量列表;

例如:enum weekday

{sun,mon,tue,wed,thu,fri,sat};

该枚举名为 weekday,枚举值共有 7 个,即 1 周中的 7 天。凡被说明为 weekday 类型变量的取值只能是 7 天中的某一天。

(2)枚举变量的取值。

枚举列表中,每一项符号代表一个整数值。在默认情况下,第一项符号取值为 0,第二项符号取值为 1,第三项符号取值为 2……以此类推。此外,也可以通过初始化,指定某些项的符号值。某项符号初始化后,该项后续各项符号值随之依次递增。

3.1.3　C51 中的运算符

C51 语言中的运算符很丰富,主要有三大类运算符,算术运算符、关系与逻辑运算符、位操作运算符。另外,还有一些特殊的运算符,用于完成一些复杂的功能。

1. 算术运算符

算术运算符用于各类数值运算。包括加(+)、减(-)、乘(*)、除(/)、求余(%)、自增(++)、自减(--)共七种。

加法运算符“+”表示有两个量参与加法运算,具有左结合性;减法运算符“-”表示有两个量参与减法运算,但“-”也可作为负值运算符,此时为单目运算,具有左结合性;乘法运算符“ * ”具有左结合性;除法运算符“/”具有左结合性。参与的运算量均为整型时,结果也为整型,舍去小数;如果运算量中有一个是实型,则结果为双精度实型。求余运算符“%”具有左结合性。要求参与运算的量均为整型,求余运算的结果等于两数相除后的余数。自增运算符“++”的功能是使变量的值自增 1;自减运算符“--”的功能是使变量的值自减 1。

2. 关系与逻辑运算符

(1)关系运算符。

C51 语言的常用运算符见表 3.2。主要用于比较操作数的大小关系。

表 3.2 C51 语言的常用运算符

关系运算符		逻辑运算符	
运算符	含义	运算符	含义
>	大于	!	逻辑非运算
>=	大于等于	||	逻辑或运算
<	小于	&&	逻辑与运算
<=	小于等于		
= =	等于		
! =	不等于		

(2) 逻辑运算符。

逻辑运算符主要有三种,见表 3.2。逻辑运算符的操作对象可以是整型数据、浮点型数据以及字符型数据。逻辑运算符的操作结果如果是真,则为 1;如果是假,则为 0,其典型的逻辑真值表见表 3.3。

表 3.3 C51 语言的逻辑真值表

A	B	A&&B	A||B	! A
0	0	0	0	1
0	1	0	1	1
1	0	0	1	0
1	1	1	1	0

(3)关系与逻辑运算符的优先级。

关系与逻辑运算符的返回值都是 True(真)或 False(假)。C51 语言中规定,True 的返回值为 1,False 的返回值为 0。关系与逻辑运算符的相对优先级最高的是!,其次是>,<,>=,<=,然后是==和! =,后面是 &&,最后是||。

3. 位操作运算符

位运算是对字节或字中的二进制位进行测试、置位、移位或逻辑处理。这里字节或字是针对 C51 标准中的 char 和 int 数据类型而言的,位操作不能用于 float,double,long double 或其他复杂类型。逻辑位运算符有位与(&)、位或(|)、位取反(~)、位异或(^)、位左移(<<)、位右移(>>)。

位与运算符的运算规则如下：参与运算的两个运算对象，若两者相应的位都为 1，则该位结果值为 1，否则为 0。

位或运算符的运算规则如下：参与运算的两个运算对象，若两者相应的位都为 0，则该位结果值为 0，否则为 1。

位取反用来将二进制数按位取反，即 1 变 0，0 变 1。该运算符的优先级比别的算术运算符、关系运算符和其他运算符都高。

位异或运算符的运算规则如下：参与运算的两个运算对象，若两者相应的位值相同，则结果值为 0，若两者相应的位值不同，则结果值为 1。

位左移运算符、位右移运算符用来将一个数的二进制位全部左移或右移若干位，移位后，空白位补 0，而溢出的位舍弃。

4. 特殊运算符

除了上面介绍的几种运算符外，C51 还有一些特殊运算符，用于一些复杂的运算，可以起到简化程序的作用。

(1)赋值运算符。

赋值运算符用于赋值运算，分为简单赋值(=)、复合算术赋值(+=，-=，*=，/=，%=)和复合位运算赋值(&=，|=，^=，>>=，<<=)。

(2)"?"运算符。

"?"运算符是三目操作符，其一般形式为：

表达式 1? 表达式 2:表达式 3;

"?"运算符的作用是在计算表达式 1 的值后，如果其值为 True，则计算表达式 2 的值，并将其结果作为整个表达式的结果。如果表达式 1 的值为 False，则计算表达式 3 的值，并将其作为整个表达式的结果。

(3)","运算符。

","运算符把几个表达式串在一起，按照顺序从左向右计算，","运算符左侧的表达式不返回值，只有最右边的表达式的值作为整个表达式的返回值。

(4)地址操作运算符。

地址操作运算符主要有两种，即"*"和"&"。"&"运算符是一个单目操作符，其返回操作数的地址。"*"运算符和"&"运算符相对应，也是单目操作符，其返回位于某个地址内存储的变量值。

(5)"sizeof"运算符。

这个运算符其实更像一个函数，类似于 C51 语言中的 length 函数。"sizeof"运算符是单目操作符，其返回变量所占的字节或类型长度字节。

(6)类型转换运算符。

类型转换运算符用于强使某一表达式变为特定类型。它是单目运算符，且与其他单目操作符的优先级相同。其一般形式为：

(类型)表达式

其中,(类型)中的类型必须是 C51 中的一个数据类型。例如:

(float) x/2

其中,为了确保表达式 x/2 的结果具有类型 float,所以使用类型转换运算符强制转换为浮点型数据。

3.1.4 C51 中的表达式

由运算符把需要运算的各个量连接起来就组成一个表达式。和运算符一样,表达式也是 C51 语言中的基本组成部分,它主要由操作数和运算符组成。操作数一般包括常量和变量,有时甚至可以包括函数和表达式等。

1. 算术表达式

算术表达式是指用算术运算符和括号将操作数连接起来,并且符合 C51 语法规则的式子。例如:a+(b+c) *2-'b',这是一个正确的算术表达式。

2. 赋值表达式

赋值表达式是指由赋值运算符将一个变量和一个表达式连接起来的式子,其一般形式为:

<变量><赋值运算符><表达式>

例如,"x=3"就是一个简单的赋值表达式。

3. 关系表达式

关系表达式是指用关系运算符将两个表达式连接起来的式子。关系运算又称为比较运算。例如,x<=y, x! =z,(x>4) >=0。

关系表达式的计算结果是逻辑值,即"真"和"假"。当结果为真时,表达式的值为 1,反之为 0。

4. 逻辑表达式

逻辑表达式是指用逻辑运算符将两个表达式连接起来的式子。逻辑表达式的值是逻辑值,即"真"或"假"。C51 语言中在给出逻辑运算结果时,以数值 1 代表"真",以数值 0 代表"假"。例如:

```
#include <stdio.h>
void main()
{
int a, b, c, d;
a=2;
b=3;
c=a||b;                    //计算逻辑表达式
d=! a;
printf("c=%d\nd=%d\n", c, d);
}
```

运行结果为:c=1,d=0。

3.1.5　C51 中的常用头文件

C51 中比较常用的头文件有如下几类：

1. 专用寄存器文件 reg51.h

例如，8031、8051 均为 reg51.h，一般系统都必须包括本文件。

2. 绝对地址文件 absacc.h

该文件中实际只定义了几个宏，以确定各存储空间的绝对地址。

(1)动态内存分配函数，位于 stdlib.h 中。

(2)缓冲区处理函数，位于 string.h 中。

(3)其中包括字符串操作程序，如 memccpy、memchr、memcmp、memcpy、memmove、memset，这样能很方便地对缓冲区进行处理。

(4)输入输出流函数，位于 stdio.h 中。

3.2　C51 流程控制语句

从程序流程的角度来看，程序可以分为 3 种基本结构，顺序结构，选择结构和循环结构。这 3 种基本结构可以组成所有的复杂程序。流程控制语句用于控制程序的流程，以实现程序的各种结构方式。C51 语言有 9 种流程控制语句，可分成 3 类，转移语句、选择语句和循环语句。

3.2.1　转移语句

程序中的语句通常按顺序方向，或按语句功能所定义的方向执行。如果需要改变程序的正常流向，可以使用转移语句。在 C51 语言中提供了 4 种转移语句，goto、break、continue 和 return。其中 return 只能出现在被调函数中，用于返回主调函数。下面主要介绍前三种转移语句。

1. goto 语句

goto 语句是一个无条件的转向语句，只要执行到这个语句，程序指针就会跳转到 goto 后的标号所在的程序段。一般形式如下：

goto 语句标号；

例如：

```
#include<stdio.h>
void main()
{
int i=0,sum=0;
loop:
sum=sum+i;
i++;
if(i<=100)
```

```
goto loop;                                //如果满足条件则转向 loop 处
printf("sum=%d\n", sum);
}
```

goto 语句通常与条件语句配合使用,可用来实现条件转移、构成循环、跳出循环体等功能。但是,在结构化程序设计中一般不主张使用 goto 语句,以免造成程序流程的混乱,使理解和调试程序都产生困难。

2. break 语句

break 语句只能用在 switch 语句或循环语句中,其作用是跳出 switch 语句或跳出本层循环,转去执行后面的程序。其一般形式为:

break;

例如:

```
#include<stdio. h>
void main( )
{
char ch[ ]={'s', 'f', 'r', 'v', 't'};
int i=0;
while(1)
{
if(ch[i]=='v')
break;
i++;
}
printf("ch[%d]=%c\n", i, ch[i]);
}
```

3. contiune 语句

continue 语句只能用在循环体中,其一般格式为:

continue;

该语句的目的是结束本次循环,即不再执行循环体中 continue 语句之后的语句,转入下一次循环条件的判断与执行。continue 语句和 break 语句的区别是:continue 语句只结束本次循环,而不是终止整个循环的执行;而 break 语句则是结束整个循环过程,不会再去判断循环条件是否满足。例如:

```
#include<stdio. h>
void main( )
{
char ch[ ]={'s', 'F', 'r', 'V', 't'};
int i=-1;
while(i<=4)
{
```

```
i++;
if(ch[i]>='A'&&ch[i]<='Z')
continue;                               //如果是大写字符则退出本次循环,进入下一次循环
printf("ch[%d]=%c\n", I, ch[i]);
    }}
```

输出结果为:ch[0]=s,ch[2]=r,ch[4]=t。

3.2.2　选择语句

选择语句使得 C51 单片机具有决策能力,包括 if 语句和 switch 语句。

1. if 语句

用 if 语句可以构成分支结构。它根据给定的条件进行判断,以决定执行某个分支程序段。C51 语言的 if 语句有三种形式,if、if-else、if-else-if。

(1)if 语句。其一般形式为:

if(表达式)语句;

如果表达式的值为真,则执行其后的语句,否则不执行该语句。例如:

```
if (a==b) a++;                          //当 a 等于 b 时,就执行 a 加 1
```

(2)if-else 语句。其一般形式为:

```
if (表达式)
    语句 1;
else
    语句 2;
```

当表达式为真时,执行语句 1;执行完后,继续执行 if 语句后面的语句。当表达式为假时,执行语句 2;执行完后,继续执行 if 语句后面的语句。例如:

```
if (a==b)
a++;
else
a--;
```

当 a 等于 b 时,执行 a 加 1,否则执行 a 减 1。

(3)if-else-if 语句。其一般形式为:

```
if (表达式 1) 语句 1;
else if (表达式 2) 语句 2;
else if (表达式 3) 语句 3……
else if (表达式 n) 语句 n;
else 语句 n+1;
```

依次判断表达式的值,当出现某个值为真时,则执行其对应的语句。然后跳到整个 if 语句之外继续执行程序。如果所有的表达式均为假,则执行语句 $n+1$。然后继续执行后续程序。使用时应注意 if 和 else 的配对使用,要是少了一个就会使语法出错,记住 else 总

是与最临近的 if 相配对。例如:

```
#include <stdio. h>
void main( )
{
int score;
char grade;
score=87;
if(score>=95)
grade='A';
else if (score>=80)
grade='B';
else if (score>=70)
grade='C';
else if (score>=60)
grade='D';
else
grade='E';
printf("score=%d, grade=%c\n", score, grade);
}
```

输出结果为:score=87, grade=B。

2. switch 语句

C51 语言还提供了另一种用于多分支选择的 switch 语句,其一般形式为:

```
switch(表达式)
{
case 常量表达式 1: 语句 1;
case 常量表达式 2: 语句 2……
case 常量表达式 n: 语句 n;
default:语句 n+1;
}
```

计算表达式的值,并逐个与其后的常量表达式值相比较,当表达式的值与某个常量表达式的值相等时,即执行其后的语句,然后不再进行判断,继续执行后面所有的 case 后的语句,如表达式的值与所有 case 后的常量表达式均不相同时,则执行 default 后的语句。

例如:

```
#include<stdio. h>
void main( )
{
char ch;
ch=getchar( );
```

```
switch(ch)
{
case 'a': printf("A"); break;
case 'b': printf("B") ; break;
default: printf("not a and b"); break;
}
}
```

在使用 switch 语句时还应该注意以下几点：

(1)在 case 后的各常量表达式的值不能相同，否则会出现错误。

(2)在 case 后，允许有多个语句，可以不用{}括起来。

(3)各 case 和 default 子句的先后顺序可以变动，而不会影响程序执行结果。

(4)default 子句可以省略不用。

3.2.3　循环语句

循环结构是程序中一种很重要的结构，特点是在给定条件成立时，反复执行某种程序段，直到条件不成立为止。给定的条件称为循环条件，反复执行的程序段称为循环体。C51 中有 3 种基本的循环语句，while、do-while 和 for 语句。这几个语句同样起到循环作用，但具体的作用和用法又大不一样。

1. while 语句

一般形式为：

```
while(表达式)
{
语句;
}
```

当表达式为真时，执行循环体内的语句。其特点是先判断表达式，后执行语句。while 语句的循环过程如图 3.1 所示。

例如：

```
#include<stdio.h>
void main()
{
int sum=0, i=100;
while(i>0)
{
sum+=i;
i--;
}
printf("sum=%d\n", sum);
}
```

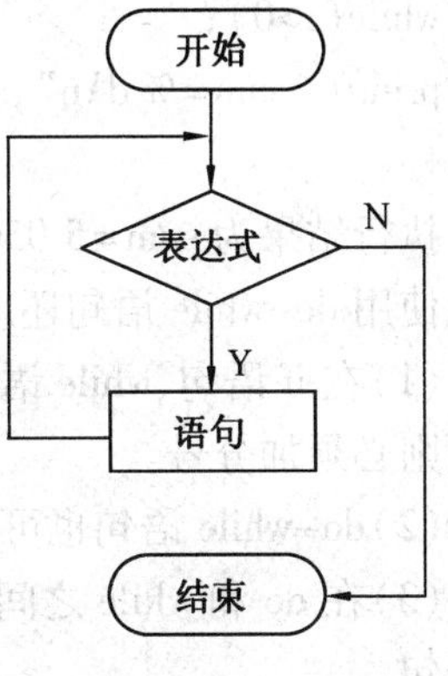

图 3.1　while 语句的循环过程

执行结果:sum=5 050。

使用 while 语句应注意以下几点:

(1)while 语句中的表达式一般是关系表达或逻辑表达式,只有表达式的值为真(非0),才可继续循环。

(2)循环体如包括有一个以上的语句,则必须用{}括起来,组成复合语句。

(3)应注意循环条件的选择以避免死循环。

(4)允许 while 语句的循环体又是 while 语句,从而形成双重循环。

2. do-while 语句

一般形式为:

```
do
语句;
while(表达式);
```

先执行循环体语句一次,再判别表达式的值,若为真(非0)则继续循环,否则终止循环。do-while 语句和 while 语句的区别在于 do-while 是先执行后判断,因此 do-while 至少要执行一次循环体。而 while 语句是先判断后执行,如果条件不满足,则一次循环体语句也不执行。do-while 语句的循环过程如图 3.2 所示。

例如:

```
#include<stdio.h>
void main()
{
int i=100, sum=0;
do
{
sum=sum+i;
i--;
}
while(i>0);
printf("sum=%d\n", sum);
}
```

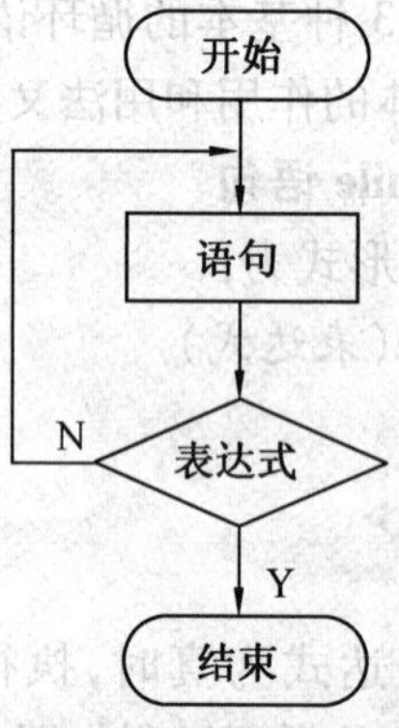

图 3.2　do-while 语句的循环过程

执行结果为 sum=5 050。

使用 do-while 语句还应注意以下几点:

(1)在 if 语句、while 语句中,表达式后面都不能加分号,而在 do-while 语句的表达式后面则必须加分号。

(2)do-while 语句也可以组成多重循环,而且也可以和 while 语句相互嵌套。

(3)在 do 和 while 之间的循环体由多个语句组成时,也必须用{}括起来组成一个复合语句。

(4)do-while 和 while 语句相互替换时,要注意修改循环控制条件。

3. for 语句

C51 语言中的 for 语句使用最为灵活，不仅可以用于循环次数已经确定的情况，而且可以用于循环次数不确定而只给出循环结束条件的情况。其一般形式为：

```
for(表达式 1;表达式 2;表达式 3)
{
语句;
}
```

表达式 1 为赋值语句，给循环变量初始化赋值；表达式 2 是一个关系逻辑表达式，作为判断循环条件的真假；表达式 3 定义循环变量每次循环后按什么方式变化。当由表达式 1 初始化循环变量后，则由表达式 2 和表达式 3 可以确定循环次数。该语句首先计算表达式 1 的值；再计算表达式 2 的值，若值为真(非 0)则执行循环体一次，否则跳出循环；然后再计算表达式 3 的值，转回第 2 步重复执行。在整个 for 循环过程中，表达式 1 只计算一次，表达式 2 和表达式 3 则可能计算多次。循环体可能多次执行，也可能一次都不执行。

例如：

```
#include<stdio.h>
void main()
{
int i, sum=0;
for(i=0;i<=100;i++)
{
sum=sum+i;
}
printf("sum=%d\n", sum);
}
```

使用 for 语句时，要注意以下几点：

(1)语句可以是语句体，但必须用{}括起来。

(2)for 语句中的 3 个表达式都是可选择项，可以省略，但“;”不能省。

(3)与 while 循环一样，for 语句循环允许多层循环嵌套。

3.3　程序结构和函数

51 单片机的 C 语言程序结构是函数定义的集合体，集合中仅有一个名为 main 的主函数，主函数是程序的入口，其中的所有语句执行完毕，则程序执行结束。

3.3.1　程序结构

C51 语言程序的一般组成结构如下：

全局变量申明

```
main()
{
局部变量申明
执行语句
}
函数1(形参表)
形参申明
{
局部变量申明
执行语句
}……
函数n(形参表)
形参申明
{
局部变量申明
执行语句
}
```

C程序的执行从main()函数开始,调用其他函数后返回到主函数main()中,最后在main()函数中结束整个程序的运行。C语言程序是由函数组成的,函数是C程序的基本构成单位。

3.3.2 函 数

C51的编程采用"模块化程序设计方法",每个模块的功能就是用函数来实现的。函数是C51源程序的基本模块,通过对函数模块的调用实现特定的功能。

所谓函数,就是能够实现一定功能的特定代码段。C51语言中的函数和其他高级语言的子程序或函数基本类似。一个C51程序常由一个主函数和若干个子函数构成。由主函数调用其他函数,其他函数之间也可以相互调用。同一个函数可以被一个或多个函数调用任意次。在C51语言中,所有的函数定义,包括主函数main()在内,都是平行的。也就是说,在一个函数的函数体内,不能再定义另一个函数,即不能嵌套定义。但是函数之间允许相互调用,也允许嵌套调用。习惯上把调用者称为主调函数。函数还可以自己调用自己,称为递归调用。main()函数是主函数,它可以调用其他函数,而不允许被其他函数调用。

1. 函数的定义和分类

函数与变量一样,在使用前必须先定义。函数由类型说明符、函数名、参数表和函数体4部分组合而成。定义函数可以有传统格式和现代格式两种方式。传统格式的一般形式为:

```
类型说明符　函数名(形式参数列表)
形参类型说明
```

```
{
类型说明
语句
}
```

其中：

(1)类型说明符定义了函数中return语句返回值的类型，该返回值可以是任何有效类型。

(2)形式参数列表是一个用逗号分隔的变量表，当函数被调用时这些变量接受调用参数的值。

(3)形参类型说明定义其中参数的类型。

为了避免差错，常采用现代格式，在编译时易于发现错误，从而保证了函数说明和定义的一致性。

例如：

```
#include<stdio.h>
int max(int a, int b)                //定义函数，用于求两个数中的最大值
{
if(a>b)
return a;
else
return b;
}
void main()
{
int a=10,b=4;
printf("%d\n",max(a,b));
}
```

在C51程序中，一个函数的定义可以放在任意位置，既可放在主函数main()之前，也可以放在main()之后。如果放在main()之后，需要在main()之前对该函数进行声明。

可以从不同角度对函数分类。

(1)从函数定义的角度看，函数可分为库函数和用户定义函数两种。库函数由C51编译系统提供，用户无须定义，也不必在程序中作类型说明，只需在程序前包含有该函数原型的头文件即可在程序中直接调用。用户定义函数由用户按需要编写的函数。对于用户定义函数，不仅要在程序中定义函数本身，而且在主调函数模块中还必须对该被调函数进行类型说明，然后才能使用。

(2)C51语言函数兼有其他语言中的函数和过程两种功能，从这个角度看，又可把函数分为有返回值函数和无返回值函数两种。有返回值函数被调用执行完后将向调用者返回一个执行结果，称为函数返回值。无返回值函数用于完成某项特定的处理任务，执行完成后不向调用者返回函数值。

(3)从主调函数和被调函数之间数据传送的角度看又可分为无参函数和有参函数两种。无参函数是指函数定义、函数说明及函数调用中均不带参数,主调函数和被调函数之间不进行参数传送。有参函数也称为带参函数,在函数定义及函数说明时都有参数,称为形式参数。在函数调用时也必须给出参数,称为实际参数。进行函数调用时,主调函数将把实参的值传送给形参,供被调函数使用。

2. 函数的调用

函数调用的一般形式为:

函数名(实参列表)

通常,按函数在程序中出现的位置分为以下几种调用方式。

(1)函数语句。把函数作为一个语句,例如:

```
delay();
```

(2)函数表达式。函数出现在表达式中,例如:

```
c=min(x,y);                    //函数 min 求 x,y 中的最小值
```

(3)函数参数。函数作为另一个函数的实参,例如:

```
c=min(x,min(y,z));             //函数 min 求 x,y,z 中的最小值
```

(4)赋值调用。这种方法是把参数的值复制到函数的形式参数中。这样,函数中的形式参数的任何变化不会影响到调用时所使用的变量。

(5)引用调用。这种方法是把参数的地址复制给形式参数,在函数中,这个地址用来访问调用中所使用的实际参数。这意味着,形式参数的变化会影响调用时所使用的那个变量。

(6)递归调用。递归式以自身定义的过程,也可称为“循环定义”。在递归调用中,主调函数又是被调函数。执行递归函数将反复调用其自身,每调用一次就进入新的一层,例如,用递归法计算 n!。

```
#include<stdio.h>
long nn(int n)
{
long f;
if(n>1)
f=n*nn(n-1);                   //递归调用
else
f=1;
return f;
}
void main()
{
int n1;
long y;
n1=5;
```

```
y=nn(n1);
printf("5! =%ld\n",y);
printf("end");
}
```

输出结果为:5! =120 end。

特别需要强调的是,编写递归函数时,必须在函数的某些地方使用if语句,强迫函数在未执行递归调用前返回。如果不这样,在调用函数后,它永远不会返回。

(7)嵌套调用。C51语言中不允许做嵌套的函数定义。但是,C51语言允许在一个函数的定义中出现对另一个函数的调用。这样就出现了函数的嵌套调用,即在被调函数中又调用其他函数。

例如:计算 $s=(3\%2)^2+(5\%2)^2$

```
#include<stdio.h>
int sqr(int k)
{
int a;
a=k*k;
return a;
}
int ff(int n)
{
int k,m;
k=n%2;
m=sqr(k);
return m;
}
void main()
{
int i=3,j=5;
int d;
d=ff(i);
d+=ff(j);
printf("%d\n",d);
}
```

输出结果为:2。

3. 常用函数

除了可以自定义函数外,在C51中还有一些常用的函数,比如main()函数和C51的库函数等。

(1)main 函数。

一个 C51 程序必须有一个主函数 main(),而且只能有一个。C51 程序的执行总是从 main 函数开始,如果有其他函数,则完成对其他函数的调用后再返回到主函数,最后由 main 函数结束整个程序。main()函数作为主调函数允许调用其他函数并传递参数。main()函数既可以是无参函数,也可以是有参函数。

main()函数带参数的形式为:

```
int main(int argc, char *argv[])
```

main()函数无参数的形式为:

```
void main()
```

(2)库函数。

C51 语言为用户提供一些经常需要使用的、能完成基本任务的函数,如输入输出函数等。所谓库函数就是存放函数的仓库。在编写程序时,如果需要使用某个库函数,就要在程序开头指明这个库函数存放的位置,以便编译时调用这个函数。这个指令称为文件包含指令。

其一般形式如下:

```
#include <文件名.h>
```

#include 是包含的意思,<文件名.h>是要使用的库函数所在的文件。有了这些库函数,在需要完成某些任务时,找到相应的库函数调用一下就可以了,不需要一点一点地写代码。例如:

```
#include<stdio.h>
#include<math.h>
void main()
{
int a=-7;
float b=-3.6;
printf("abs(a)=%d\n",abs(a));
printf("fabs(b)=%f\n",fabs(b));
}
```

输出结果为:

```
abs(a)=7
fabs(b)=3.600 000
```

这里使用了库函数的"stdio.h"输入输出函数和"math.h"数学函数。函数"abs"用于求整型数 a 的绝对值,并返回 a 的绝对值。函数"fabs"用于求浮点数 b 的绝对值,并返回 b 的绝对值。

(3)中断函数。

C51 编译器允许用户创建中断服务程序,即允许编程者对中断的控制和寄存器组的使用。这样编程者可以创建高效的中断服务程序,用户只需在 C51 语言下记住中断号和必要的寄存器组切换操作,编译器会自动产生中断向量和程序的出入栈代码。

中断函数定义的一般形式如下：

void 函数名(void) interrupt n using n

其中，interrupt 后面的 n(取 0～31)代表中断号，using 后面的 n(取 0～3)代表寄存器组。

例如，设单片机的 fosc = 12 MHz，要求用内部中断 T0 的方式 1 编程，在 P1.0 脚输出周期为 2 ms 的方波。程序如下：

```
#include<reg51.h>
sbit P1_0=P1^0;
void timer0(void) interrupt 1 using 1
{
P1_0=! P1_0;
TH0=-(1000/256);
TL0=-(1000%256);
}
void main()
{
TMOD=0x01;
P1_0=0;
TH0=-(1000/256);
TL0=-(1000%256);
EA=1;
ET0=1;
TR0=1;
do{}while(1);
}
```

在编写中断服务程序时必须注意中断的处理是需要一定时间的，因此尽量减少中断程序的工作量，以保证中断能够快速返回。否则，中断处理占用很长时间时，会影响下次中断的响应，使程序出现问题。中断函数中如果调用了其他函数，则应保证使用相同的寄存器组，否则会出错。中断函数一般没有返回值，不能进行参数的传递。

3.4 Keil C51 开发环境

Keil Software 公司推出的 μVision2 是一款基于 Windows 的软件平台，它是一种可用于多种 8051MCU 的集成开发环境。μVision2 提供了一个配置向导功能，加速了启动代码和配置文件的生成。此外，其内置的仿真器可模拟目标 MCU，包括指令集、片上外围设备及外部信号等。μVision2 还提供了逻辑分析器，可监控基于 MCU I/O 引脚和外设状态变化下的程序变量。μVision2 有一个工程项目管理器，项目是由源文件、开发工具选项以及编程说明三部分组成的。一个项目能够产生一个或多个目标程序，产生目标程序的源文件构成“组”。开发工具选项可以对应目标、组或单个文件。

μVision2 内含了功能强大的编辑器和调试器。编辑器可以像一般的文本编辑器一样对源代码进行编辑,并允许用户在编辑时设置程序断点。用户启动 μVision2 的调试器之后,断点即被激活。断点可设置为条件表达式、变量或存储器访问,断点被触发后,调试器命令或调试功能即可执行。此外,μVision2 调试器具有调试特性以及历史跟踪代码覆盖、复杂断点等功能。μVision2 编辑器包含了所有用户熟悉的特性,并增加了行号显示。色彩语法显像和文件辨识都对 C 源代码进行了优化。用户可以在编辑器内调试程序,它提供了一种自然的调试环境,用户能更快速地检查和修改程序。

Keil C51 的库函数含有 100 多种功能,其中大多数是可再生的。库支持所有的 ANSI C的程序,与嵌入式应用程序的限制相符。库函数中的程序还为硬件提供特殊指令,如 nop,testbit,rol 等,方便了应用程序的开发。

3.4.1 μVision2 常用功能按键介绍

μVision2 提供一个用于命令输入的菜单条,一个可迅速选择命令按钮的工具条和一个或多个源程序窗口对话框及显示信息。图 3.3 所示是进入 Keil C51μVision2 后的空白屏幕画面,从图上可以看出,Keil C51μVision2 调试软件的窗口中主要由菜单栏、工具栏、项目管理器窗口、工作窗口和输出窗口几部分组成。

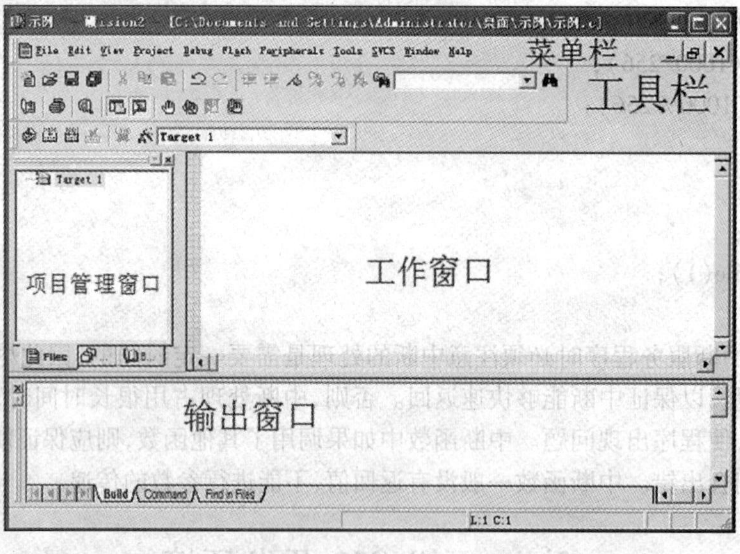

图 3.3　μVision2 的界面

1. 菜单栏(Menu Bar)

将各种操作命令归并在 File, Edit, View, Project, Debug, Flash, Peripherals, Tools, SVCS, Window 和 Help 共 11 项菜单项中,以菜单方式提供了编辑操作、项目维护、开发工具选择和设置、程序调试、外部工具控制、窗口选择与操控以及在线帮助等。单击每个菜单项还可以下拉出子菜单,在子菜单中,凡后面带有三角号的菜单项,表示还有下一层子菜单,将光标移到该项即可展开下一层子菜单;凡后面带有省略号的菜单项,在单击后将出现对话框,可按对话框的要求适当地输入。下面分别介绍常用的菜单。

(1)“File”菜单。“File”菜单提供各种文件操作功能。表 3.4 列出了各个菜单命令的具体功能。

表 3.4　“File”菜单

命令	功能	命令	功能
New	创建一个新文件	License Management	产品注册管理
Open	打开一个已存在的文件	Print Setup	设置打印机
Close	关闭当前打开的文件	Print	打印当前文件
Save	保存当前打开的文件	Print Preview	打印预览
Save as	文件另存为	File1. c	最近打开的文件
Save all	保存所有文件	Exit	退出 μVision2
Device Database	器件库		

(2)“Edit”菜单。“Edit”菜单提供源代码的各种编辑方式,表 3.5 列出了各个菜单命令的具体功能。

表 3.5　“Edit”菜单

命　令	功　能
Undo	取消上次操作
Redo	重复上次操作
Cut	剪切选定的文本
Copy	复制选定的文本
Paste	粘贴
Indent Selected Text	将所选定的文本右移一个制表符
Unindent Selected Text	将所选定的文本左移一个制表符
Toggle Bookmark	设置/取消当前行的标签
Goto Next Bookmark	移动光标到下一个标签
Goto Previous Bookmark	移动光标到上一个标签
Clear All Bookmark	清除当前文件的所有标签
Find	在当前文件中查找文本
Replace	替换特定的字符
Find in Files	在多个文件中查找
Goto Matching Brace	转到匹配的括号中执行括号中内容

(3)“View”菜单。“View”菜单提供各种窗口和工具栏的显示和隐藏,表 3.6 列出了各个菜单命令的具体功能。

表 3.6 "View"菜单

命　　令	功　　能
Status Bar	用于显示或隐藏状态条
File Toolbar	用于显示或隐藏文件工具栏
Build Toolbar	用于显示或隐藏编译工具栏
Debug Toolbar	用于显示或隐藏调试工具栏
Project Window	用于显示或隐藏项目管理窗口
Output Window	用于显示或隐藏输出窗口
Source Browser	打开资源浏览器窗口
Disassembly Window	用于显示或隐藏反汇编窗口
Watch& Call Stack Window	用于显示或隐藏观察和堆栈窗口
Memory Window	用于显示或隐藏储存器窗口
Code Coverage Window	用于显示或隐藏代码报告窗口
Performance Analyzer Window	用于显示或隐藏性能分析窗口
Logic Analyzer Window	用于显示或隐藏逻辑分析窗口
Symbol Window	用于显示或隐藏字符变量窗口
Serial Window #1	用于显示或隐藏串口 1 的观察窗口
Serial Window #2	用于显示或隐藏串口 2 的观察窗口
Toolbox	用于显示或隐藏自定义工具条
Periodic Window Update	在程序运行时刷新调试窗口

(4)"Project"菜单。"Project"菜单提供项目的管理和编译,表 3.7 列出了各个菜单命令的具体功能。

表 3.7　"Project"菜单

命　　令	功　　能
New Project	创建新项目
Import μVision1 Project	导入 μVision1 的项目
Open Project	打开一个已存在的项目
Close Project	关闭当前项目
Components, Environment, Books	定义工具、包含文件和库的路径
Select Device for Target'Target1'	为当前项目选择一个 CPU
Options for Target 'Target1'	维护一个项目的对象、文件组合文件
Build Target	编译文件并生成应用
Rebuild all Target Files	重新编译所有文件并生成应用
Translate	编译当前文件
Stop Build	停止编译

(5)"Debug"菜单。"Debug"菜单提供项目仿真和调试中使用的各种命令,表 3.8 列出了各个菜单命令的具体功能。

表 3.8　"Debug"菜单

命　　令	功　能
Start/Stop Debugging	开始/停止调试模式
Go	运行程序,直到遇到一个断点
Step	单步执行程序,遇到子程序则进入
Step over	单步执行程序,跳过子程序
Step out of Current Function	执行到当前函数的结束
Run to Cursor Line	执行到光标所在行
Stop Running	停止运行程序
Breakpoints	打开断点对话框
Insert/Remove Breakpoint	设置/取消当前行的断点
Enable/Disable Breakpoint	使能/禁止当前行的断点
Disable All Breakpoint	禁止所有断点
Kill All Breakpoints	取消所有断点
Show Next Statement	显示下一条指令
Enable/Disable Trace Recording	使能/禁止程序运行轨迹的标志
View Trace Records	显示程序运行过的指令
Performance Analyzer	打开性能分析窗口
Inline Assembly	对某一行进行重新汇编,可以修改汇编代码
Function Editor	编辑调试函数和调试配置文件

2. 工具栏(Toolbar)

工具栏包括常用工具的快捷按钮。工具快捷按钮共分四组,可以通过 View 菜单来选择需要在工具栏上显示的工具快捷按钮组。对于当前可用的工具快捷按钮,显示为彩色的小图标。如果当前状态不可用,则颜色为浅灰色。

3. 项目管理器窗口(Preject Workspace)

项目管理器窗口显示项目结构、寄存器变化情况、参考资料等。

4. 工作窗口(Workspace)

工作窗口可以同时打开多个文件,在文件编辑以及其他调试时使用。

5. 输出窗口(Output Windows)

输出窗口显示编辑的结果以及出错信息、调试命令的输入/输出控制台以及文件的寻找结果等与当前相关的信息。

此外,当进入调试模式时,还会出现存储器窗口(Memory Window)、反汇编窗口(Dissambly Window)、串行窗口(Serial Window)等。可以通过菜单 View 下的相应命令打开或关闭这些窗口。各窗口的大小可以使用鼠标调整。进入调试程序后,输出窗口会自动切换到 Command 页，便于调试命令和输出调试信息。

3.4.2 μVision2 项目的创建

前面介绍了 μVision2 的常用按键，这里简单介绍如何使用 μVision2 进行单片机开发。

1. 启动并建立项目文件

双击启动 μVision2 集成开发环境，开始创建项目文件，步骤如下。

(1)选择"Project"→"New Project"命令，弹出创建新项目对话框，如图 3.4 所示。选择需要保存的目录并输入项目的名称，例如"示例"。

图 3.4 创建新项目对话框

(2)单击"保存"按钮，此时弹出选择 CPU 类型对话框，如图 3.5 所示。用户可在其中选择本项目所使用的单片机型号，也可以在项目建立后修改。例如 Atmel 公司的单片机 AT89S52，此时在 Description 栏中将会显示该 CPU 的资源情况。

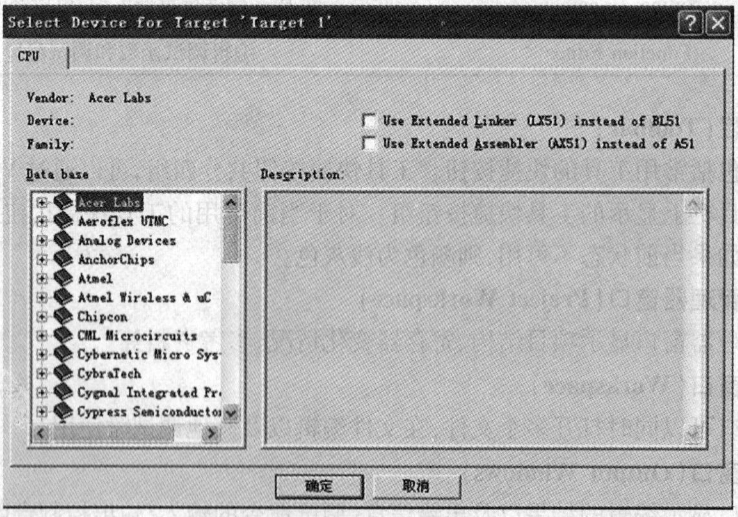

图 3.5 选择 CPU 类型

(3)选择完毕后，单击"确定"按钮，此时弹出提示信息，如图 3.6 所示。提示是否将 8051 的起始代码添加到项目中，这里一般选择添加。

(4)选择添加，单击"是"按钮，此时项目建立完毕，如图 3.7 所示。其中还没有任何

图 3.6　提示信息

源文件,属于一个空壳项目。

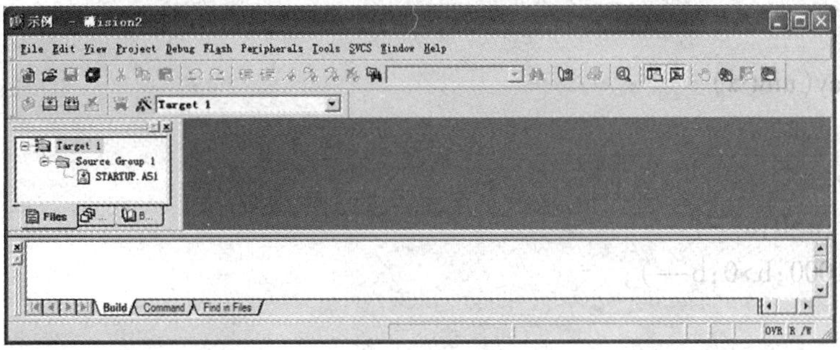

图 3.7　项目文件建立完毕

2. 创建源文件

项目文件建立完毕后,现在开始进行源文件的设计,这里便涉及项目的核心,其步骤如下。

(1)选择“File”→“New”命令,此时工作区中弹出一个新的文本编辑窗口,如图 3.8 所示。

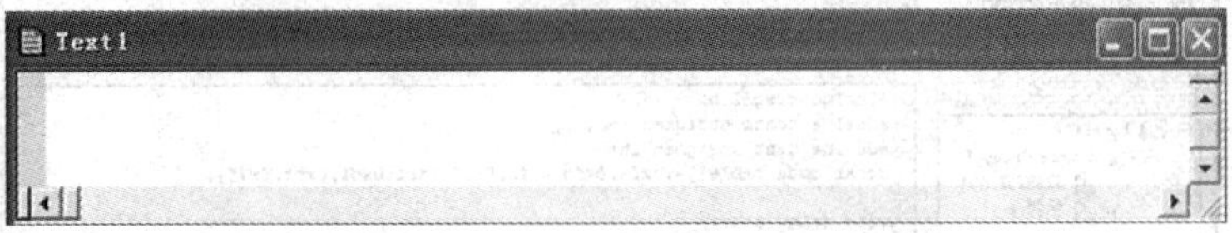

图 3.8　新建的文本编辑窗口

(2)用户在其中输入下列程序代码:

```
#include<reg52.h>
#define uchar unsigned char
#define uint unsigned int
uchar code table[ ] = {0xfe,0xfd,0xfb,0xf7,0xef,0xdf,0xbf,0x7f};
void delay(uint);
void main()
{
uchar i;
P2=0xff;
delay(100);
while(1)
{
```

```
for(i=0;i<8;i++)
{
delay(50);
P0=table[i];
delay(50);
}
}
}
void delay(uint x)
{
uint a,b;
for(a=x;a>0;a--)
for(b=1000;b>0;b--);
}
```

(3)代码输入完毕后,可以单击“保存”按钮,保存为示例.c 文件。

(4)在项目管理窗口中,右击“Source Group”,选择 “Add Files to Group‘Source Group1’”命令,在弹出的对话框中选择刚才保存的 C 源文件,并加入项目中即可。加完以后如图 3.9 所示。

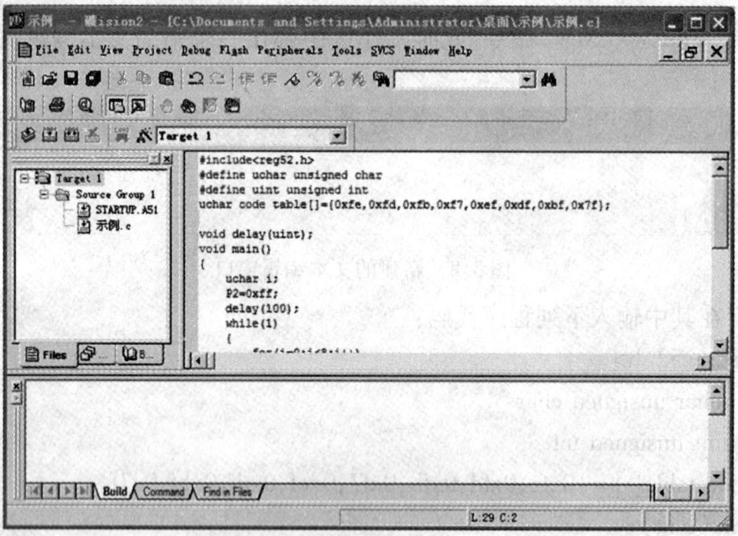

图 3.9　添加了 C 源文件

3. 编译项目

项目及源文件建立完毕后便可以编译项目。选择“Project”→“Build target”命令即可编译,如果程序无误,则在输出窗口中显示编译结果,如图 3.10 所示。

如果需要生成单片机上可执行的文件,可以选择“Project” →“Options for Target‘Target1’”命令,此时弹出“Options for Target‘Target1’”对话框,如图 3.11 所示。在 Output 选项卡中,选择复选框“Create Hex Fi”,并单击“确定”按钮保存设置。此时,重新编译一次,

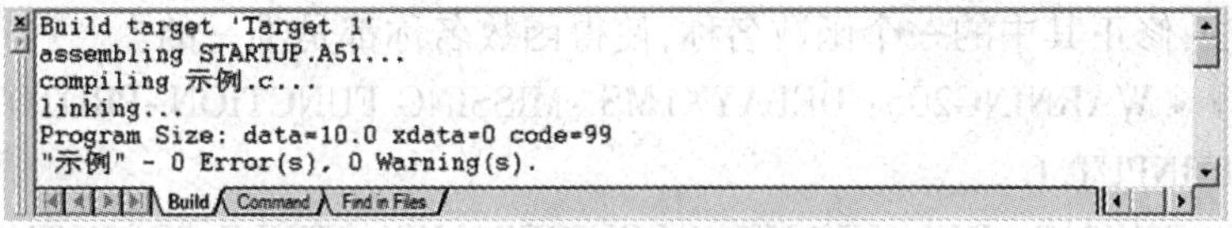

图 3.10　编译输出结果

便生成可以下载到单片机中的执行文件 Test. hex。然后利用下载工具将其下载到单片机中执行。

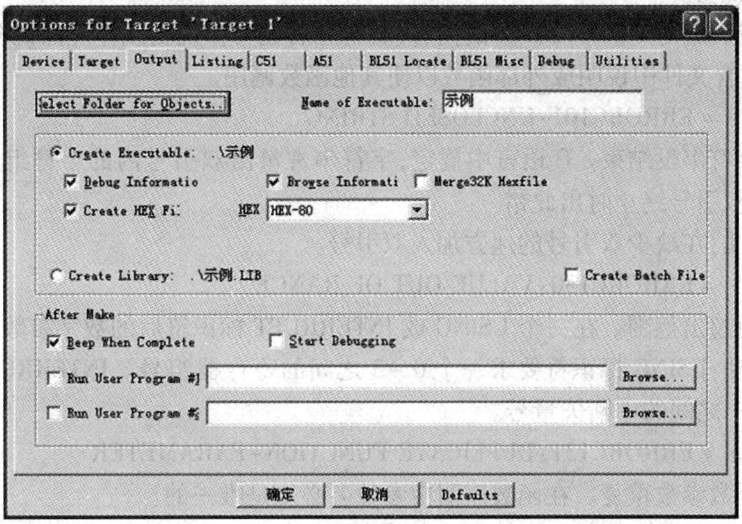

图 3.11　“Options for Target ‘Target1’”对话框

3. 编译器常见警告与错误信息的解决方法

(1) * * * ERROR1:MISSING STRING TERMINATOR

说明:结束字符串的终止符丢失。

解决方法:加入一个回车符作为字符串终止符。

(2) * * * ERROR2:ILLEGGAL CHARACTER

说明:汇编器检测到一个字符,它不属于 51/251 汇编语言的合法字符。例如(“´”)。

解决方法:找出非法字符并更正。

(3) * * * WARNING280:´i´:UNREFERENCED LOCAL VARIABLE

说明:局部变量 i 在函数中未作任何的存取操作。

解决方法:清除函数中 i 变量的说明。

(4) * * * ERROR318:CAN’T OPEN FILE ´beep. h´

说明:在程序编译过程中,由于 main. c 用了指令#include<beep. h>,但却找不到 beep. h 文件所致。

解决方法:编写一个 beep. h 的包含文件并存入到 c:\8051 的工作目录中。

(5) COMPLING:C:\8051\LED. C

* * * ERROR237:´LEDON´:FUNCTION ALREADY HAS A BODY

说明:LEDON( )函数名称重复定义,即有两个以上一样的函数名称。

解决方法:修正其中的一个函数名称,使得函数名称都是唯一的。

(6) * * * WARNING206:´DELAYX1MS´:MISSING FUNCTION-PROTOTYPE C:\8051\INPUT. C

* * * ERROR267:´DELAYX1MS´:REQUIRES ANSI-STYLE PROTOTYPE C:\8051\INPUT. C

说明:程序中有调用 DELAYX1MS 函数但该函数没定义,即未编写程序内容或函数已定义但未作说明。

解决方法:编写 DELAYX1MS 的内容,编写完后也要作说明或作外部说明。可在 DELAY. H 的包含文件中说明成外部函数以便其他函数调用。

(7) * * * ERRORC101:UNCLOSED STRING

说明:字符串没结束。C 语言中规定,字符串常量由双引号内的字符组成,当一个字符串没有用双引号终止时出此错。

解决方法:在缺少双引号的地方加入双引号。

(8) * * * ERRORC130:VALUE OUT OF RANGE

说明:值超出范围。在一个 USING 或 INTERRUPT 标识符后的数字参数是无效的。

解决方法:USING 标识符要求一个 0 ~ 3 之间的寄存器组号。INTERRUPT 标示符要求一个 0 ~ 31 之间的中断矢量号。

(9) * * * ERRORC131:DUPLICATE FUNCTION-PARAMETER

说明:函数参数重复。在函数声明中参数名必须是唯一的。

解决方法:找出函数中相同的参数名并更正。

(10) * * * ERRORC208:TOO MANY ACTUAL PARAMETERS

说明:太多的实参。函数调用包含太多的实参。

解决方法:减少函数调用所包含的实参。

习　题

1. C51 语言的基本数据类型有哪些,都是什么?
2. 编写一段延时的程序。
3. 练习 Keil 软件的安装过程,熟悉 Keil 编程环境。
4. 练习使用 Keil 创建一个工程,写出其程序编写及下载过程。

第4章 单片机I/O口原理及应用实现

4.1 电路设计的背景及功能

单片机控制对象的任何操作都要通过单片机在I/O端口进行，学会使用I/O端口就等于学会使用单片机的一半知识，因此，I/O端口的学习是本章的重点。

51系列单片机有P0~P3共4个8位双向并行I/O口，共有32根引脚线，单片机的端口是集数据输入、输出、缓冲于一体的多功能I/O接口。四个端口既有相同之处，又有各自的特点，其中P0口为漏极开路的8位真正的双向I/O口，它为8位地址/数据线的复用端口，当其作为普通的I/O口时，作为地址/数据线的复用端口，当P0用作输出端口时，应外加上拉电阻；其他三个I/O口内部均带上拉电阻的8位准双向I/O口。此外，52系列的单片机，当外部存储器容量大于256 B时，P2口用于扩展的外部存储器大于256 B时的地址用，P2口在访问外部程序存储器时，用作存储器的高8位地址线；P3口除了做一般的I/O口使用之外，还具有第二功能，P3口在做第二功能时，只有一个功能有效，其第二功能第2章已介绍过，在此不再叙述。只有P1口是单片机专用的输入输出端口，当其他口用作I/O时，其功能与P1口类似。

普通的51系列单片机的4个I/O口一共有32根引脚线，都可以单独地工作实现数据的输入/输出功能。下面以最常见的LED指示灯来说明单片机I/O口的使用方法。

常见的LED小灯具有两个引脚，较长的一段为正极，当有电流流过LED小灯时（电流大小在额定范围内），LED小灯会发亮。

【例4.1】 利用学过的电路知识，搭建一个使LED小灯发光的电路。搭建的电路如图4.1所示。

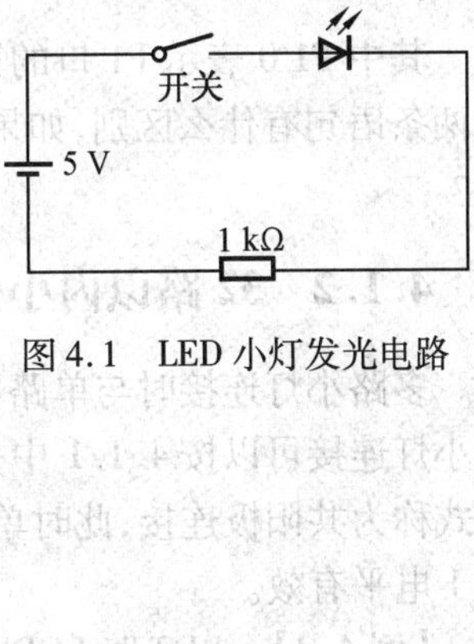

图4.1 LED小灯发光电路

从图4.1中可知，当开关按下时，有电流流过LED小灯，从而使小灯由暗变亮，想一想，如何利用信号来实现小灯的亮灭变化呢?

4.1.1 单路小灯显示

图 4.1 电路也可以利用单片机对小灯进行控制，单片机共有 4 个 I/O 口，对应 32 根数据引脚线，32 根中的每一根数据线都可以实现位操作，即每次只对一根数据线进行控制，每根数据线可以输出 0 和 1 两个信号，我们可以用万用表测量一下，当单片机数据线引脚输出 0 时，输出的电压值为 0 V 左右，当单片机的数据线引脚输出 1 信号时，输出的电压值为 3.3 V 左右。如果用单片机的 0 引脚使 LED 小灯发光时，电路连接图如图 4.2 所示。

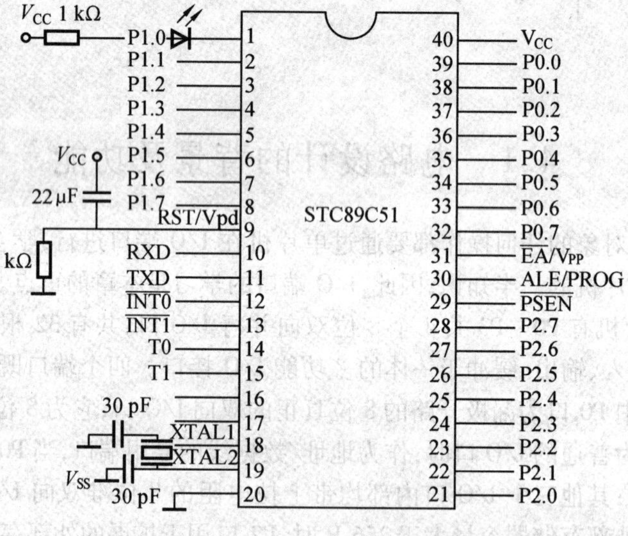

图 4.2 单片机低电平有效的电路连接图

【例 4.2】 利用单片机，设计使用 LED 小灯发光电路，并对其编程。

使灯一直亮的程序代码如下：

```
main( )
{
P1^0=0;
}
```

其中 P1^0 表示 P1 口的第一个引脚，这种操作称为位操作。想一想 P1^0=0 和 P1=0 这两条语句有什么区别，如果用作单片机输出 1 信号时 LED 小灯发光，应当如何连接电路？

4.1.2 32 路以内小灯显示

多路小灯连接时与单路小灯连接类似，由于单片机有 32 根引脚线，因此，32 路以内的小灯连接可以按 4.1.1 中类似的电路进行连接，同时将其所有的正极连接在一起，这种方式称为共阳极连接，此时单片机引脚 0 有效；与此类似，如果所有的公共极均接地，则输出 1 电平有效。

【例 4.3】 以 8 路 LED 小灯为例设计一个使 8 个小灯同亮的电路，并对其进行编程

（见图4.3）。

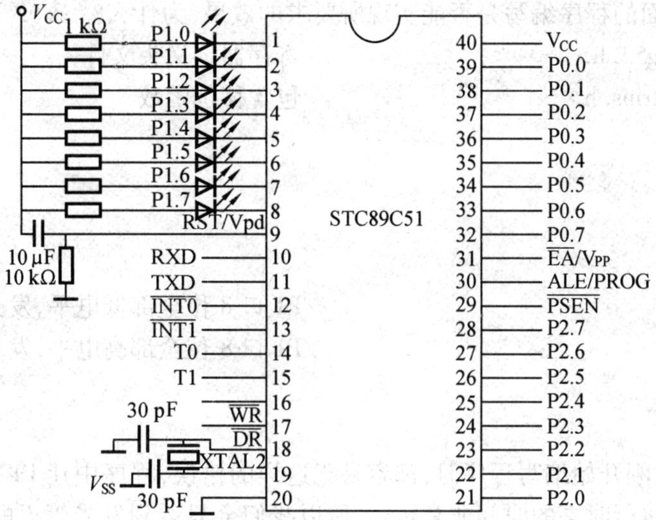

图4.3　8路小灯连接原理图

使8路LED灯一直亮的程序代码如下：

```
Main()
{
P1=0x00;
}
```

设计中，相同的硬件电路图具有不同的功能，因此，在搭建完硬件电路后要配有软件设计，才能达到所需的效果。

由于小灯闪烁是一个循环的过程，许多节日彩灯都是使小灯一直闪烁，因此就要设置一个死循环，使小灯不停地处于高低电平变化过程中。

设置死循环有多种方法：方法一，采用goto语句来设置，goto语句在使用时常常配有标号一起使用，例如

```
…aa:….
goto aa;……
```

方法二，采用while语句来设置死循环，此时始终执行两个大括号之间的程序，例如

```
while(1)
{
…
}
```

方法三，采用for语句来设置死循环，此时始终执行两个大括号之间的循环体，例如

```
for(: :)
{
…
}
```

【例 4.4】 以图 4.3 电路硬件电路,设计一个 8 路 LED 小灯闪烁的程序。

想一下,下面的程序编写是否能实现所要求的效果,为什么?

```
#include<reg52.h>                    //寄存器定义头文件
#include<intrins.h>                  //包含移位函数
void main()
{
while(1)
{
P1=0x00;                             //P1 口 8 位全部低电平,发光管亮
P1=0x01;                             //P1 口 8 位全部高电平,发光管灭
}
}
```

很多同学在刚开始编写程序时,都容易犯这样的错误,程序中让 P1 口输出由低电平向高电平跳变,执行时亮的时间非常短暂,所以我们会只看到发光管灭的过程,如果要实现小灯闪烁的过程,就要设置延时程序,把 P1 口亮的时间延长。

短时间的延时可以用 for 循环语句来设置,例如

```
for(a=0;a<3000;a++);
```

但是利用单条循环语句的时间比较短,在做较长时间的延时时,常调用延时子函数,常用的方法有两种,一种是含有参数的延时子程序,一种是不带参数的延时子程序。带有参数的延时子程序如下:

```
void delay(unsigned int x)           //延时毫秒级
{
unsigned int a=0,b=0,c=0;
for(a=x;a>0;a--)
for(b=5;b>0;b--)
for(c=128;c>0;c--);
}
```

调用时:delay(100);

这种方法只需要设置一个子函数,调用时直接修改参数就可以改变延时的长短,使用比较方便。此外,就是不带参数的延时子函数,程序如下:

```
void delay(unsigned int x)           //延时毫秒级
{
unsigned int a,b;
a=1000;
for(b=0;b<a;b++);
{
;                                    //空语句
}
```

}

延时函数在单片机编程中是很重要的函数，常用 for 循环来进行编程，这种延时方法不十分准确，它的时间受晶振的影响，对于常用的 11.059 2 MHz 的晶振，粗略地认为是 12 MHz，其机器周期为 1μs。

短暂的延时在 C 文件中通过使用带_nop_()语句的函数实现，定义一系列不同的延时函数，如 Delay10μs()、Delay25μs()、Delay40μs()等存放在一个自定义的 C 文件中，需要时在主程序中直接调用。

每个_nop_()语句执行时间为一个机器周期，每个语句执行时间为 10 μs，例如

```
void delay10μs()                    //延时 2 微秒,2 个机器周期
{
_nop_();                            //延时 1 微秒,1 个机器周期
_nop_();                            //延时 1 微秒,1 个机器周期
_nop_();                            //延时 1 微秒,1 个机器周期
_nop_();                            //延时 1 微秒,1 个机器周期
_nop_();                            //延时 1 微秒,1 个机器周期
_nop_();                            //延时 1 微秒,1 个机器周期
}                                   //返回子程序,延时 2 微秒,2 个机器周期
```

计算主函数调用 delay10μs()时，先执行一个 LCALL 指令(2μs)，然后执行 6 个_nop_()语句(6μs)，最后执行了一个 RET 指令(2μs)，所以执行上述函数时共需要 10μs。

想一想下面这段函数延时多长时间？

```
void delay()
{
_nop_();
}
```

实际中，可以把这一函数当做基本延时函数，在此基础上进行嵌套调用，从而实现较长时间的延时。例如做一个 50μs 的延时，可以在主函数中直接调用 5 次 delay10μs()函数，代码如下：

```
void delay50μs()
{
delay10μs();
delay10μs();
delay10μs();
delay10μs();
delay10μs();
}
```

则得到的延时时间将是 52μs，而不是 50μs，这是因为调用前先执行了一次 LCALL 指令(2μs)，然后开始执行第一个 Delay10μs()，执行完最后一个 Delay10μs()时，直接返回到主程序。

同理,在也可以使用循环程序和_nop_()空操作相结合的形式进行设置循环时间,常用的方法是 for 循环的方式,程序代码如下:

1. 100 μs 的延时

```
void delay_μs()                         //延时 100 微秒
{
unsigned char n=0;
for(n=20;n>0;n--)
{
_nop_();                                //延时 1 微秒,1 个机器周期
_nop_();                                //延时 1 微秒,1 个机器周期
_nop_();                                //延时 1 微秒,1 个机器周期
}
}
```

延时时间为 for 循环次数 $R_i*(2+3)=100$ μs,加上循环体外赋值 1 μs 和调用 2 μs 返回 2 μs,则总的延时时间为 105 μs,近似看做 100 μs。

2. 1 ms 的延时

```
void delay_ms(unsigned int x)           //延时毫秒级
{
unsigned int a=0,b=0,c=0;
for(a=x;a>0;a--)
for(b=5;b>0;b--)
for(c=99;c>0;c--);
}
```

延时时间计算:这个延时程序共有三个循环,最内层循环次数为 n,则有 $n=R_i*2=99*2=198$ μs,for 语句对应汇编里的 DJNZ,占用 2 μs;中间层循环次数为 m,则有 $m=R_i*(n+3)=5*201=1\ 005$ μs,此时 DJNZ 占用 2 μs,赋值占用 1 μs,共 3 μs;最内层的总次数为 $R_i*(m+3)=1\ 005$ μs, 此时 DJNZ 占用 2 μs,赋值占用 1 μs。循环外 5 μs(调用2+返回 2+赋值 1),则延时总时间为三层循环与循环体外之和 1 006 μs,近似认为是 1 ms,则每次调用时修改参数 x 就可以实现 ms 整数倍的延时。

同理,while 也可以用作延时,下面用 while 语句编写一段 10 ms 的延时程序,代码如下:

```
void delay(unsigned char t)
{
while(--t);
}
```

执行 DJNZ 指令需要 2 个机器周期,RET 指令同样需要 2 个机器周期,根据输入 t,在不计算调用 delay()所需时间的情况下,具体时间延时见表 4.1。

表 4.1　while 延时时间对照表

t	Delay Time (μs)
1	2×1+2=4
2	2×2+2=6
N	2×N+2=2(N+1)

利用这种方法计算结果和仿真结果往往有很大出入，只是在接受范围内的一个粗略值，在C语言中，若有一句语句变了，延时时间很可能会不同，因为编译程序生成的汇编指令很可能不同，因此，若想精确地计算延时时间，需要经过反汇编后再进行深入研究，对于一般编程，我们利用这种近似计算来实现短时间的延时。

则例4.4中8灯闪烁实质就是8个等隔一段时间同亮同灭，程序如下：

```
#include<reg52.h>                    //寄存器定义头文件
#include<intrins.h>                  //包含移位函数
void delay(unsigned int x)           //延时毫秒级
{
unsigned int a=0,b=0,c=0;
for(a=x;a>0;a--)
for(b=5;b>0;b--)
for(c=128;c>0;c--);
}
void main()
{
while(1)
{
P1=0x00;                             //P1口8位全部低电平,发光管亮
delay(300);
P1=0x01;                             //P1口8位全部高电平,发光管灭
delay(300);
}
}
```

其中，小灯闪烁时间长短可以通过调节 delay(参数)函数中的参数值来调节，设计实物图如图4.4所示。

【例4.5】　设计一个8个小灯环形循环点亮的实物图(初始状态全灭，逐个一次循环)，硬件电路如图4.3所示，实物图如4.5所示，所需元器件见表4.2，程序清单如下。

```
#include<reg52.h>                //寄存器定义头文件
#include<intrins.h>              //包含移位函数
void delay(unsigned int x)       //延时毫秒级
{
```

图 4.4　P1 口 8 个小灯设计实物图

```
unsigned int a=0,b=0,c=0;
for(a=x;a>0;a--)
for(b=5;b>0;b--)
for(c=128;c>0;c--);
}
void main()
{
while(1)
{
P1=0x01;                    //P1 口 8 位全部高电平,发光管全灭
P1^0=0;                     //P1 口第 1 位低电平,点亮相应发光管
delay(300);
P1^1=0;                     //P1 口第 2 位低电平,点亮相应发光管
delay(300);
P1^2=0;                     //P1 口第 3 位低电平,点亮相应发光管
delay(300);
P1^3=0;                     //P1 口第 4 位低电平,点亮相应发光管
delay(300);
P1^4=0;                     //P1 口第 5 位低电平,点亮相应发光管
delay(300);
P1^5=0;                     //P1 口第 6 位低电平,点亮相应发光管
delay(300);
P1^6=0;                     //P1 口第 7 位低电平,点亮相应发光管
delay(300);
P1^7=0;                     //P1 口第 8 位低电平,点亮相应发光管
delay(300);
}
}
```

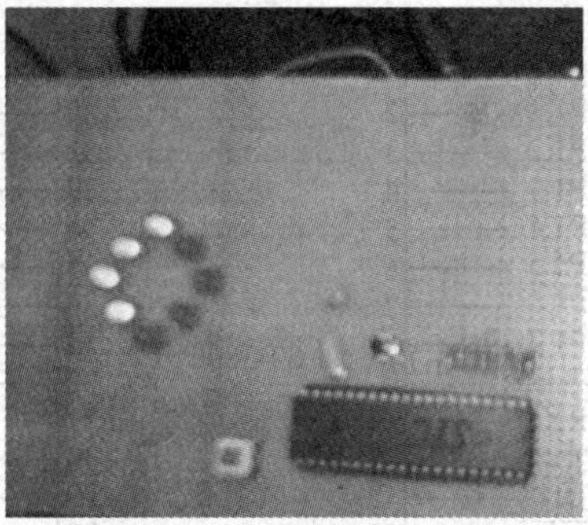

图 4.5　P1 口 8 个小灯设计实物图

表 4.2　小灯设计所需元器件清单

元器件名称	参数	数量	元器件名称	参数	数量
单片机	STC89C51/52	1	电路板	焊接电路板	1
晶振	11.059 2 MHz	1	瓷片电容	33 pF	2
电解电容	10 μF	1	按键	不带复位	1
IC 插座	直列式 40 引脚	1	电阻	470 Ω 或 1 kΩ	8
电源 5 V	插口或者电池	1	发光 LED		8

4.1.3　多于 32 路小灯显示

实际中由于设计需要，安装的指示灯多于引脚数，此时，可采用多片单片机分别进行控制，如图 4.6 所示。

由于单片机有 32 根引脚线，因此，多于 32 路小灯的显示可通过并联的方式，设计效果图如图 4.7 所示。试编写出图 4.7 所示的程序，并练习如何实现这种方式的控制。

图 4.6　多于 32 路两片单片机控制小灯设计实物图

图 4.7　多于 32 路小灯设计效果图

4.2　电路的设计

STC89C51 系列单片机主要采用 40 脚双列直插（DIP）式封装，其引脚图如图 4.8 所示，主要分为电源引脚、时钟电路、控制信号引脚及输入输出信号引脚四类。

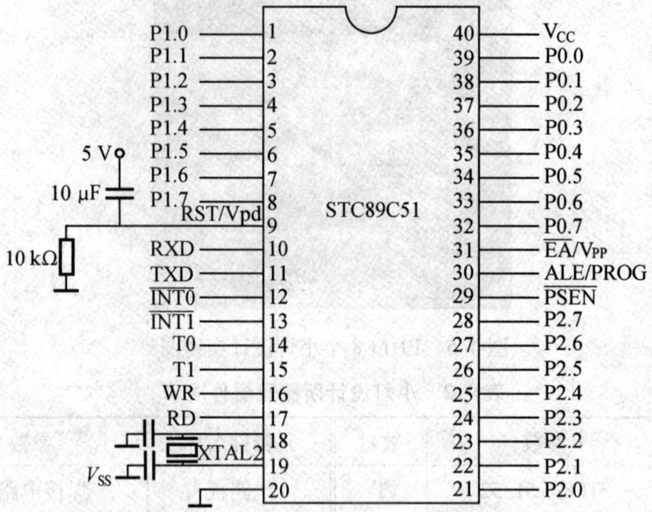

图 4.8　STC51 系列单片机外部引脚图

LED 小灯的任务是在单片机的 I/O 端口连接发光二极管，当小灯个数在 32 个以内时，直接在单片机的 I/O 端口连接，同理，在 I/O 端口可以连接蜂鸣器、喇叭、继电器等，现以 LED 小灯和蜂鸣器共阳型为例的连接方式如图 4.9 所示，此时单片机引脚低电平有效。

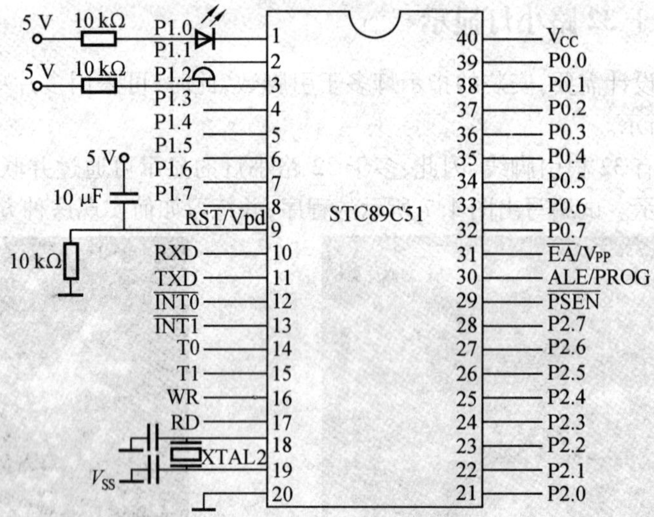

图 4.9　STC51 系列单片机外部连接图

同理，还可以连接成共阴型电路的连接方式，连接方式如图 4.10 所示，此时单片机输出引脚高电平有效。

单片机引脚做输入输出端口时，即单片机外接点阵式 LED 显示屏，电路连接图如图 4.11 所示，具体的编程方式在 4.4.2 中进行讲解。

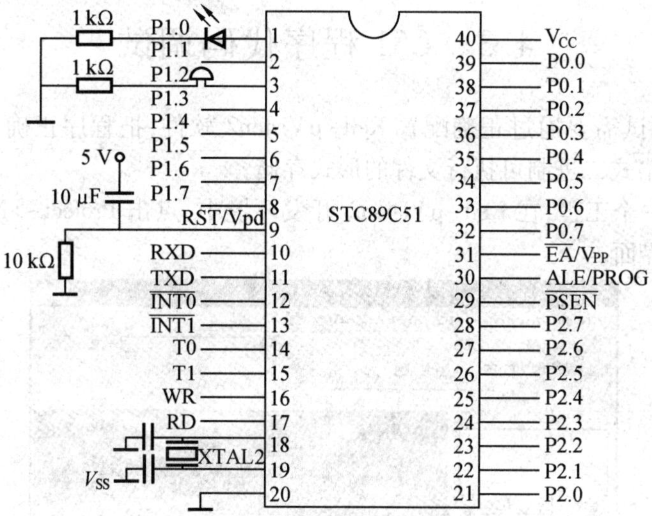

图 4.10　STC51 系列单片机外部连接图

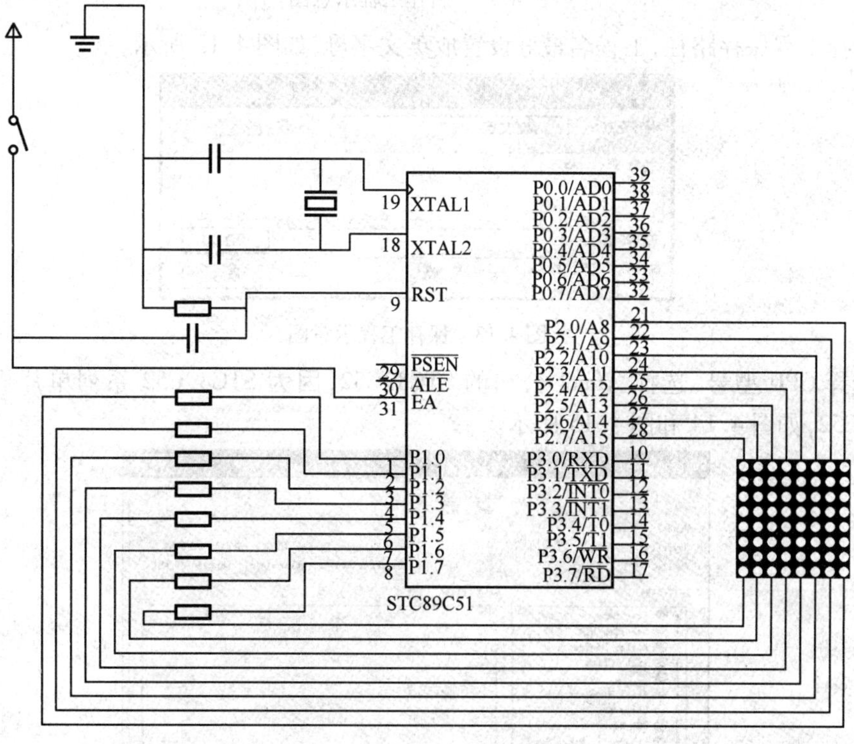

图 4.11　STC51 系列单片机与点阵屏连接图

4.3 C51 程序代码调试

程序代码调试需要通过正确配置 Keil-μVision2 软件,把程序正确下载到单片机的 RAM 中,以 bin 格式二进制可执行文件的形式存储。

首先,建立一个工程,在 Keil-μVision2 开发环境中,点击 Project->New Project,打开如图 4.12 所示界面。

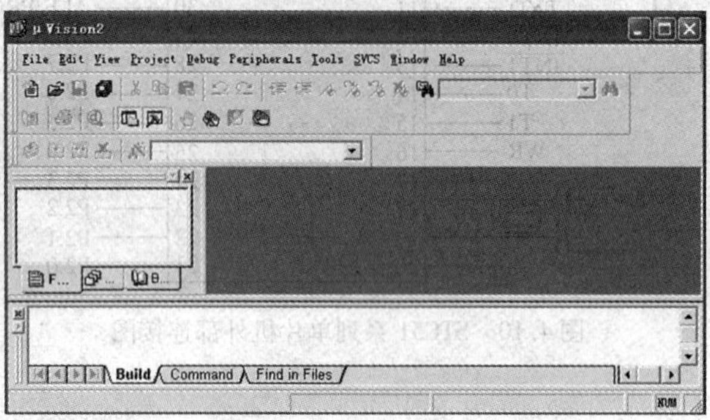

图 4.12 新建工程示意图

选择工程保存路径,工程名最好设置成英文字母,如图 4.13 所示。

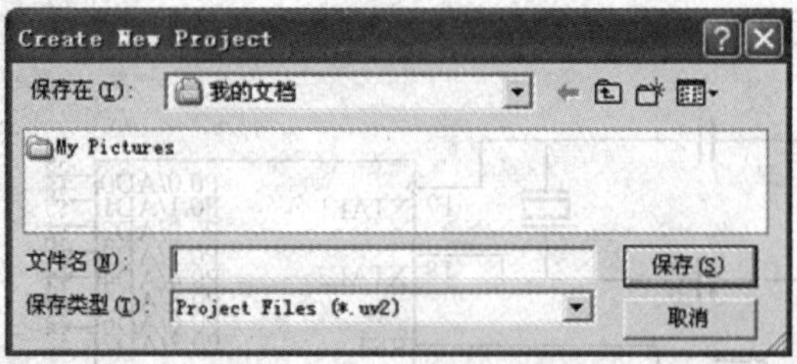

图 4.13 保存工程示意图

选择 CPU 型号,选择 Atmel 公司的 STC89C52,因为 STC89C52 系列单片机内核是 STC89C52,如图 4.14 和图 4.15 所示。

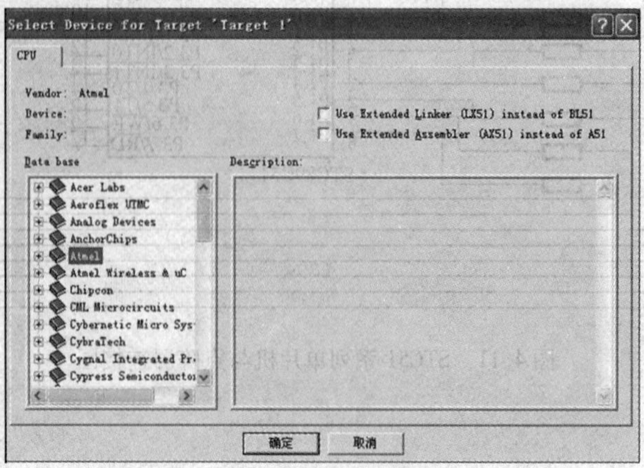

图 4.14 选择芯片系列示意图

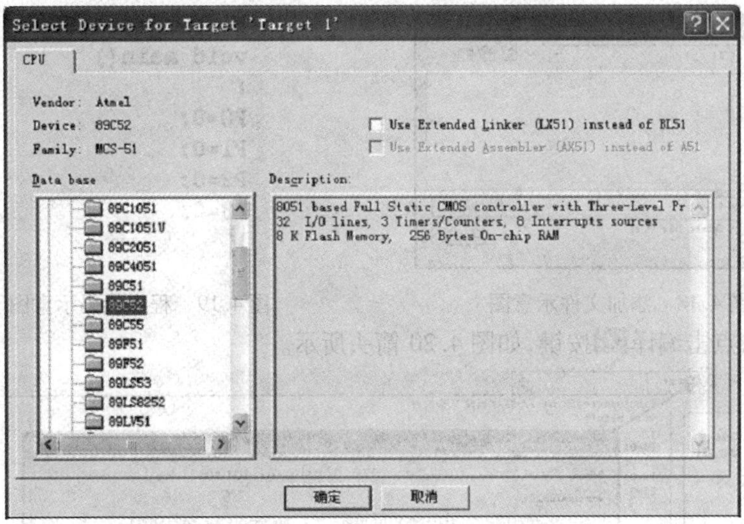

图 4.15　选择芯片型号示意图

在新建的工程下，新建文件，可以通过点击 File->New 来实现，如图 4.16 所示。

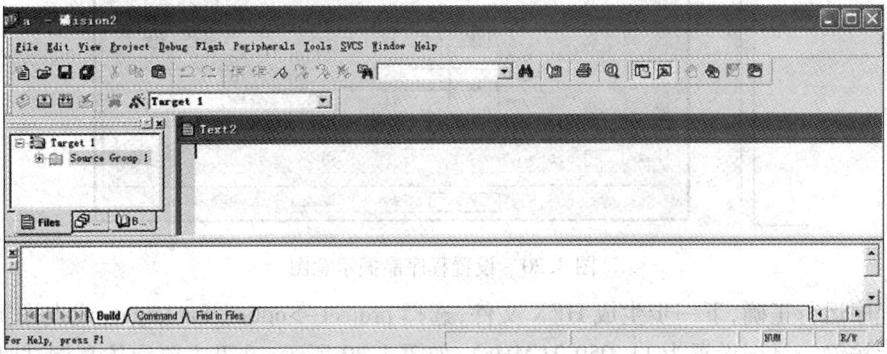

图 4.16　新建文件示意图

点击保存快捷键保存新建文件，此时，保存文件与工程文件名字相同，如果用 C 语言编写，后缀加上.c，如图 4.17 所示。

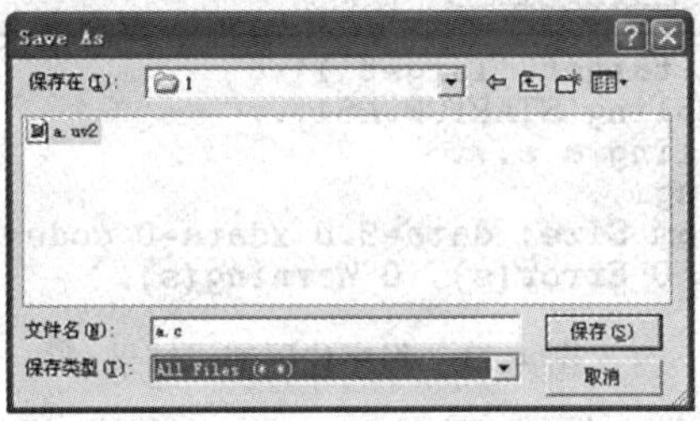

图 4.17　保存文件示意图

最后将文件添加到工程中，右键点击 Source Group 1，点击 Add，选择文件添加到工程中，如图 4.18 所示。

这样就可以在文件 a.c 下面编程序，例如，共阳极接法中点亮 32 路所有小灯程序如图 4.19 所示。

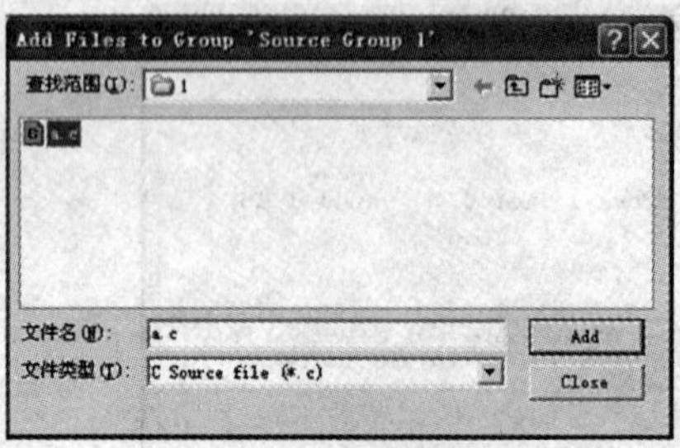

图 4.18　添加文件示意图

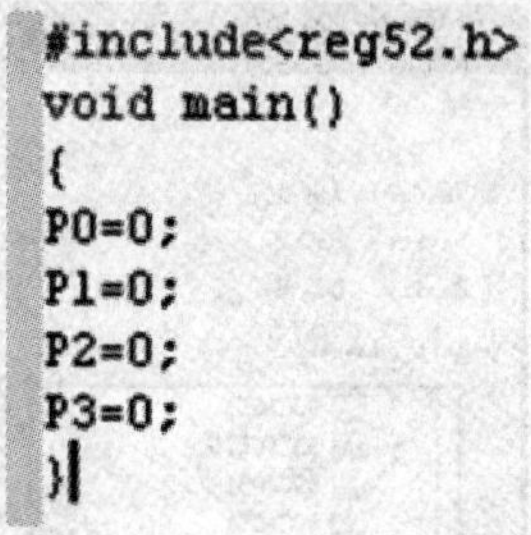

图 4.19　程序代码示意图

写好后,点击编译按键,如图 4.20 箭头所示。

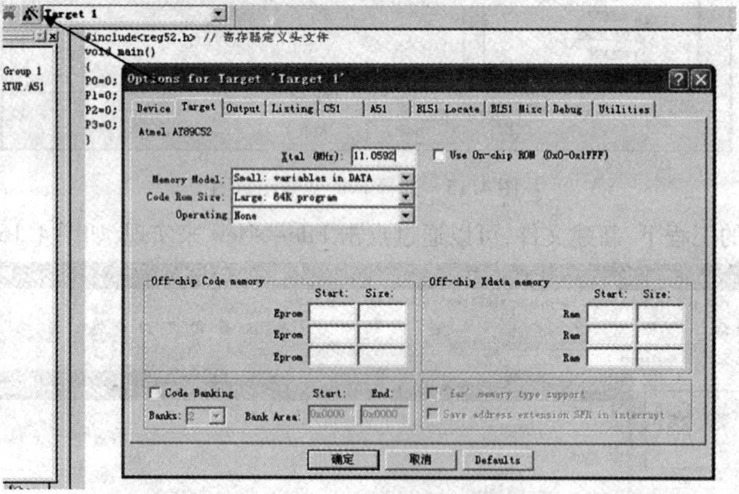

图 4.20　设置程序晶振示意图

程序运行正确,下一步生成 HEX 文件,选择 project->option for target,或点击图 4.21 中所示按键。晶振设置为 11.059 2(MHz),如图 4.20 所示,这里主要为仿真调试时而设,点击 Output,将 Create HEX Fi 勾上,生成头文件示意图如图 4.22 所示。再次编译,就会生成 hex 文件。

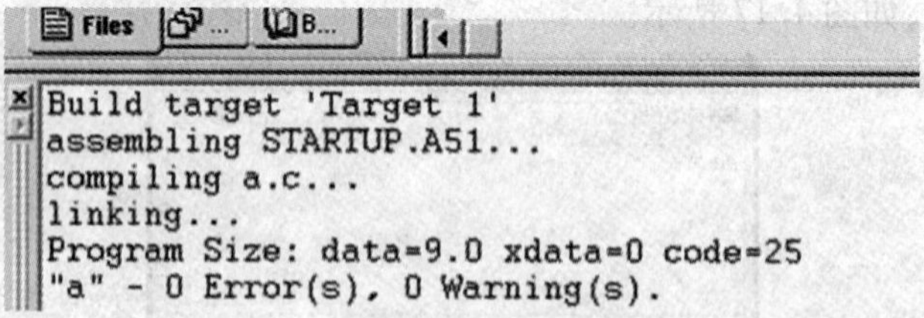

图 4.21　程序代码编译结果

设置完头文件即下载头文件,打开 STC-ISP.exe 程序,设置好 COM 端口和最高波特率,然后在打开头文件选项里面选择刚刚所生成的头文件,点击下载即可,点击下载,如图 4.23 所示,按下复位开关,观察结果。

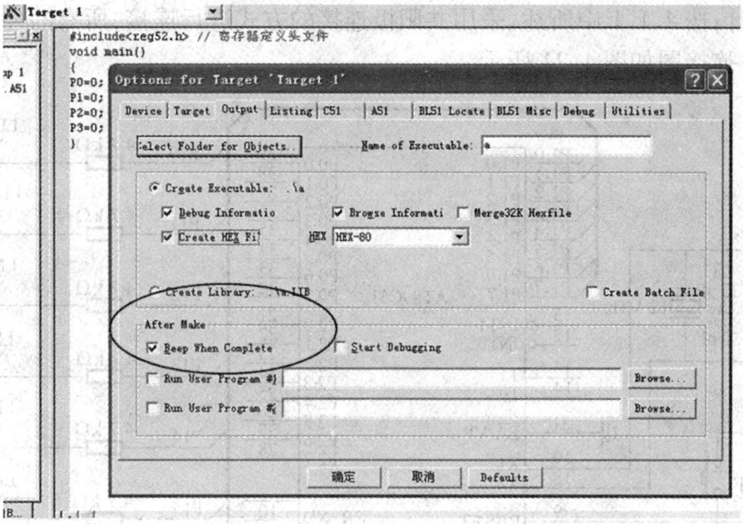

图4.22 生成头文件示意图

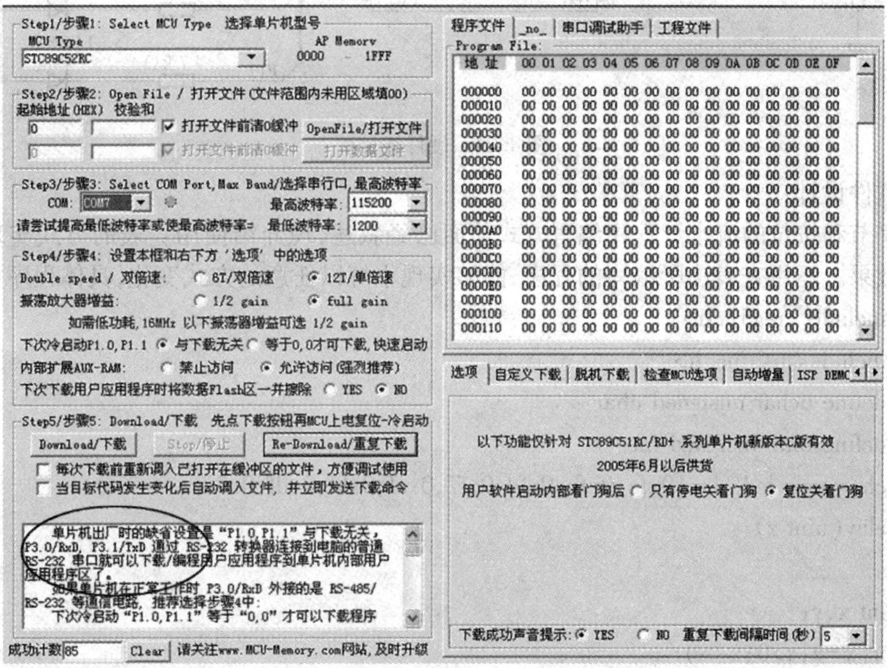

图4.23 下载程序界面

4.4 设计实例

4.4.1 节日彩灯DIY设计

设计要求:节日彩灯通过彩灯的不同变换方式还烘托不同的效果,同学们可以根据自己不同的创意,设计不同变换方式的节日彩灯,现以8路的小灯为例进行叙述。

硬件设计:按 4.1.1 中所述,采用共阳极连接的方式进行连接,所有的公共极均接5 V电源,其硬件连接图如图 4.24 所示。

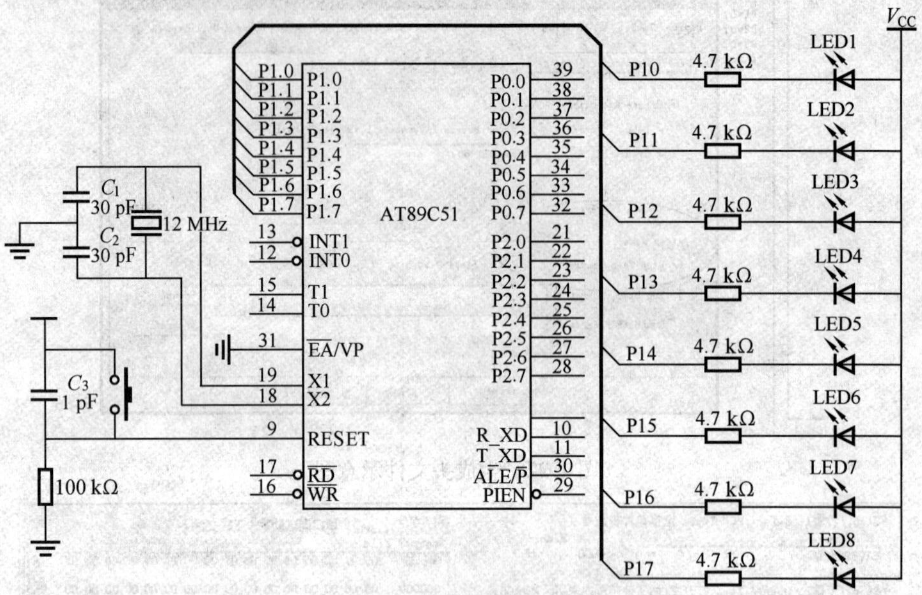

图 4.24　硬件连接图

软件设计:

字节和按位的流水灯程序编写方式前面已经叙述,现介绍使用查表的方式实现彩灯变换效果。运用查表法所编写的程序,能够实现小灯以任意的方式变化,具体程序如下:

```
#include <reg52.h>
#include<instrins.h>
#define uchar unsigned char
#define uint unsigned int
uchar code led[ ] = {0xfe,0xfb,0xfd,0xf7,0xef,0xbf,0xdf,0x7f};
delay(uint z)
{
uint x,y;
for(x=z;x>0;x--)
for(y=110;y>0;y--);
}
main()
{
uint i;
while(1)
{
P1 =led[ ];
```

```
delay(500);
_crol_(led,1);
}
}
```

思考题：

(1)请完成图4.25的设计效果,完成节日彩灯设计。

(2)请完成图4.26的设计效果,完成眼镜灯的设计。

图4.25　双心相连节日彩灯效果图

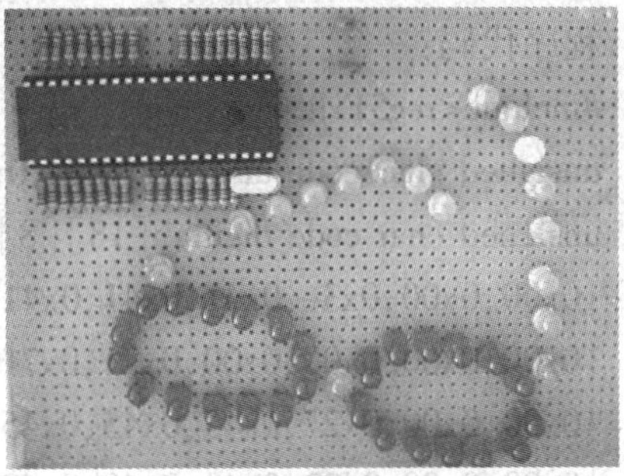

图4.26　眼镜系列节日彩灯效果图

4.4.2　8*8点阵式屏

显示屏用8个8×8LED点阵块显示。LED点阵块在工业控制中有着很广泛的应用,如公交汽车、码头、商店、学校和银行等公共场合的信息发布和广告宣传等。现以共阳极8×8的LED点阵为例进行讲解,其引脚图如图4.27所示。

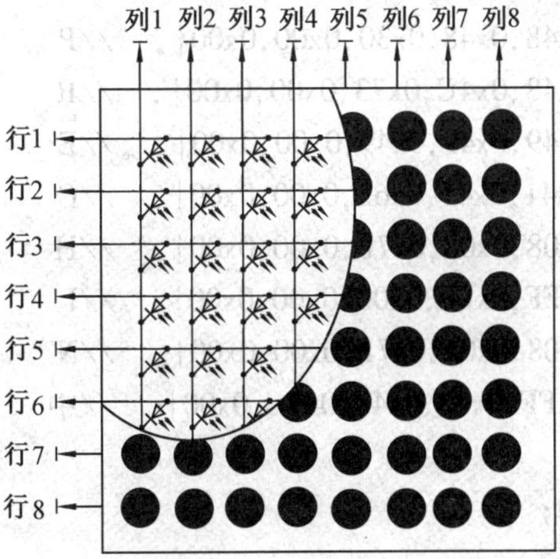

图4.27　8×8LED点阵引脚图

LED点阵单元的引脚排列需使用万用表依次确定。现以LG12088BH型号点阵为例,经测试其点阵单元的引脚排列见表4.3。

表 4.3 LG12088BH 型点阵单元的引脚排列

行从上到下	行 1	行 2	行 3	行 4	行 5	行 6	行 7	行 8
引脚号	9	14	8	12	1	7	2	5
列从左到右	列 1	列 2	列 3	列 4	列 5	列 6	列 7	列 8
引脚号	13	3	4	10	6	11	15	16

试设计一个流动显示 0 1 2 3 4 5 6 7 8 9 的程序。

程序代码:

```
#include<reg51.h>
unsigned char code tab[]={0xfe,0xfd,0xfb,0xf7,0xef,0xdf,0xbf,0x7f};
unsigned char code digittab[18][8]={
{0x00,0x00,0x3e,0x41,0x41,0x41,0x3e,0x00},    //0
{0x00,0x00,0x00,0x00,0x21,0x7f,0x01,0x00},    //1
{0x00,0x00,0x27,0x45,0x45,0x45,0x39,0x00},    //2
{0x00,0x00,0x22,0x49,0x49,0x49,0x36,0x00},    //3
{0x00,0x00,0x0c,0x14,0x24,0x7f,0x04,0x00},    //4
{0x00,0x00,0x72,0x51,0x51,0x51,0x4e,0x00},    //5
{0x00,0x00,0x3e,0x49,0x49,0x49,0x26,0x00},    //6
{0x00,0x00,0x40,0x40,0x40,0x4f,0x70,0x00},    //7
{0x00,0x00,0x36,0x49,0x49,0x49,0x36,0x00},    //8
{0x00,0x00,0x32,0x49,0x49,0x49,0x3e,0x00},    //9
{0x00,0x00,0x7F,0x48,0x48,0x30,0x00,0x00},    //P
{0x00,0x00,0x7F,0x48,0x4C,0x73,0x00,0x00},    //R
{0x00,0x00,0x7F,0x49,0x49,0x49,0x00,0x00},    //E
{0x00,0x00,0x3E,0x41,0x41,0x62,0x00,0x00},    //C
{0x00,0x00,0x7F,0x08,0x08,0x7F,0x00,0x00},    //H
{0x00,0x00,0x00,0xFF,0xFF,0x00,0x00,0x00},    //I
{0x00,0x7F,0x10,0x08,0x04,0x7F,0x00,0x00},    //N
{0x7C,0x48,0x48,0xFF,0x48,0x48,0x7C,0x00}     //中
};
unsigned int timecount;
unsigned char cnta;
unsigned char cntb;
void main(void)
{
TMOD=0x01;
TH0=(65536-3000)/256;
TL0=(65536-3000)%256;
```

```
TR0 = 1;                                    //开启定时 0
ET0 = 1;
EA = 1;                                     //开启中断
cntb = 0;
while(1)
{ ;
}
}
*   定时中断
void t0(void) interrupt 1 using 0
{
  TH0 = (65536-3000)/256;                   //定时器高位装载数据
  TL0 = (65536-3000)%256;                   //定时器低位装载数据
  if(cntb<18)                               //红色
  {
    P1 = 0xFF;
    P2 = tab[cnta];
    P0 = digittab[cntb][cnta];
  }
  else                                      //绿色
  {
    P2 = 0xFF;
    P1 = tab[cnta];
    P0 = digittab[cntb-18][cnta];
  }
  if(++cnta>=8) cnta = 0;
  if(++timecount>=333)
  {
    timecount = 0;
    if(++cntb>=36)cntb = 0;
  }
}
```

设计效果图如图 4.28 所示，设计中常用到双色点阵块，其内部结构图如图 4.29 所示。

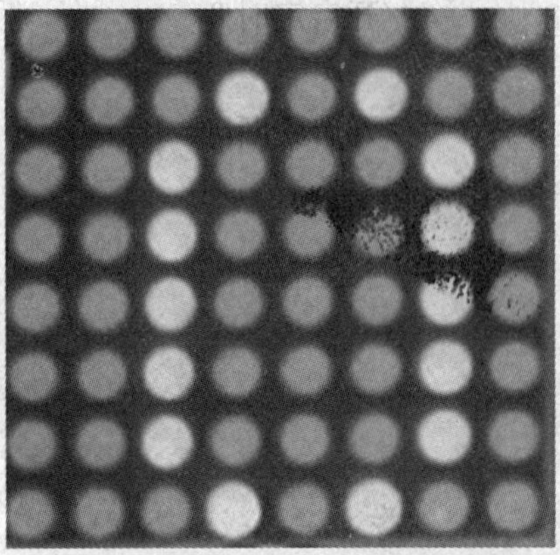

图 4.28　8×8LED 点阵设计效果图

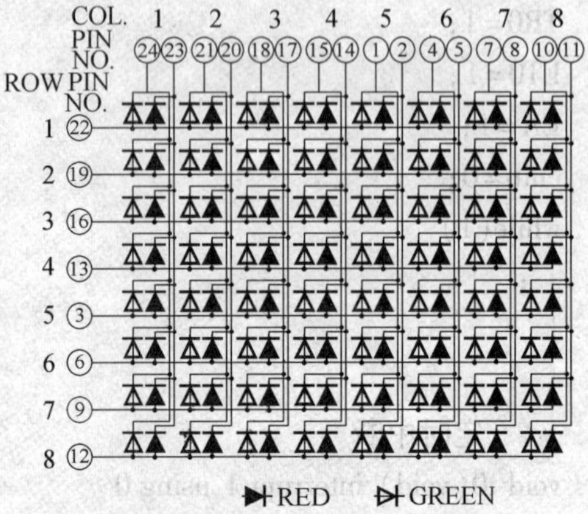

图 4.29　双色 8×8LED 点阵内部结构图

试思考设计实现图 4.30 所示的电路的图形，并实现点阵屏幕从内到外依次点亮的效果，参考程序代码如下：

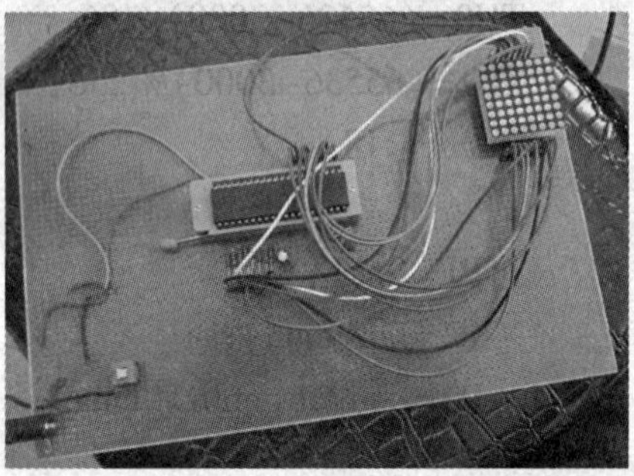

图 4.30　8×8LED 点阵连接效果图

```
#include<reg51.h>
void main()
{unsigned int i,j;
P1=0x00;P2=0x00;
for(j=1;j<10;j++)
{
for(i=1;i<30000;i++);
P1=0x80,P2=0xFE;
for(i=1;i<30000;i++);
P1=0xC0;P2=0xFC;
for(i=1;i<30000;i++);
P1=0xE0;P2=0xF8;
for(i=1;i<30000;i++);
P1=0x0F;P2=0x0F;
for(i=1;i<30000;i++);
P1=0xF8;P2=0xE0;
for(i=1;i<30000;i++);
P1=0xFC;P2=0xC0;
for(i=1;i<30000;i++);
P1=0xFE;P2=0x80;
for(i=1;i<30000;i++);
P1=0xFF ;P2=0x00;
}
}
```

4.4.3　继电器控制

继电器是一种电子控制器件，它具有控制系统（又称输入回路）和被控制系统（又称输出回路），通常应用于自动控制电路中，它实际上是用较小的电流去控制较大电流的一种自动开关。故在电路中起着自动调节、安全保护、转换电路等作用，其实物图如图 4.31 所示，内部电路图如图 4.32 所示。

图 4.31　继电器实物图

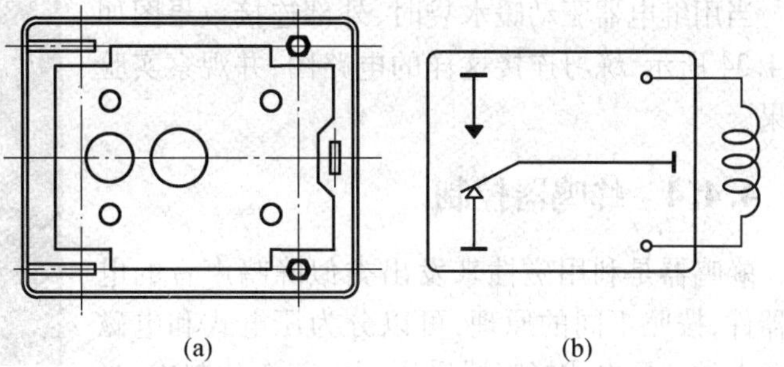

图 4.32　继电器内部电路图

电磁式继电器一般由铁芯、线圈、衔铁、触点簧片等组成的。只要在线圈两端加上一定的电压，线圈中就会流过一定的电流，从而产生电磁效应，衔铁就会在电磁力吸引的作用下克服返回弹簧的拉力吸向铁芯，从而带动衔铁的动触点与静触点（常开触点）吸合。当线圈断电后，电磁的吸力也随之消失，衔铁就会在弹簧的反作用力下返回原来的位置，使动触点与原来的静触点（常闭触点）吸合。这样吸合、释放，从而达到了在电路中的导通、切断的目的。对于继电器的“常开、常闭”触点，可以这样来区分：继电器线圈未通电时处于断开状态的静触点，称为常开触点；处于接通状态的静触点称为常闭触点。

设计一个程序，利用 P1.3 口的按键实现 P1.4 口继电器工作。当独立按键按下时，继电器 P1.4 动作。图 4.33 为单片机输出引脚与继电器连接示意图。

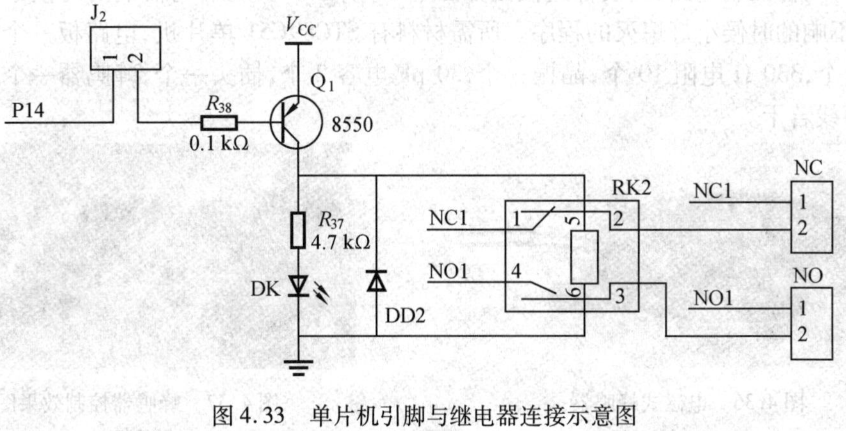

图 4.33　单片机引脚与继电器连接示意图

参考程序代码如下：

```
#include <reg51.h>          //51 的端口和各特殊寄存器定义在此文件中
sbit RELAY = P1^4;          //定义继电器对应单片机管脚
```

```
sbit K1 = P1^5;             //定义按钮对应单片机管脚
main()
{
 if (! K1) RELAY = 0;//按钮按下开启继电器
 else RELAY = 1;           //按钮松开关闭继电器
}
```

当用继电器驱动暖水袋时，外部连接效果图如图4.34所示，练习连接这样的电路图，并观察实验效果。

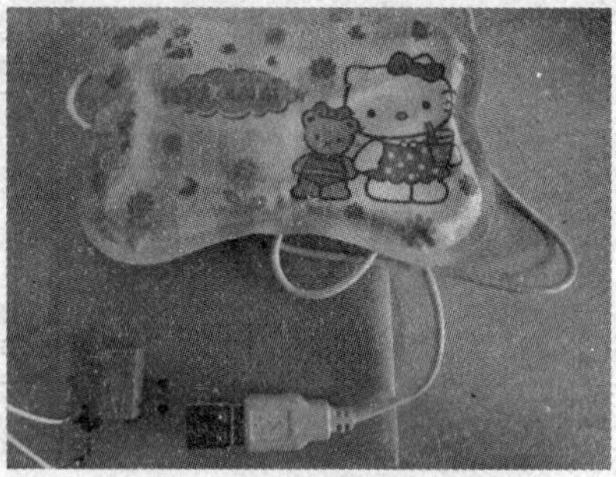

图4.34 继电器动作效果图

4.4.4 蜂鸣器控制

蜂鸣器是利用磁性来发出类似蜂鸣声音的电磁器件，按照不同的原理，可以分为压电式和电磁式两大类。压电式蜂鸣器采用压电陶瓷片制成，当给压电陶瓷片加以音频信号时，在逆压电效应的作用下，陶瓷片将随音频信号的频率发生机械振动，从而发出声响，压电式蜂鸣器如图4.35所示；电磁式蜂鸣器的内部由磁铁、线圈和振动膜片等组成，当音频电流流过线圈时，线圈产生磁场，振动膜则以与音频信号相同的周期被吸合和释放，产生机械振动，并在共鸣腔的作用下发出声响，电磁式蜂鸣器如图4.36所示。

图4.35 压电式蜂鸣器

常用的蜂鸣器为压电式蜂鸣器，使用时可以用单片机引脚直接驱动，或者采用三极管放大后驱动的方式实现。试设计一个如图4.37所示的效果的蜂鸣器控制电路，其硬件连接图如图4.38所示。实现蜂鸣器响的时候小灯发光，蜂鸣器不响的时候小灯熄灭的程序。所需材料有STC89C51单片机，电路板一个，发光二极管30个，330 Ω电阻10个，晶振一个，30 pF电容2个，插头一个，蜂鸣器一个，三极管一个，导线若干。

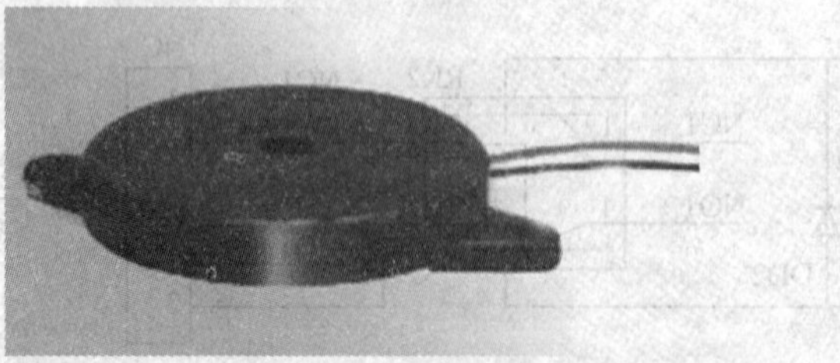

图4.36 电磁式蜂鸣器

图4.37 蜂鸣器控制效果图

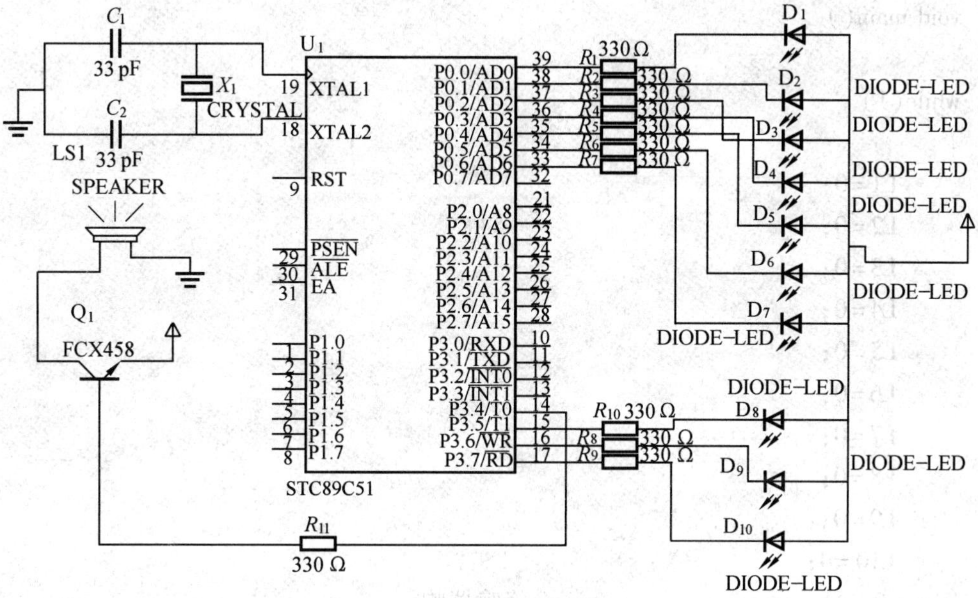

图 4.38　蜂鸣器驱动电路连接图

程序代码如下：

```
#include <reg52. h>
#include <intrins. h>
#define   FREQ 11059200
sbit L1 = P0^0;
sbit L2 = P0^1;
sbit L3 = P0^2;
sbit L4 = P0^3;
sbit L5 = P0^4;
sbit L6 = P0^5;
sbit L7 = P0^6;
sbit L8 = P0^7;
sbit L9 = P2^0;
sbit L10 = P2^1;
sbit beep = P1^5;
void delay_ms( unsigned int x)          //延时毫秒级
{
unsigned int a = 0, b = 0, c = 0;
for( a = x; a>0; a--)
for( b = 5; b>0; b--)
for( c = 128; c>0; c--);
}
```

```
void main()
{
while(1)
{
      L1 = 0;
      L2 = 0;
      L3 = 0;
      L4 = 0;
      L5 = 0;
      L6 = 0;
      L7 = 0;
      L8 = 0;
      L9 = 0;
      L10 = 0;
beep = 0;                              //蜂鸣器响
delay_ms(200);
      L1 = 1;
      L2 = 1;
      L3 = 1;
      L4 = 1;
      L5 = 1;
      L6 = 1;
      L7 = 1;
      L8 = 1;
      L9 = 1;
L10 = 1;
beep = 1;                              //蜂鸣器关
delay_ms(200);
}
}
```

4.4.5 单片机控制喇叭播放音乐

喇叭也称扬声器,是一种把电能转变为声波的组件。喇叭会发出声音是因为喇叭内的空气振动。喇叭呈弧形,与声源接触的一端截面积小,按一定规律向外逐渐扩大,用以提高发声频率。也有称高低音喇叭组合为扬声器的。喇叭其实是一种电能转换成声音的一种转换设备,当不同的电子能量传至线圈时,线圈产生一种能量与磁铁的磁场互动,这种互动造成纸盘振动。因为电子能量随时变化,喇叭的线圈会往前或往后运动,因此喇叭的纸盘就会跟着运动,这次动作使空气的疏密程度产生变化而产生声音。喇叭常用三极管来进行驱动,以 3.7 引脚为例,驱动外电路示意图如图 4.39 所示,设计效果图如图 4.40 所示。

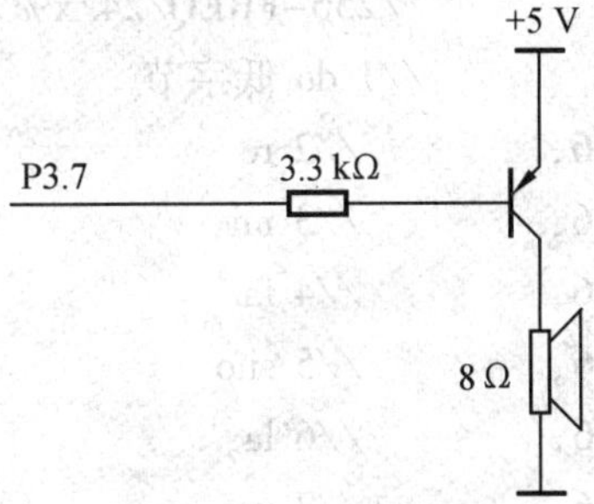

图 4.39　喇叭驱动示意图

图 4.40　喇叭驱动效果图

程序代码如下:

```
#include <reg52.h>
#include <intrins.h>
#define  FREQ 11059200
sbit PIN_MSC = P3^7;                    //音乐输出端口
unsigned char code music_tab1[ ] = {
    //音符码格式:| D7 |D6  D5  D4| D3 |D2    D1  D0|
    //音乐_编码 2 -- 存储器定义
    //梁祝   |变调|  节拍|升降|  音符
0xcb,
    //示例:0xcb = 11001011B,即升调,4/16 拍,3Mi 低音
    0x35,0x16,0xb9,0x12,0x96,0x99,0xa5,
    0xbd,0x99,0x96,0x15,0x13,0x15,0x62,
    0x32,0x13,0xa7,0x26,0x25,0x16,0xa9,0x22,
    0xa3,0xa9,0x96,0x15,0x16,0x99,0xe5,
    0xbb,0x15,0xa7,0xaa,0x96,0x99,0xd5,
    0x13,0x15,0x23,0x15,0x16,0x17,0x9a,0xd6,0x15,0x16,
    0xb9,0x12,0x25,0x23,0x23,0x22,0x13,0x12,0x21,0x96,0x15,
    0x43,0xc9,0x96,0x99,0x96,0x15,0x13,0x15,0x16,0x99,0xd5,
    //功能码格式:| D7  D6  D5  D4  | D3  D2 D1  D0|
    //|高 4 位=0 时是功能码|根据低 4 位 散转|
    0x00,
    //最后字节为功能码,必须==0x00 退出
};
unsigned char code music_l_tab[8] = {0,1,2,3,4,6,8,16};  //节拍延时单位
unsigned char code music_freq_tab[64] = {                 //音符定时器值表
0xff,0xea,                                                //0 休止符
```

```
255-FREQ/24/131/256,                                    //256-FREQ/24/x/256
                                                        //1 do 高字节
256-FREQ/24/131%256,                                    //256-FREQ/24/x%256
                                                        //1 do 低字节
255-FREQ/24/147/256,256-FREQ/24/147%256,                //2 re
255-FREQ/24/165/256,256-FREQ/24/165%256,                //3 mi
255-FREQ/24/175/256,256-FREQ/24/175%256,                //4 fa
255-FREQ/24/196/256,256-FREQ/24/196%256,                //5 suo
255-FREQ/24/221/256,256-FREQ/24/221%256,                //6 la
255-FREQ/24/248/256,256-FREQ/24/248%256,                //7 xi
0xff,0xea,                                              //0 休止符
255-FREQ/24/262/256,256-FREQ/24/262%256,                //1 do
255-FREQ/24/294/256,256-FREQ/24/294%256,                //2 re
255-FREQ/24/330/256,256-FREQ/24/330%256,                //3 mi
255-FREQ/24/350/256,256-FREQ/24/350%256,                //4 fa
255-FREQ/24/393/256,256-FREQ/24/393%256,                //5 suo
255-FREQ/24/441/256,256-FREQ/24/441%256,                //6 la
255-FREQ/24/495/256,256-FREQ/24/495%256,                //7 xi
0xff,0xea,                                              //0 休止符
255-FREQ/24/525/256,256-FREQ/24/525%256,                //1 do
255-FREQ/24/589/256,256-FREQ/24/589%256,                //2 re
255-FREQ/24/661/256,256-FREQ/24/661%256,                //3 mi
255-FREQ/24/700/256,256-FREQ/24/700%256,                //4 fa
255-FREQ/24/786/256,256-FREQ/24/786%256,                //5 suo
255-FREQ/24/882/256,256-FREQ/24/882%256,                //6 la
255-FREQ/24/990/256,256-FREQ/24/990%256,                //7 xi
0xff,0xea,                                              //0 休止符
255-FREQ/24/1049/256,256-FREQ/24/1049%256,              //1 do
255-FREQ/24/1178/256,256-FREQ/24/1178%256,              //2 re
255-FREQ/24/1322/256,256-FREQ/24/1322%256,              //3 mi
255-FREQ/24/1400/256,256-FREQ/24/1400%256,              //4 fa
255-FREQ/24/1572/256,256-FREQ/24/1572%256,              //5 suo
255-FREQ/24/1665/256,256-FREQ/24/1665%256,              //6 la
255-FREQ/24/1869/256,256-FREQ/24/1869%256,              //7 xi
};
unsigned char code music_frequp_tab[64] = {              //升半音
0xff,0xea,                                              //0 休止符
255-FREQ/24/139/256,                                    //1 do 高字节
```

```
256-FREQ/24/139%256,                                //1 do 低字节
255-FREQ/24/156/256,256-FREQ/24/156%256,            //2 re
255-FREQ/24/175/256,256-FREQ/24/175%256,            //3 mi
255-FREQ/24/185/256,256-FREQ/24/185%256,            //4 fa
255-FREQ/24/208/256,256-FREQ/24/208%256,            //5 suo
255-FREQ/24/234/256,256-FREQ/24/234%256,            //6 la
255-FREQ/24/262/256,256-FREQ/24/262%256,            //7 xi
0xff,0xea,                                          //0 休止符
255-FREQ/24/278/256,256-FREQ/24/278%256,            //1 do
255-FREQ/24/312/256,256-FREQ/24/312%256,            //2 re
255-FREQ/24/350/256,256-FREQ/24/350%256,            //3 mi
255-FREQ/24/371/256,256-FREQ/24/371%256,            //4 fa
255-FREQ/24/416/256,256-FREQ/24/416%256,            //5 suo
255-FREQ/24/467/256,256-FREQ/24/467%256,            //6 la
255-FREQ/24/525/256,256-FREQ/24/525%256,            //7 xi
0xff,0xea,                                          //0 休止符
255-FREQ/24/556/256,256-FREQ/24/556%256,            //1 do
255-FREQ/24/624/256,256-FREQ/24/624%256,            //2 re
255-FREQ/24/700/256,256-FREQ/24/700%256,            //3 mi
255-FREQ/24/742/256,256-FREQ/24/742%256,            //4 fa
255-FREQ/24/833/256,256-FREQ/24/833%256,            //5 suo
255-FREQ/24/935/256,256-FREQ/24/935%256,            //6 la
255-FREQ/24/1049/256,256-FREQ/24/1049%256,          //7 xi
0xff,0xea,                                          //0 休止符
255-FREQ/24/1112/256,256-FREQ/24/1112%256,          //1 do
255-FREQ/24/1248/256,256-FREQ/24/1248%256,          //2 re
255-FREQ/24/1400/256,256-FREQ/24/1400%256,          //3 mi
255-FREQ/24/1484/256,256-FREQ/24/1484%256,          //4 fa
255-FREQ/24/1618/256,256-FREQ/24/1618%256,          //5 suo
255-FREQ/24/1764/256,256-FREQ/24/1764%256,          //6 la
255-FREQ/24/1968/256,256-FREQ/24/1968%256,          //7 xi
};
unsigned char temp_TH1;
unsigned char temp_TL1;
void music_delay(unsigned char x);                  //音乐节拍延时
void music_play(unsigned char *msc);                //播放音乐子程序
                                                    //音乐_编码 2 -- 函数
                                                    //
```

```
void music_int_t1 (void) interrupt 3 using 1    //定时中断 1
                                                //
{
    PIN_MSC = ~PIN_MSC;
    TH1 = temp_TH1;
    TL1 = temp_TL1;
}
void music_delay(unsigned char n)               //延时 125 * n 毫秒
{
    unsigned char i = 125, j;
    do {
        do {
            for (j = 0; j<230; j++)
{ _nop_();}                                     //j = (11159KHz/12-10)/4
        } while(--i);
    } while(--n);
}
void music_play(unsigned char * msc)            //音乐
    {
unsigned char music_freq = 32;                  //音高
unsigned char music_long;                       //节拍
unsigned char music_data = 0;                   //音符数据
bit music_up = 0;                               //升半音
bit music_break = 0;                            //断奏
    temp_TH1 = 0xff;
    temp_TL1 = 0xea;                            //关输出    TMOD = 0x11;
                                                //T0:16 位定时器、T1:16 位定时器
ET0 = 0;                                        //关 T0 定时器中断
    ET1 = 1;                                    //开 T1 定时器中断
    while ( * msc ! = 0x00)
        {
        music_data = * msc & 0x07;
        music_long = * msc>>4;
                                                //------------------------
if (music_long ! = 0)                           //是音符
    {
if ( * msc >= 128)                              //需升降调
        {
```

```
    if (((*msc) & 0x08) == 0)
    {if (music_freq >= 16) music_freq -= 16;} //音高下降
                    else
    {if (music_freq <  48) music_freq += 16;} //音高上升
                  }
      if (music_up==1)                          //升半音
                  {
    temp_TH1=music_frequp_tab[(music_freq  + (music_data <<1))];
                    temp_TL1=music_frequp_tab[(music_freq + (music_data <<1)+
1)];
                  }
    else                                        //不升半音
                  {
    temp_TH1=music_freq_tab[(music_freq + (music_data <<1))];
    temp_TL1=music_freq_tab[(music_freq + (music_data <<1)+ 1)];
                  }
    if (music_break)                            //断奏
    {
    music_delay(music_l_tab[music_long&0x07]-1);
    temp_TH1=0xff;temp_TL1=0xea;music_delay(1);
    }
         else                                   //连奏
    music_delay(music_l_tab[music_long&0x07]);
        }
           else                                 //是功能码
    {
      switch(music_data)
              {
    case 0x04: music_up=0;                      //不升半音
       break;
    case 0x05: music_up=1;                      //升半音
                      break;
                   case 0x06:
              music_break=0;                    //断奏
    break;
    case 0x07: music_break=1;                   //连奏
       break;
    default:
```

```
break;
            }
        }
        msc++;
    }
    ET1=0;                              //播放结束,关 T1 中断
PIN_MSC=1;                              //关输出
}
void main(void)
{
        TMOD=0x11; TCON=0x50;IP= 0x08;IE=0x88;
    for (;;)
    {
        music_play(music_tab1);
    }
}
```

习　题

1. 单片机有几个输入输出端口,它们有什么不同?

2. 字节操作和位操作有何不同?

3. 当外部晶振周期分别为 6 MHz 和 12 MHz 时,计算机器周期。

4. 如何根据单片机的晶振频率计算延时时间? 请分别编写 1 ms 和 1 s 的延时函数。

5. 设计死循环的方法有几种? 请举例说明。

6. 设计一个 8 位跑马灯所需要的元器件都有什么,应如何连接?

7. 单片机片内存储器如何分类? 片内低 128 B 分为哪三个区域,都是什么?

8. 利用 STC51 单片机作最小系统时,举例说明各元件的取值范围。

9. 软件延时如何实现? 分别写出 1 ms,5 ms 和 10 ms 的软件延时,写出时间计算过程。

10. STC51 单片机中四个口中哪个口有第二功能,分别是什么?

11. 设计一个点阵屏图形变化的例子。

12. 设计一个蜂鸣器驱动的实例。

13. 设计实现按键控制水温加温的控制过程。

第 5 章 定时器与计数器

5.1 电路设计的背景及功能

5.1.1 电路设计的背景

通常通过用单片机设计电子时钟有两种方法:

(1)通过单片机内部的定时/计数器。这种方法硬件线路简单,采用软件编程实现时钟计数,一般称为软时钟。系统的功能一般与软件设计相关,通常用在对时间精度要求不高的场合。

(2)采用时钟芯片。它的功能强大,功能部件集成在芯片内部,自动产生时钟等相关功能。硬件成本相对较高,软件编程简单。通常用在对时钟精度要求较高的场合。

5.1.2 电路设计的原理及功能

1. 软时钟的基本原理

软时钟是利用单片机内部的定时/计数器来实现,它的处理过程如下:首先设定单片机内部的一个定时/计数器工作于定时方式,对机器周期计数形成基准时间(如50 ms或10 ms),然后用另一个定时/计数器或软件计数的方法对基准时间计数形成秒(对50 ms记数20次或10 ms计数100次),秒计60次形成分,分计60次形成小时,小时计24次则计满一天。然后通过数码管把它们的内容在相应位置显示出来即可。

2. 系统硬件电路的设计

采用实时时钟芯片的主要功能是为了完成年、月、周、日、分、秒的计时。通过外部接口为单片机系统提供日历和时钟。一个基本的实时时钟的芯片一般包括电源电路、实时时钟、时钟信号产生电路、数据存储器、通信接口电路、控制逻辑电路。现在流行的串行时钟电路很多,如DS1302、DS1307、PCF8485等。这些电路的接口简单、价格低廉、使用方便,被广泛地采用。本章介绍的实时时钟电路DS1302的主要特点是采用串行数据传输,可为掉电保护电源提供可编程的充电功能,并且可以关闭充电功能。采用普通32.768 kHz晶振。

5.1.3　定时/计数器的工作原理

定时/计数器中的核心部件为可预置初值计数器,如图 5.1 所示。预置初值后开始计数,直至计数值回 0 或产生溢出,可申请中断。

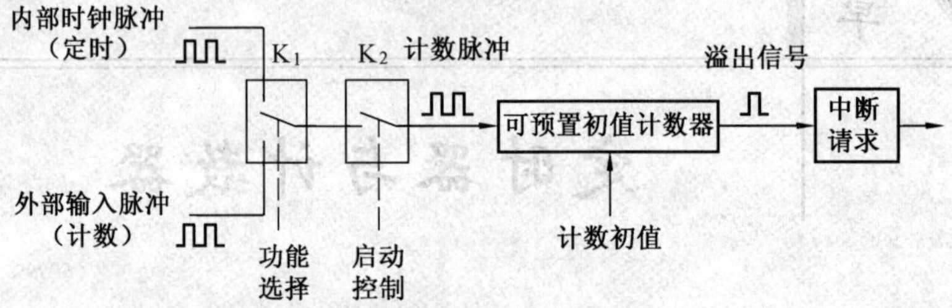

图 5.1　定时/计数器的工作原理图

5.1.4　STC89C51RC 定时/计数器的主要特性

(1)STC89C51RC 单片机有两个 16 位的可编程定时/计数器:定时/计数器 T0 和定时/计数器 T2。

(2)每个定时/计数器既可以对系统时钟计数实现定时,也可以对外部信号计数实现计数功能,通过编程设定来实现。

(3)每个定时/计数器都有多种工作方式,其中 T0 有四种工作方式,T1 有三种工作方式,T2 有三种工作方式。通过编程可设定工作于某种方式。

(4)每一个定时/计数器定时计数时间到时产生溢出,使相应地溢出位置位,溢出可通过查询或中断方式处理。

加法计数器在使用时注意两个方面。

第一,由于它是加法计数器,每来一个计数脉冲,加法器中的内容加 1 个单位,当由全 1 加到全 0 时计满溢出,因而,如果要计 N 个单位,则首先应向计数器置初值为 X,且有:

初值 X=最大计数值(满值)M-计数值 N

在不同的计数方式下,最大计数值(满值)不一样,一般来说,当定时/计数器工作于 R 位计数方式时,它的最大计数值(满值)为 2 的 R 次幂。

第二,当定时/计数器工作于计数方式时,对芯片引脚 T0(P3.4)或 T1(P3.5)上的输入脉冲计数,计数过程如下:在每一个机器周期的 S5P2 时刻对 T0(P3.4)或 T1(P3.5)上的信号采样一次,如果上一个机器周期采样到高电平,下一个机器周期采样到低电平,则计数器在下一个机器周期的 S3P2 时刻加 1 计数一次。因而需要两个机器周期才能识别一个计数脉冲,所以外部计数脉冲的频率应小于振荡频率的 1/24。

1. 定时/计数器的方式寄存器 TMOD

定时/计数器的方式寄存器 TMOD 格式见表 5.1。

表 5.1　定时/计数器的方式寄存器 TMOD 格式

TMOD	D7	D6	D5	D4	D3	D2	D1	D0
(89H)	GATE	C/T	M1	M0	GATE	C/T	M1	M0
	←	定时器 1		→	←	定时器 0		→

其中,M1,M0 为工作方式选择位 ,用于对 T0 的四种工作方式及 T1 的三种工作方式进行选择,选择情况见表 5.2。

表 5.2　定时/计数器的工作方式选择

M1	M0	工作方式	方式说明
0	0	0	13 位定时/计数器
0	1	1	16 位定时/计数器
1	0	2	8 位自动重置定时/计数器
1	1	3	两个 8 位定时/计数器(只有 T0 有)

C/T 为定时或计数方式选择位,当 C/T=1 时工作于计数方式,当 C/T=0 时工作于定时方式。

GATE 为门控位,用于控制定时/计数器的启动是否受外部中断请求信号的影响。

GATE——门控位

GATE=0 时,仅由运行控制位 TRX(X=0.1)=1 来启动

定时 101 计数器运行。

GATE=1 时,由 TRX(X=0.1)=1 和外中断引脚($\overline{\text{INT0}}$和$\overline{\text{INT1}}$)上的高电平共同来启动定时则计数器运行。

2. 定时/计数器的控制寄存器 TCON

定时/计数器的控制寄存器 TCON 格式见表 5.3。

表 5.3　定时/计数器的 TCON 格式

TCON	D7	D6	D5	D4	D3	D2	D1	D0
(88H)	TF1	TR1	TF0	TR0	IE1	IT1	IE0	IT0

其中,TF1 为定时/计数器 T1 的溢出标志位,当定时/计数器 T1 计满时,由硬件使它置位,如中断允许则触发 T1 中断,进入中断处理后由内部硬件电路自动清除。TR1 为定时/计数器 T1 的启动位,可由软件置位或清零,当 TR1=1 时启动,TR1=0 时停止。TF0 为定时/计数器 T0 的溢出标志位,当定时/计数器 T0 计满时,由硬件使它置位,如中断允许则触发 T0 中断。进入中断处理后由内部硬件电路自动清除。TR0 为定时/计数器 T0 的启动位,可由软件置位或清零,当 TR0=1 时启动,TR0=0 时停止。

3. 定时器工作方式

(1)方式 0。方式 0 是 13 位的定时/计数方式(见图 5.2),因而最大计数值(满值)为 2 的 13 次幂,等于 8 192。如计数值为 N,则置入的初值 X 为

$$X=8192-N$$

如定时/计数器 T0 的计数值为 1 000,则初值为 7 192,转换成二进制数为 1110000011000B,则 TH0=11100000B,TL0=00011000B。

(2)方式 1。方式 1 的结构与方式 0 结构相同,只是把 13 位变成 16 位, 16 位的加法计数器被全部用上(见图 5.3)。由于是 16 位的定时/计数方式,因而最大计数值(满值)

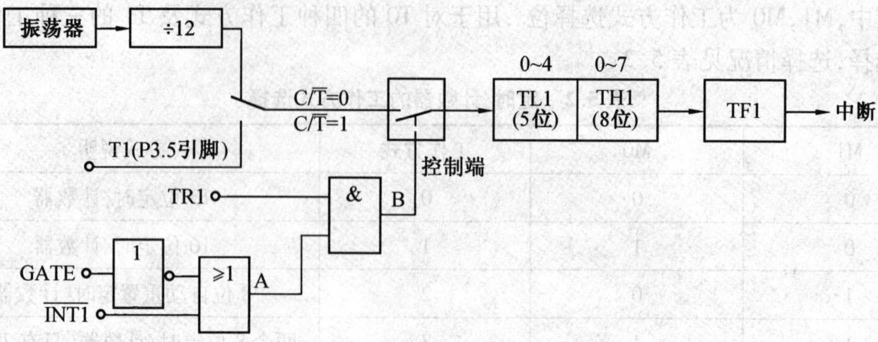

图 5.2　定时/计数器的工作方式 0 原理图

为 2 的 16 次幂，等于 65 536。如计数值为 N，则置入的初值 X 为

$$X=65\ 536-N$$

如定时/计数器 T0 的计数值为 1 000，则初值为 65 536−1 000＝64 536，转换成二进制数为 1111110000011000B，则 TH0＝11111100B，TL0＝00011000B。

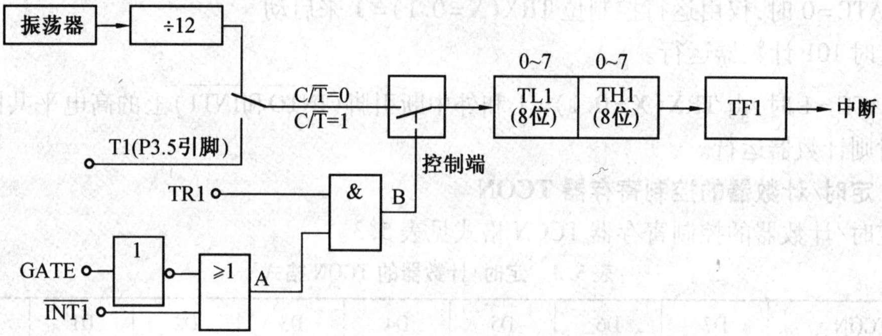

图 5.3　定时/计数器的工作方式 1 原理图

(3)方式 2。方式 2 下，16 位的计数器只用了 8 位来计数，用的是 TL0(或 TL1)的 8 位来进行计数，而 TH0(或 TH1)用于保存初值(见图 5.4)。当 TL0(或 TL1)计满时则溢出，一方面使 TF0(或 TF1)置位，另一方面溢出信号又会触发三态门，使三态门导通，TH0(或 TH1)的值就自动装入 TL0(或 TL1)。

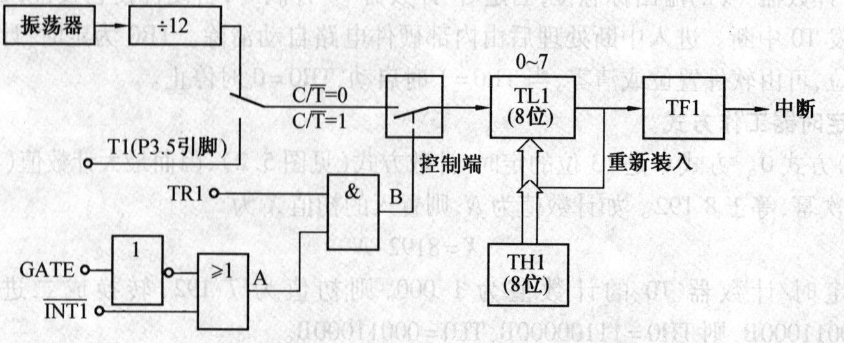

图 5.4　定时/计数器的工作方式 2 原理图

由于是 8 位的定时/计数方式，因而最大计数值（满值）为 2 的 8 次幂，等于 256。如计数值为 N，则置入的初值 X 为

$$X=256-N$$

如定时/计数器 T0 的计数值为 100，则初值为 256－100＝156，转换成二进制数为 10011100B，则 TH0＝TL0＝10011100B。

注意　由于方式 2 计满后，溢出信号会触发三态门自动地把 TH0（或 TH1）的值装入 TL0（或 TL1）中，因而如果要重新实现 N 个单位的计数，不用重新置入初值。

（4）方式 3。方式 3 只有定时/计数器 T0 才有，当 M1M0 两位为 11 时，定时/计数器 T0 工作于方式 3，方式 3 的结构如图 5.5 所示。

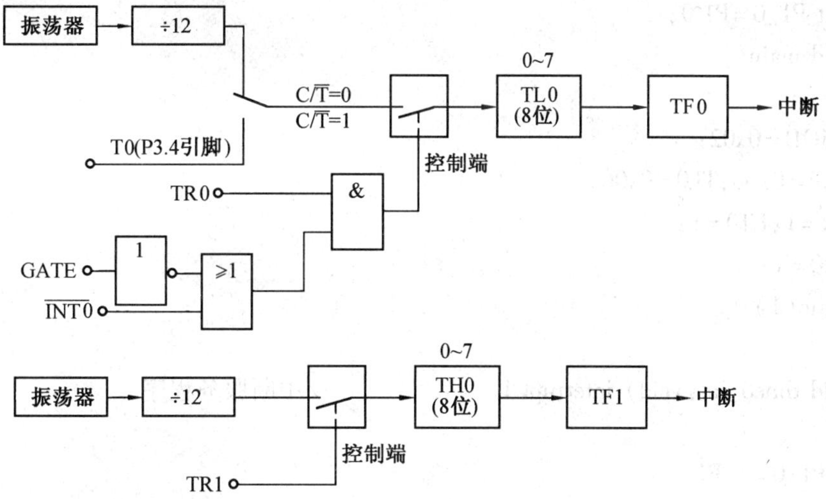

图 5.5　定时/计数器的工作方式 3 原理图

方式 3 下，定时/计数器 T0 被分为两个部分 TL0 和 TH0，其中，TL0 可作为定时/计数器使用，占用 T0 的全部控制位：GATE、C/T、TR0 和 TF0；而 TH0 固定只能作为定时器使用，对机器周期进行计数，这时它占用定时/计数器 T1 的 TR1 位、TF1 位和 T1 的中断资源。

4. 定时/计数器的编程

MCS-51 单片机定时/计数器初始化过程如下：

（1）根据要求选择方式，确定方式控制字，写入方式控制寄存器 TMOD。

（2）根据要求计算定时/计数器的计数值，再由计数值求得初值，写入初值寄存器。

（3）根据需要开放定时/计数器中断（后面须编写中断服务程序）。

（4）设置定时/计数器控制寄存器 TCON 的值，启动定时/计数器开始工作。

（5）等待定时/计数时间到，则执行中断服务程序；如用查询处理则编写查询程序判断溢出标志，溢出标志等于 1，则进行相应处理。

5. 定时/计数器的应用

通常利用定时/计数器来产生周期性的波形。利用定时/计数器产生周期性波形的基本思想是：利用定时/计数器产生周期性的定时，定时时间到则对输出端进行相应的处理。

如产生周期性的方波只须定时时间到时对输出端取反一次即可。

【例 5.1】 设系统时钟频率为 12 MHz,用定时/计数器 T0 编程实现从 P1.0 输出周期为 500 μs 的方波。

分析 从 P1.0 输出周期为 500 μs 的方波,只须 P1.0 每 250 μs 取反一次则可。当系统时钟为 12 MHz,定时/计数器 T0 工作于方式 2 时,最大的定时时间为 256 μs,满足 250 μs的定时要求,方式控制字应设定为 00000010B(02H)。系统时钟为 12 MHz,定时 250 μs,计数值 N 为 250,初值 $X=256-250=6$,则 TH0=TL0=06H。

采用中断处理方式的 C 参考程序:

```
#include<reg51.h>                    //包含特殊功能寄存器库
sbit P1_0=P1^0;
void main()
{
TMOD=0x02;
TH0=0x06;TL0=0x06;
EA=1;ET0=1;
TR0=1;
while(1);
}
void time0_int(void) interrupt 1     //中断服务程序
{
  P1_0=! P1_0;
}
```

采用查询方式的 C 语言程序:

```
#include<reg51.h>                    //包含特殊功能寄存器库
sbit P1_0=P1^0;
void main()
{
char i;
TMOD=0x02;
TH0=0x06;TL0=0x06;
TR0=1;
for(;;)
{
if (TF0) { TF0=0;P1_0=! P1_0;}       //查询计数溢出
}
}
```

【例 5.2】 设系统时钟频率为 12 MHz, 利用单片机 P1 端口控制 6 个交通信号灯,并使用定时器 T0 作定时,实现交通信号灯控制。

单片机的 I/O 端口直接控制交通信号灯，其电路原理如图 5.6 所示。4 个路口应该安装 12 个交通信号灯，图中只画出 6 个来说明控制原理和方法，其路口信号灯示意图如图 5.7 所示。

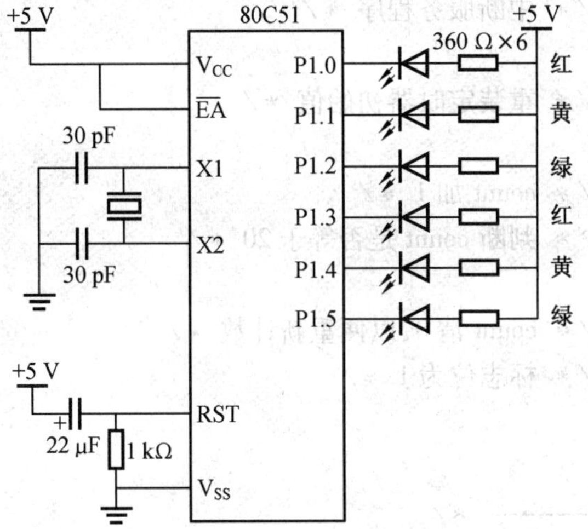

图 5.6　交通信号灯控制电路

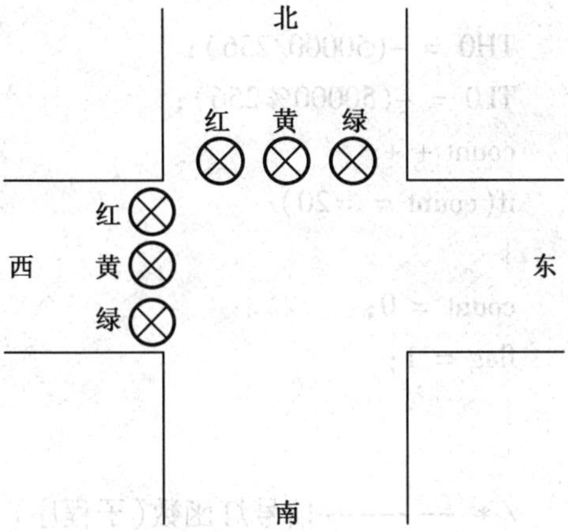

图 5.7　4 个路口信号灯示意图

该程序使用定时器 T0 作定时，由 I/O 端口直接控制交通信号灯。

控制的过程为：当南北方向通车时绿灯亮，而东西方向红灯亮；当通车的时间到后，南北方向的绿灯熄灭，而黄灯亮，黄灯亮后由南北方向切换到东西方向通车。

此时南北方向黄灯熄灭，而红灯亮，东西方向红灯熄灭，而绿灯亮，东西方向开始通车。通车的时间到后，东西方向的绿灯熄灭，而黄灯亮，黄灯亮后由东西方向切换到南北方向，东西方向黄灯熄灭，红灯亮；而南北方向红灯熄灭，绿灯亮，如此不断循环。

程序清单如下：

```
#include <AT89X51.H>                /* 头文件 */
char count;                         /* 声明 count 为字符变量 */
bit flag;                           /* 声明 flag 为位变量 */
char sum =0;                        /* 声明 sum 为字符变量并赋初始值 0 */
xhd( );                             /* 信号灯函数 xhd( ) */
/* -------主函数(主程序)--------*/
main( )                             /* 主函数 */
{
TMOD = 0x01;                        /* 设定 T0 为模式 1 */
TH0 = -(50000/256);                 /* 设定时器初始值 50000 */
TL0 = -(50000%256);
EA = 1;                             /* 总允许中断 */
ET0 = 1;                            /* 允许定时器 T0 中断 */
TR0 = 1;                            /* 启动定时器工作 */
P1 = 0xff;                          /* P1 初始值,关闭所有信号灯 */
```

```
xhd( );                              /* 调用信号灯函数 */
}
/* ----中断函数(中断服务程序) ------ */
T0_srv( ) interrupt 1 using 1        /* 中断服务程序 */
{
TH0 = -(50000/256);                  /* 重装定时器初始值 */
TL0 = -(50000%256);
count + +;                           /* count 加 1 */
if(count = =20)                      /* 判断 count 是否等于 20 */
{
count = 0;                           /* count 清 0,以便重新计数 */
flag = 1;                            /* 标志位为 1 */
}
}
/* -------信号灯函数(子程序) ------- */
xhd( )                               /* 信号灯函数 */
{
{ while(1)                           /* 无限循环 */
{ P1_3 = 0; P1_2 = 0;                /*东西红灯亮,南北绿灯亮 */
while( sum<15)                       /* 循环 15 次,延时 15s */
{ while( ! flag );                   /* 等待 1s */
flag = 0;                            /* 标志位清 0 */
sum + +;                             /* sum 加 1 */
}
sum = 0;                             /* sum 清 0,以便重新计数 */
P1_2 = 1; P1_1 = 0;                  /* 南北绿灯熄灭,黄灯亮 */
while( sum<3)                        /* 循环 3 次,延时 3s */
{
while( ! flag);
flag = 0;
sum + +;
}
sum = 0;
P1_1 = 1; P1_0 = 0;                  /* 南北黄灯熄灭,红灯亮 */
P1_3 = 1; P1_5 = 0;                  /* 东西红灯熄灭,绿灯亮 */
while( sum<10)                       /* 延时 10s */
{
while( ! flag);
```

```
flag = 0;
sum + +;
}
sum = 0;
P1_5 = 1; P1_4 = 0;                /* 东西绿灯熄灭,黄灯亮 */
while( sum<3)                      /* 延时3s */
{
while( ! flag);
flag = 0;
sum + +;
}
sum = 0;
P1_4 = 1; P1_0 = 1;                /* 东西黄灯熄灭,南北红灯熄灭 */
}
}
```

5.2　DS1302 时钟芯片概述

5.2.1　DS1302 时钟芯片

DS1302 时钟芯片是美国 DALLAS 公司推出的具有极微小电流充电能力的低功耗实时时钟电路,是一种高性能、低功耗、带 RAM 的实时时钟电路。它可以对年、月、周、日、时、分、秒进行计时,且具有闰年补偿等多种功能。其工作电压为 2.5 ~ 5.5 V。采用三线接口与 CPU 进行同步通信,并可采用突发方式一次传送多个字节的时钟信号或 RAM 数据。DS1302 内部有一个 31 × 8 的用于临时性存放数据的 RAM 寄存器。DS1302 是 DS1202 的升级产品,与 DS1202 兼容,但增加了主电源/后备电源双电源引脚。

5.2.2　DS1302 时钟芯片的主要性能指标

(1)DS1302 实时时钟具有能计算 2100 年之前的秒、分、时、日、星期、月、年的能力,还有闰年调整的能力。

(2)内部含有 31 个字节静态 RAM,可提供用户访问。

(3)采用串行数据传送方式,使得管脚数量最少,简单 3 线接口。

(4)工作电压范围宽为 2.0 ~ 5.5 V。

(5)工作电流:2.0 V 时,小于 300 nA。

(6)时钟或 RAM 数据的读/写有两种传送方式:单字节传送和多字节传送方式。

(7)采用 8 脚 DIP 封装或 SOIC 封装。

(8)与 TTL 兼容,V_{CC} = 5 V。

(9)可选工业级温度范围为-40 ~ +85 ℃。

(10)具有涓流充电能力。

(11)采用主电源和备份电源双电源供应。

(12)备份电源可由电池或大容量电容实现。

5.2.3 DS1302 时钟芯片的引脚功能

DS1302 的引脚排列,其中 V_{CC1} 为后备电源,V_{CC2} 为主电源。在主电源关闭的情况下,也能保持时钟的连续运行。它由 V_{CC1} 或 V_{CC2} 两者中的较大者供电。当 V_{CC2} 大于 V_{CC1} +0.2 V 时,V_{CC2} 给 DS1302 供电。当 V_{CC2} 小于 V_{CC1} 时,DS1302 由 V_{CC1} 供电。X1 和 X2 是振荡源,外接 32.768 kHz 晶振。$\overline{RST}$是复位/片选线,通过把$\overline{RST}$输入驱动置高电平来启动所有的数据传送。$\overline{RST}$输入有两种功能:首先,$\overline{RST}$接通控制逻辑,允许地址/命令序列送入移位寄存器;其次,$\overline{RST}$提供终止单字节或多字节数据的传送手段。当$\overline{RST}$为高电平时,所有的数据传送被初始化,允许对 DS1302 进行操作。

如果在传送过程中$\overline{RST}$置为低电平,则会终止此次数据传送,I/O 引脚变为高阻态。上电运行时,在 V_{CC}>2.0 V 之前,$\overline{RST}$必须保持低电平。只有在 SCLK 为低电平时,才能将$\overline{RST}$置为高电平。I/O 为数据输入/输出端,具有三态功能。GND 为接地端。SCLK 为时钟输入端。DS1302 的引脚如图 5.8 所示。

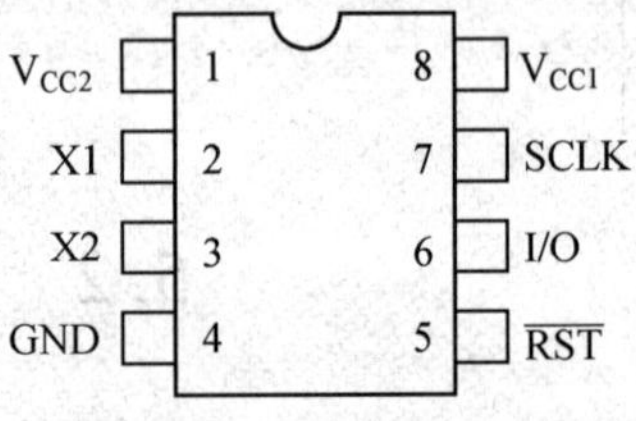

图 5.8　DS1302 的引脚图

5.2.4 DS1302 的寄存器及片内 RAM

DS1302 有一个控制寄存器、12 个日历、时钟寄存器和 31 个 RAM。

1. 控制寄存器

控制寄存器用于存放 DS1302 的控制命令字,DS1302 的 RST 引脚回到高电平后写入的第一个字就为控制命令。它用于对 DS1302 读写过程进行控制,其格式见表 5.4。

表 5.4　DS1302 的命令控制字格式

D7	D6	D5	D4	D3	D2	D1	D0
1	RAM/CK	A4	A3	A2	A1	A0	RD/W

其中:

D7 位固定为 1,如果它为 0,则不能把数据写入 DS1302 中。

D6 为 RAM/CK 位,片内 RAM 或日历、时钟寄存器选择位。如果为 0,则表示存取日历时钟数据,为 1 表示存取 RAM 数据。

D5 ~ D1 为地址位,用于选择进行读写的日历、时钟寄存器或片内 RAM。对日历、时钟寄存器或片内 RAM 的选择见表 5.4。

D0 为读写选择位,如为 0 表示要进行写操作,为 1 表示进行读操作,控制字节总是从最低位开始输出。

2. 日历、时钟寄存器

DS1302 共有 12 个寄存器,其中有 7 个与日历、时钟相关,存放的数据为 BCD 码形式。日历、时钟寄存器的格式见表 5.5。

表 5.5　日历、时钟寄存器的格式

寄存器名称	取值范围	D7	D6	D5	D4	D3	D2	D1	D0
秒寄存器	00～59	CH	秒的十位			秒的个位			
分寄存器	00～59	0	分的十位			分的个位			
小时寄存器	01～12 或 00～23	12/24	0	A/P	HR	小时的个位			
日寄存器	01～31	0	0	日的十位		日的个位			
月寄存器	01～12	0	0	0	1 或 0	月的个位			
星期寄存器	01～07	0	0	0	0	星期几			
年寄存器	01～99	年的十位				年的个位			
写保护寄存器		WP	0	0	0	0	0	0	0
慢充电寄存器		TCS	TCS	TCS	TCS	DS	DS	RS	RS
时钟突发寄存器									

说明:

(1)数据都以 BCD 码形式存在。

(2)小时寄存器的 D7 位为 12 小时制/24 小时制的选择位,当为 1 时选 12 小时制,当为 0 时选 24 小时制。当 12 小时制时,D5 位为 1 是上午,D5 位为 0 是下午,D4 为小时的十位。当 24 小时制时,D5、D4 位为小时的十位。

(3)秒寄存器中的 CH 位为时钟暂停位,当为 1 时钟暂停,为 0 时钟开始启动。

(4)写保护寄存器中的 WP 为写保护位,当 WP=1,写保护,当 WP=0 未写保护,当对日历、时钟寄存器或片内 RAM 进行写时 WP 应清零,当对日历、时钟寄存器或片内 RAM 进行读时 WP 一般置 1。

(5)慢充电寄存器的 TCS 位为控制慢充电的选择,当它为 1010 才能使慢充电工作。DS 为二极管选择位。DS 为 01 选择一个二极管,为 10 选择两个二极管,为 11 或 00 充电器被禁止,与 TCS 无关。RS 用于选择连接在 V_{CC2} 与 V_{CC1} 之间的电阻,RS 为 00,充电器被禁止,与 TCS 无关,电阻选择情况见表 5.6。

表 5.6　电阻选择情况

RS 位	电阻器	阻值
00	无	无
01	R1	2 kΩ
10	R2	4 kΩ
11	R3	8 kΩ

3. 片内 RAM

DS1302 片内有 31 个 RAM 单元,对片内 RAM 的操作有两种方式:单字节方式和多字节方式。当控制命令字为 C0H ~ FDH 时为单字节读写方式，命令字中的 D5 ~ D1 用于选择对应的 RAM 单元，其中奇数为读操作，偶数为写操作。当控制命令字为 FEH、FFH 时为多字节操作(表 5.7 中的 RAM 突发模式)，多字节操作可一次把所有的 RAM 单元内容进行读写。FEH 为写操作，FFH 为读操作。

表 5.7　突发模式寄存器

工作模式寄存器	读寄存器(H)	写寄存器(H)
时钟突发模式寄存器	BF	BE
RAM 突发模式寄存器	FF	FE

4. DS1302 的输入输出过程

DS1302 通过 RST 引脚驱动输入输出过程，当置 RST 高电平启动输入输出过程，在 SCLK 时钟的控制下，首先把控制命令字写入 DS1302 的控制寄存器，其次根据写入的控制命令字，依次读写内部寄存器或片内 RAM 单元的数据，对于日历、时钟寄存器，根据控制命令字，一次可以读写一个日历、时钟寄存器，也可以一次读写 8 个字节，对所有的日历、时钟寄存器(表 5.7 中的时钟突发模式)，写的控制命令字为 0BEH，读的控制命令字为 0BFH；对于片内 RAM 单元，根据控制命令字，一次可读写一个字节，一次也可读写 31 个字节。当数据读写完后，RST 变为低电平结束输入输出过程。无论是命令字还是数据，一个字节传送时都是低位在前，高位在后，每一位的读写发生在时钟的上升沿。

5.3　电路的设计

DS1302 与单片机的连接仅需要 3 条线，时钟线 SCLK、数据线 I/O 和复位线 RST。其连接图如图 5.9 所示。时钟线 SCLK 与 P1.0 相连，数据线 I/O 与 P1.1 相连，复位线 $\overline{RST}$ 与 P1.2 相连。

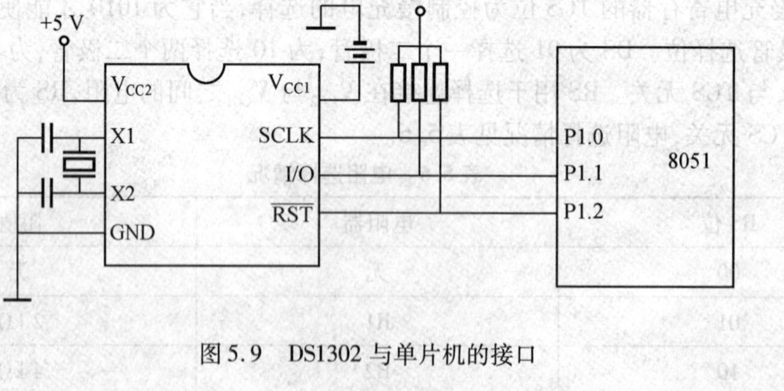

图 5.9　DS1302 与单片机的接口

5.4　C51 程序代码设计调试

1. 实现 DS1302“读”操作流程

操作步骤应为写“允许写命令字”→写“读寄存器命令字”→从指定寄存器中读一个字节数据。例如,要读出秒寄存器中秒的值,则需要按以下步骤进行:

```
Write1302(0x8E);        //写“允许写命令字”,该功能由“Write1302()”函数实现
Write1302(0x81);        //写“读寄存器命令字”
dat=Read1302();         //从秒寄存器读出数据
```

2. 实现 DS1302“写”操作流程

操作步骤应为写“允许写命令字”→ 写“写寄存器命令字”→从指定寄存器中写一个字节数据。例如,要设置某时刻秒的初值,则需要向秒寄存器进行以下步骤:

```
Write1302(0x8E);        //写“允许写命令字”,该功能由“Write1302()”函数实现
Write1302(0x80);        //写“写寄存器命令字”
Write1302(data);        //从秒寄存器读出数据
```

3. 数据写入时的寄存器位的设置

由于秒寄存器采用第 4～6 位表示秒数值的十位数字,第 0～3 位用来表示秒的个位数字,因此写入时还需要作一些交换。例如,要将秒“47”写入秒寄存器,十位数字“4”的 8 位二进制表示为 0000 0100,要将三个数据位“100”都写在秒寄存器的第 4～6 位,则需要把“0000 0100”这个二进制数的各个数据向右移四位,用 C 语言表示为:

```
x =5;
x= <<4;                 //此时 x=0100 0000
```

秒“47”的个位数字“7”用 8 位二进制表示为 0000 0111,因为它的有效数字位“0111”本身就在第 0～3 位,所以不需要右移。其他时钟寄存器的初始化方法与此相类似。

4. DS1302 芯片的操作程序

(1)函数功能:对 1302 芯片的接口进行位定义。

```
sbit DATA=P1^1;         //位定义 1302 芯片的接口,数据输出端定义在 P1.1 引脚
sbit RST=P1^2;          //位定义 1302 芯片的接口,复位端口定义在 P1.2 引脚
sbit SCLK=P1^0;         //位定义 1302 芯片的接口,时钟输出端口定义在 P1.0 引
                        脚
```

(2)函数功能:向 1302 写一个字节数据。

入口参数:x

```
void Write1302(unsigned char dat)
{
  unsigned char i;
  SCLK=0;               //拉低 SCLK,为脉冲上升沿写入数据做好准备
  delaynus(2);          //稍微等待,使硬件做好准备
  for(i=0;i<8;i++)      //连续写 8 个二进制位数据
```

```
    {
    DATA=dat&0x01;        //取出 dat 的第 0 位数据写入 1302
    delaynus(2);          //稍微等待,使硬件做好准备
    SCLK=1;               //上升沿写入数据
    delaynus(2);          //稍微等待,使硬件做好准备
    SCLK=0;               //重新拉低 SCLK,形成脉冲
    dat>>=1;              //将 dat 的各数据位右移 1 位,准备写入下一个数据位
    }
}
```

(3)函数功能:根据命令字,向 1302 写一个字节数据。

入口参数为 Cmd,储存命令字为 dat,储存待写的数据。

```
void WriteSet1302(unsigned char Cmd,unsigned char dat)
{
  RST=0;                  //禁止数据传递
  SCLK=0;                 //确保写数据前 SCLK 被拉低
  RST=1;                  //启动数据传输
  delaynus(2);            //稍微等待,使硬件做好准备
  Write1302(Cmd);         //写入命令字
  Write1302(dat);         //写数据
  SCLK=1;                 //将时钟电平置于已知状态
  RST=0;                  //禁止数据传递
}
```

(4)函数功能:从 1302 读一个字节数据。

入口参数:x

```
unsigned char Read1302(void)
{
  unsigned char i,dat;
  delaynus(2);            //稍微等待,使硬件做好准备
  for(i=0;i<8;i++)        //连续读 8 个二进制位数据
    {
    dat>>=1;              //将 dat 的各数据位右移 1 位,因为先读出的是字节的最
                            低位
    if(DATA==1)           //如果读出的数据是 1
     dat|=0x80;           //将 1 取出,写在 dat 的最高位
     SCLK=1;              //将 SCLK 置于高电平,为下降沿读出
     delaynus(2);         //稍微等待
     SCLK=0;              //拉低 SCLK,形成脉冲下降沿
     delaynus(2);         //稍微等待
```

```
    }
  return dat;  //将读出的数据返回
}
```

(5)函数功能:根据命令字,从1302读取一个字节数据。

入口参数:Cmd

```
unsigned char ReadSet1302(unsigned char Cmd)
{
  unsigned char dat;
  RST=0;                  //拉低RST
  SCLK=0;                 //确保写数据前SCLK被拉低
  RST=1;                  //启动数据传输
  Write1302(Cmd);         //写入命令字
  dat=Read1302();         //读出数据
  SCLK=1;                 //将时钟电平置于已知状态
  RST=0;                  //禁止数据传递
  return dat;             //将读出的数据返回
}
```

(6)函数功能:1302进行初始化设置。

```
void Init_DS1302(void)
{
    WriteSet1302(0x8E,0x00);                    //根据写状态寄存器命令字,写入不保护指令
    WriteSet1302(0x80,((0/10)<<4|(0%10)));      //根据写秒寄存器命令字,写入秒的初始值
    WriteSet1302(0x82,((0/10)<<4|(0%10)));      //根据写分寄存器命令字,写入分的初始值
    WriteSet1302(0x84,((12/10)<<4|(12%10)));    //根据写小时寄存器命令字,写入小时的初始值
    WriteSet1302(0x86,((16/10)<<4|(16%10)));    //根据写日寄存器命令字,写入日的初始值
    WriteSet1302(0x88,((11/10)<<4|(11%10)));    //根据写月寄存器命令字,写入月的初始值
    WriteSet1302(0x8c,((8/10)<<4|(8%10)));      //根据写小时寄存器命令字,写入小时的初始值
}
```

5.5 设计实例——基于 DS1302 的时钟

1. 设计思路及方法

本实例采用 STC89C51RC 为主控制系统，采用 LCD 液晶显示屏，液晶显示屏的显示功能强大，可显示大量文字、图形，显示多样，与普通数码管相比功耗较小，硬件连接简单。所以显示部分采用 LCD1602。

采用 DS1302 时钟芯片实现时钟，设计一个万年历，采用的接口电路原理图与仿真效果图如 5.10 所示。要求 LCD 的第一行显示日期，第二行显示时间。

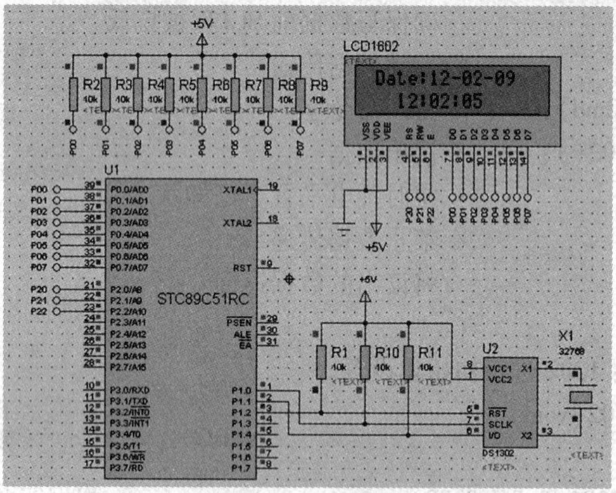

图 5.10 DS1302 与单片机的接口电路原理图

基于 DS1302 的日历时钟参考程序如下：

```
#include<reg51.h>          //包含单片机寄存器的头文件
#include<intrins.h>        //包含_nop_()函数定义的头文件
/*以下是 DS1302 芯片的操作程序*/
unsigned char code digit[10]={"0123456789"};   //定义字符数组显示数字
sbit DATA=P1^1;      //位定义 1302 芯片的接口,数据输出端定义在 P1.1 引脚
sbit RST=P1^2;       //位定义 1302 芯片的接口,复位端口定义在 P1.2 引脚
sbit SCLK=P1^0;      //位定义 1302 芯片的接口,时钟输出端口定义在 P1.0 引脚
/*函数功能:延时若干微秒
入口参数:n*/
void delaynus(unsigned char n)
{
  unsigned char i;
  for(i=0;i<n;i++)
      ;
}
```

```
/＊函数功能:向 1302 写一个字节数据
入口参数:x＊＊/
void Write1302(unsigned char dat)
{
  unsigned char i;
  SCLK=0;                   //拉低 SCLK,为脉冲上升沿写入数据做好准备
  delaynus(2);              //稍微等待,使硬件做好准备
  for(i=0;i<8;i++)          //连续写 8 个二进制位数据
    {
     DATA=dat&0x01;         //取出 dat 的第 0 位数据写入 1302
     delaynus(2);           //稍微等待,使硬件做好准备
      SCLK=1;               //上升沿写入数据
      delaynus(2);          //稍微等待,使硬件做好准备
      SCLK=0;               //重新拉低 SCLK,形成脉冲
      dat>>=1;              //将 dat 的各数据位右移 1 位,准备写入下一个
                              数据位
  }
}
/＊函数功能:根据命令字,向 1302 写一个字节数据
入口参数为 Cmd,储存命令字为 dat,储存待写的数据＊/
void WriteSet1302(unsigned char Cmd,unsigned char dat)
{
   RST=0;                   //禁止数据传递
   SCLK=0;                  //确保写数据前 SCLK 被拉低
   RST=1;                   //启动数据传输
   delaynus(2);             //稍微等待,使硬件做好准备
   Write1302(Cmd);          //写入命令字
   Write1302(dat);          //写数据
   SCLK=1;                  //将时钟电平置于已知状态
   RST=0;                   //禁止数据传递
}
/＊函数功能:从 1302 读一个字节数据
入口参数:x＊/
unsigned char Read1302(void)
{
   unsigned char i,dat;
     delaynus(2);           //稍微等待,使硬件做好准备
     for(i=0;i<8;i++)       //连续读 8 个二进制位数据
```

```
    {
      dat>>=1;                        //将 dat 的各数据位右移 1 位,因为先读出的是
                                      字节的最低位
      if(DATA==1)                     //如果读出的数据是 1
       dat|=0x80;                     //将 1 取出,写在 dat 的最高位
       SCLK=1;                        //将 SCLK 置于高电平,为下降沿读出
       delaynus(2);                   //稍微等待
       SCLK=0;                        //拉低 SCLK,形成脉冲下降沿
       delaynus(2);                   //稍微等待
    }
  return dat;                         //将读出的数据返回
}
/**函数功能:根据命令字,从 1302 读取一个字节数据
入口参数:Cmd**/
unsigned char ReadSet1302(unsigned char Cmd)
{
  unsigned char dat;
  RST=0;                              //拉低 RST
  SCLK=0;                             //确保写数据前 SCLK 被拉低
  RST=1;                              //启动数据传输
  Write1302(Cmd);                     //写入命令字
  dat=Read1302();                     //读出数据
  SCLK=1;                             //将时钟电平置于已知状态
  RST=0;                              //禁止数据传递
  return dat;                         //将读出的数据返回
}
/*函数功能: 1302 进行初始化设置*/
void Init_DS1302(void)
{
   WriteSet1302(0x8E,0x00);                          //根据写状态寄存器命令字,
                                                     写入不保护指令
   WriteSet1302(0x80,((0/10)<<4|(0%10)));            //根据写秒寄存器命令字,写
                                                     入秒的初始值
   WriteSet1302(0x82,((0/10)<<4|(0%10)));            //根据写分寄存器命令字,写
                                                     入分的初始值
   WriteSet1302(0x84,((12/10)<<4|(12%10)));          //根据写小时寄存器命令字,
                                                     写入小时的初始值
   WriteSet1302(0x86,((9/10)<<4|(9%10)));            //根据写日寄存器命令字,写
```

```
                                                              入日的初始值
   WriteSet1302(0x88,((2/10)<<4|(2%10)));              //根据写月寄存器命令字,写
                                                              入月的初始值
   WriteSet1302(0x8c,((12/10)<<4|(12%10)));            //根据写小时寄存器命令字,
                                                              写入小时的初始值
}
/*以下是对液晶模块的操作程序*/
sbit RS=P2^0;         //寄存器选择位,将 RS 位定义为 P2.0 引脚
sbit RW=P2^1;         //读写选择位,将 RW 位定义为 P2.1 引脚
sbit E=P2^2;          //使能信号位,将 E 位定义为 P2.2 引脚
sbit BF=P0^7;         //忙碌标志位,将 BF 位定义为 P0.7 引脚
/*函数功能:延时 1 ms,(3j+2)*i=(3×33+2)×10=1 010 μs,可以认为是 1 ms*
*/
void delay1ms()
{
   unsigned char i,j;
     for(i=0;i<10;i++)
       for(j=0;j<33;j++)
         ;
}
/*函数功能:延时若干毫秒
入口参数:n*/
void delaynms(unsigned char n)
{
   unsigned char i;
     for(i=0;i<n;i++)
        delay1ms();
}
/*函数功能:判断液晶模块的忙碌状态,返回值: result=1,忙碌;result=0,不忙*/
bit BusyTest(void)
  {
    bit result;
    RS=0;              //根据规定,RS 为低电平,RW 为高电平时,可以读状态
    RW=1;
    E=1;               //E=1,才允许读写
    _nop_();           //空操作
    _nop_();
    _nop_();
```

```
    _nop_();    //空操作四个机器周期,给硬件反应时间
    result=BF;    //将忙碌标志电平赋给 result
  E=0;    //将 E 恢复低电平
  return result;
  }
/*函数功能:将模式设置指令或显示地址写入液晶模块
入口参数:dictate**/
void WriteInstruction (unsigned char dictate)
{
    while(BusyTest()==1);  //如果忙就等待
    RS=0;                    //根据规定,RS 和 RW 同时为低电平时,可以写入
                               指令
    RW=0;
    E=0;                     //E 置低电平,写指令时,E 为高脉冲,就是让 E 从 0
                               到 1 发生正跳变,所以应先置"0"
    _nop_();
    _nop_();                 //空操作两个机器周期,给硬件反应时间
    P0=dictate;              //将数据送入 P0 口,即写入指令或地址
    _nop_();
    _nop_();
    _nop_();
    _nop_();                 //空操作四个机器周期,给硬件反应时间
    E=1;                     //E 置高电平
    _nop_();
    _nop_();
    _nop_();
    _nop_();                 //空操作四个机器周期,给硬件反应时间
   E=0;                      //当 E 由高电平跳变成低电平时,液晶模块开始执
                               行命令
}
/*函数功能:指定字符显示的实际地址
入口参数:x*/
void WriteAddress(unsigned char x)
{
    WriteInstruction(x|0x80);    //显示位置的确定方法规定为"80H+地址码 x"
}
/*将数据(字符的标准 ASCII 码)写入液晶模块
入口参数:y(字符常量)*/
```

```
void WriteData(unsigned char y)
{
    while(BusyTest()==1);
     RS=1;                    //RS 为高电平,RW 为低电平时,可以写入数据
     RW=0;
     E=0;                     //E 置低电平,写指令时,E 为高脉冲,
                              就是让 E 从 0 到 1 发生正跳变,所以应先置“0”
     P0=y;                    //将数据送入 P0 口,即将数据写入液晶模块
     _nop_();
     _nop_();
     _nop_();
     _nop_();                 //空操作四个机器周期,给硬件反应时间
     E=1;                     //E 置高电平
     _nop_();
     _nop_();
     _nop_();
     _nop_();                 //空操作四个机器周期,给硬件反应时间
     E=0;                     //当 E 由高电平跳变成低电平时,液晶模块开始执
                              行命令
}
/**对 LCD 的显示模式进行初始化设置**/
void LcdInitiate(void)
{
    delaynms(15);                 //延时 15 ms,首次写指令时应给 LCD 一段较长
                                  的反应时间
    WriteInstruction(0x38);       //显示模式设置:16×2 显示,5×7 点阵,8 位数
                                  据接口
    delaynms(5);                  //延时 5 ms,给硬件一点反应时间
    WriteInstruction(0x38);
    delaynms(5);                  //延时 5 ms,给硬件一点反应时间
    WriteInstruction(0x38);       //连续三次,确保初始化成功
    delaynms(5);                  //延时 5 ms,给硬件一点反应时间
    WriteInstruction(0x0c);       //显示模式设置:显示开,无光标,光标不闪烁
    delaynms(5);                  //延时 5 ms,给硬件一点反应时间
    WriteInstruction(0x06);       //显示模式设置:光标右移,字符不移
    delaynms(5);                  //延时 5 ms,给硬件一点反应时间
    WriteInstruction(0x01);       //清屏幕指令,将以前的显示内容清除
    delaynms(5);                  //延时 5 ms,给硬件一点反应时间
```

```
}
/* 1302 数据的显示程序,显示秒
入口参数:x */
void DisplaySecond(unsigned char x)
{
  unsigned char i,j;          //i,j 分别存储数据的十位和个位
    i=x/10;                   //取十位
    j=x%10;                   //取个位
    WriteAddress(0x49);       //写显示地址,将在第 2 行第 10 列开始显示
    WriteData(digit[i]);      //将十位数字的字符常量写入 LCD
    WriteData(digit[j]);      //将个位数字的字符常量写入 LCD
    delaynms(50);             //延时 1 ms,给硬件一点反应时间
}
/* * 函数功能:显示分钟
入口参数:x */
void DisplayMinute(unsigned char x)
{
  unsigned char i,j;          //i,j 分别存储数据的十位和个位
    i=x/10;                   //取十位
    j=x%10;                   //取个位
    WriteAddress(0x46);       //写显示地址,将在第 2 行第 7 列开始显示
    WriteData(digit[i]);      //将十位数字的字符常量写入 LCD
    WriteData(digit[j]);      //将个位数字的字符常量写入 LCD
    delaynms(50);             //延时 1 ms,给硬件一点反应时间
}
/* 函数功能:显示小时
入口参数:x * */
void DisplayHour(unsigned char x)
{
  unsigned char i,j;          //i,j 分别存储数据的十位和个位
    i=x/10;                   //取十位
    j=x%10;                   //取个位
    WriteAddress(0x43);       //写显示地址,将在第 2 行第 4 列开始显示
    WriteData(digit[i]);      //将十位数字的字符常量写入 LCD
    WriteData(digit[j]);      //将个位数字的字符常量写入 LCD
    delaynms(50);             //延时 1 ms,给硬件一点反应时间
}
/* * 函数功能:显示日
```

```
入口参数:x * */
void DisplayDay(unsigned char x)
{
  unsigned char i,j;                  //i,j 分别存储数据的十位和个位
    i=x/10;                           //取十位
    j=x%10;                           //取个位
    WriteAddress(0x0c);               //写显示地址,将在第 1 行第 13 列开始显示
    WriteData(digit[i]);              //将十位数字的字符常量写入 LCD
    WriteData(digit[j]);              //将个位数字的字符常量写入 LCD
    delaynms(50);                     //延时 1 ms 给硬件一点反应时间
}
/* * 函数功能:显示月
入口参数:x * */
void DisplayMonth(unsigned char x)
{
  unsigned char i,j;                  //i,j 分别存储数据的十位和个位
    i=x/10;                           //取十位
    j=x%10;                           //取个位
    WriteAddress(0x09);               //写显示地址,将在第 1 行第 10 列开始显示
    WriteData(digit[i]);              //将十位数字的字符常量写入 LCD
    WriteData(digit[j]);              //将个位数字的字符常量写入 LCD
    delaynms(50);                     //延时 1 ms,给硬件一点反应时间
}
/* * 函数功能:显示年
入口参数:x * */
void DisplayYear(unsigned char x)
{
  unsigned char i,j;                  //i,j 分别存储数据的十位和个位
    i=x/10;                           //取十位
    j=x%10;                           //取个位
    WriteAddress(0x06);               //写显示地址,将在第 1 行第 7 列开始显示
    WriteData(digit[i]);              //将十位数字的字符常量写入 LCD
    WriteData(digit[j]);              //将个位数字的字符常量写入 LCD
    delaynms(50);                     //延时 1 ms,给硬件一点反应时间
}
/* * 函数功能:主函数 * */
void main(void)
{
```

```
unsigned char second,minute,hour,day,month,year;
                                    //分别储存秒、分、小时、日、月、年
unsigned char ReadValue;            //储存从 1302 读取的数据
LcdInitiate();                      //将液晶初始化
WriteAddress(0x01);                 //写 Date 的显示地址,将在第 1 行第 2 列开始
                                    显示
WriteData('D');                     //将字符常量写入 LCD
WriteData('a');                     //将字符常量写入 LCD
WriteData('t');                     //将字符常量写入 LCD
WriteData('e');                     //将字符常量写入 LCD
WriteData(':');                     //将字符常量写入 LCD
WriteAddress(0x08);                 //写年月分隔符的显示地址, 显示在第 1 行第
                                    9 列
WriteData('-');                     //将字符常量写入 LCD
WriteAddress(0x0b);                 //写月日分隔符的显示地址, 显示在第 1 行第
                                    12 列
WriteData('-');                     //将字符常量写入 LCD
WriteAddress(0x45);                 //写小时与分钟分隔符的显示地址, 显示在第
                                    2 行第 6 列
WriteData(':');                     //将字符常量写入 LCD
WriteAddress(0x48);                 //写分钟与秒分隔符的显示地址, 显示在第 2
                                    行第 9 列
WriteData(':');                     //将字符常量写入 LCD
Init_DS1302();                      //将 1302 初始化
while(1)
  {
ReadValue = ReadSet1302(0x81);        //从秒寄存器读数据
second=((ReadValue&0x70)>>4)*10 + (ReadValue&0x0F);
                                      //将读出数据转化
DisplaySecond(second);                //显示秒
ReadValue = ReadSet1302(0x83);        //从分寄存器读
minute=((ReadValue&0x70)>>4)*10 + (ReadValue&0x0F);
                                      //将读出数据转化
DisplayMinute(minute);                //显示分
ReadValue = ReadSet1302(0x85);        //从小时寄存器读
hour=((ReadValue&0x70)>>4)*10 + (ReadValue&0x0F);
                                      //将读出数据转化
DisplayHour(hour);                    //显示小时
```

```
    ReadValue = ReadSet1302(0x87);        //从日寄存器读
    day=((ReadValue&0x70)>>4)*10 + (ReadValue&0x0F);
                                          //将读出数据转化
    DisplayDay(day);                      //显示日
    ReadValue = ReadSet1302(0x89);        //从月寄存器读
    month=((ReadValue&0x70)>>4)*10 + (ReadValue&0x0F);
                                          //将读出数据转化
    DisplayMonth(month);                  //显示月
    ReadValue = ReadSet1302(0x8d);        //从年寄存器读
    year=((ReadValue&0x70)>>4)*10 + (ReadValue&0x0F);
                                          //将读出数据转化
    DisplayYear(year);                    //显示年
  }
}
```

实际上,在调试程序时可以不加电容器,只加一个 32.768 kHz 的晶振即可。只是选择晶振时,不同的晶振,误差也较大。另外,还可以在上面的电路中加入 DS18B20,同时显示实时温度,只要占用 CPU 一个口线即可,LCD 还可以换成 LED。

2. 结论

DS1302 可以用于数据记录,特别是对某些具有特殊意义的数据点的记录,能实现数据与出现该数据的时间同时记录。这种记录对长时间的连续测控系统结果的分析及对异常数据出现的原因的查找具有重要意义。传统的数据记录方式是隔时采样或定时采样,没有具体的时间记录,因此,只能记录数据而无法准确记录其出现的时间;若采用单片机计时,一方面需要采用计数器,占用硬件资源,另一方面需要设置中断、查询等,同样耗费单片机的资源,而且,某些测控系统可能不允许。但是,如果在系统中采用时钟芯片 DS1302,则能很好地解决这个问题。

习　　题

1. 根据图 5.10 所示的接口电路,编写 DS1302 的驱动程序,使 LCD 的第一行显示星期、月和日(格式为“Wen,12-2”);第二行显示时间(格式为“22:09:28”)。结果用Proteus 软件仿真。

2. 使用 KeilC51 编写一个程序,可以用按键改变 1302 存入数据,日期时钟显示在 1602 液晶显示板上。

第 6 章

EEPROM 的工作原理及应用实现

6.1 电路设计的背景及功能

存储器是计算机中用来存放程序和数据的部件，是计算机的主要组成部分，它反映了计算机的“记忆”功能，存储器的存储容量越大，计算机的性能也就越好。

按存储器的存取方式（或读写方式）来分存储器可分为随机存取存储器（Random Access Memory，RAM）和只读存储器（Read Only Memory，ROM）两大类。

随机存取存储器 RAM，也称读写存储器，即 CPU 在运行过程中能随时进行数据的读出和写入。RAM 中存放的信息当关闭电源时会全部丢失，所以，RAM 是易失性存储器，只能用来存放暂时性的输入输出数据、中间运算结果、用户程序，也常用它来与外存储器交换信息或用作堆栈。

ROM 是一种当写入信息之后，就只能读出而不能改写的固定存储器。断电后，ROM 中所存信息仍保留不变，所以，ROM 是非易失性存储器。因此，在微机系统中常用。无论是哪一种形式的 ROM，在使用时只能读出，不能写入，断电时，存放在 ROM 中的信息都不会丢失，所以，它是一种非易失性存储器。

ROM 来存放固定的程序和数据，分为以下几种：

（1）掩膜 ROM。利用掩膜工艺制造，由存储器生产厂家根据用户要求进行编程，一经制作完成就不能更改其内容，因此，只适合于存储成熟的固定程序和数据，大批量生产时成本很低。

（2）PROM。可编程 ROM（Programmable ROM）。该存储器在出厂时器件中不存入任何信息，是空白存储器，由用户根据需要，利用特殊方法写入程序和数据，但只能写入一次，写入后就不能更改，它类似于掩膜 ROM，适合小批量生产。

EPROM 可擦除可编程 ROM（Erasable PROM），如 2723（4K×8）、2764（8K×8），该存储器允许用户按规定的方法和设备进行多次编程，如编程之后想修改，可用紫外线灯制作的擦除器照射 20 min 左右，使存储器全部复原，用户可再次写入新的内容。这对于工程研制和开发特别方便，应用较广。

(3) EEPROM 为电可擦除可编程 ROM。

EEPROM 的特点是:能以字节为单位进行擦除和改写,而不是像 EPROM 那样整体擦除,也不需要把芯片从用户系统中拔下来用编程器编程,在用户系统即可进行。随着技术的发展,EEPROM 的擦写速度将不断加快,容量将不断提高,将可作为非易失性的 RAM 使用。EEPROM 是电可擦除可编程只读存储器,其突出优点是能够在线擦除和改写,无须像 EEPROM 那样必须用紫外线照射擦除。

(4) 闪速存储器(Flash Memory)。闪速存储器是新型非易失性存储器,在系统电可重写。它与 EPROM 的一个区别是 EPROM 可按字节擦除和写入,而闪速存储器只能分块进行电擦除。它结合了 ROM 和 RAM 的长处,不仅具备电子可擦除可编程(EEPROM)的性能,还不会断电丢失数据,同时可以快速读取数据(NVRAM 的优势),U 盘和 MP3 里用的就是这种存储器。

6.2　24C02 芯片概述

串行 EEPROM 中,较为典型的有 ATMEL 公司的 AT24CXX 系列和 AT93CXX 等系列产品,简称 I^2C 总线式串行器件。串行器件不仅占用很少的资源和 I/O 线,而且体积大大缩小,同时具有工作电源宽、抗干扰能力强、功耗低、数据不易丢失和支持在线编程等特点。

6.2.1　I^2C 总线概述

1. I^2C 总线结构

I^2C 总线是 Inter Integrated Circuit bus 的缩写,即内部集成电路总线。I^2C 总线是 Philips 公司推出的一种双向二线制总线。目前 Philips 公司和其他集成电路制造商推出了很多基于 I^2C 总线的外围器件。协议允许总线接入多个器件,并支持多主工作。总线中的器件既可以作为主控器也可以作为被控器,既可以是发送器也可以是接收器。总线按照一定的通信协议进行数据交换。在每次数据交换开始,作为主控器的器件需要通过总线竞争获得主控权,并启动一次数据交换。

一个典型的 I^2C 总线标准的 IC 器件,其内部不仅有 I^2C 接口电路,还可将内部各单元电路划分成若干相对独立的模块,它只有两根信号线,一根是双向的数据线 SDA,另一根是时钟线 SCL。CPU 可以通过指令对各功能模块进行控制。各种被控制电路均并联在这条总线上,但就像电话机一样只有拨通各自的号码才能工作,所以每个电路和模块都有唯一的地址,在信息的传输过程中,I^2C 总线上并接的每一模块电路既是主控器(或被控器),又是发送器(或接收器)。CPU 发出的控制信号分为地址码和控制量(数据)两部分,地址码用来选址,即接通需要控制的电路,确定控制的种类;控制量决定该调整的类别及需要调整的量。这样,各控制电路虽然挂在同一条总线上,却彼此独立,互不相关。I^2C 总线接口电路如图 6.1 所示。

2. 接口特性

传统的单片机串行接口的发送和接收一般都分别各用一条线,如 MCS-51 系列的

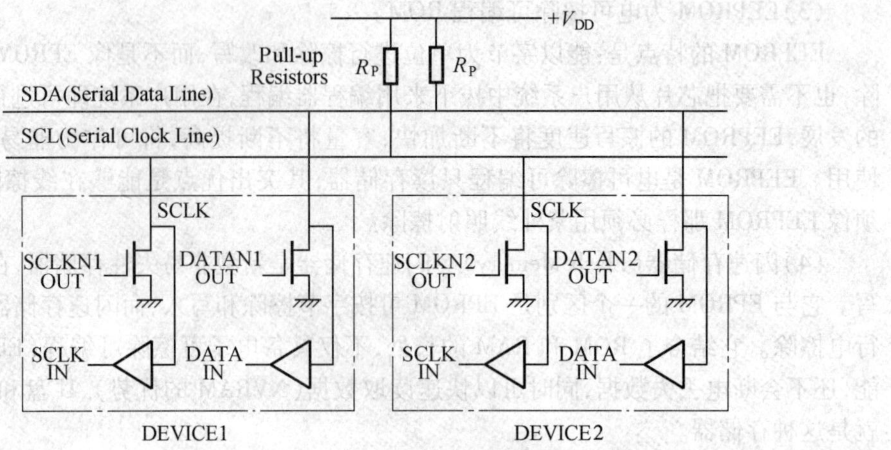

图 6.1　I^2C 总线接口电路图

TXD 和 RXD,而 I^2C 总线则根据器件的功能通过软件程序使其工作于发送或接收方式。当某个器件向总线上发送信息时,它就是发送器(也称主器件),而当其从总线上接收信息时,又成为接收器(也称从器件)。主器件用于启动总线上传送数据并产生时钟以开放传送的器件,此时任何被寻址的器件均被认为是从器件。I^2C 总线的控制完全由挂在总线上的主器件送出的地址和数据决定,在总线上,既没有中心级也没有优先级。

总线上主和从(即发送和接收)的关系取决于此时数据传送的方向。SDA 和 SCL 都是双向线路,都通过一个电流源或上拉电阻连接到电源端。连接总线器件的输出级必须是集电极或漏极开路,以具有线"与"功能,当总线空闲时,两根线都是高电平。I^2C 总线上数据的传输速率在标准模式下可达 100 kbit/s,在快速模式下可达 400 kbit/s,在高速模式下可达 3.4 Mbit/s。连接到总线的接口数量只由总线电容是 400 pF 的限制决定。

3. I^2C 器件的工作原理及时序

在 I^2C 总线上传送信息时,时钟同步信号是由挂接在 SCL 时钟线上的所有器件输出信号的逻辑"与"完成的。连接到总线上的任一器件输出低电平都将使总线的信号变为低电平。一旦某个器件的时钟信号变为低电平,将使 SCL 一直保持电平。此时,低电平周期短的器件的时钟由低至高的跳变并不影响 SCL 线的状态,于是这些器件将进入高电平等待的状态。

当所有器件的时钟信号都变为高电平时,低电平期结束,SCL 线被释放返回高电平,即所有的器件都同时开始它们的高电平期。其后,第一个结束高电平期的器件又将 SCL 线拉成低电平。这样就在 SCL 线上产生一个同步时钟。可见,时钟低电平时间由时钟低电平期最长的器件决定,而时钟高电平时间由时钟高电平期最短的器件决定。

4. I^2C 总线的传输协议与数据传送

在数据传送过程中,必须确认数据传送的开始和结束。在 I^2C 总线技术规范中,开始和结束信号(也称启动和停止信号)的定义如图 6.2 所示。

开始信号:当时钟总线 SCL 为高电平时,数据线 SDA 由高电平向低电平跳变,开始传送数据。结束信号:当 SCL 线为高电平时,SDA 线从低电平向高电平跳变,结束传送数

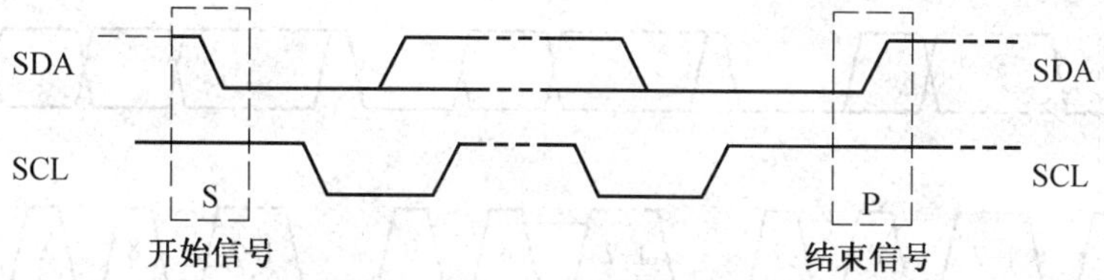

图 6.2　I^2C 总线的传输协议

据。开始和结束信号都是由主器件产生。在开始信号以后,总线即被认为处于忙状态,其他器件不能再产生开始信号。主器件在结束信号以后退出主器件角色,经过一段时间后,总线被认为是空闲的。

I^2C 总线发送器送到 SDA 线上的每个字节必须为 8 位长,传送时高位在前,低位在后。与之对应,主器件在 SCL 线上产生 8 个脉冲；第 9 个脉冲低电平期间,发送器释放 SDA 线,接收器把 SDA 线拉低,以给出一个接收确认位;第 9 个脉冲高电平期间,发送器收到这个确认位然后开始下一字节的传送,下一个字节的第一个脉冲低电平期间接收器释放 SDA。每个字节需要 9 个脉冲,每次传送的字节数是不受限制的。

I^2C 总线的数据传送格式是在 I^2C 总线开始信号后,送出的第一字节数据是用来选择从器件地址的,其中前 7 位为地址码,第 8 位为方向位(R/W)。方向位为"0"表示发送,即主器件把信息写到所选择的从器件中;方向位为"1"表示主器件将从从器件读信息。格式如下(前四位固定为 1010):

1　　0　　1　　0　　A2　　A1　　A0　　R/W

开始信号后,系统中的各个器件将自己的地址和主器件送到总线上的地址进行比较,如果与主器件发送到总线上的地址一致,则该器件即被主器件寻址的器件,其接收信息还是发送信息则由第 8 位(R/W)决定。发送完第一个字节后再开始发数据信号。

5. 响应

数据传输必须带响应。相关的响应时钟脉冲由主机产生,当主器件发送完一字节的数据后,接着发出对应于 SCL 线上的一个时钟（ACK)认可位,此时钟内主器件释放 SDA 线,一字节传送结束,而从器件的响应信号将 SDA 线拉成低电平,使 SDA 在该时钟的高电平期间为稳定的低电平。从器件的响应信号结束后,SDA 线返回高电平,进入下一个传送周期。

通常被寻址的接收器在接收到每个字节后必然产生一个响应。当从机不能响应从机地址时,从机必须使数据线保持高电平,主机然后产生一个停止条件终止传输或者产生重复起始条件开始新的传输。如果从机接收器响应了从机地址但是在传输了一段时间后不能接收更多数据字节,主机必须再一次终止传输。这个情况用从机在第一个字节后没有产生响应来表示。从机使数据线保持高电平主机产生一个停止或重复起始条件。完整的数据传送过程如图 6.3 所示。

6.2.2　AT24C02 简介

AT24C02 是美国 ATMEL 公司的低功耗 CMOS 串行 EEPROM,其内含 256×8 位存储

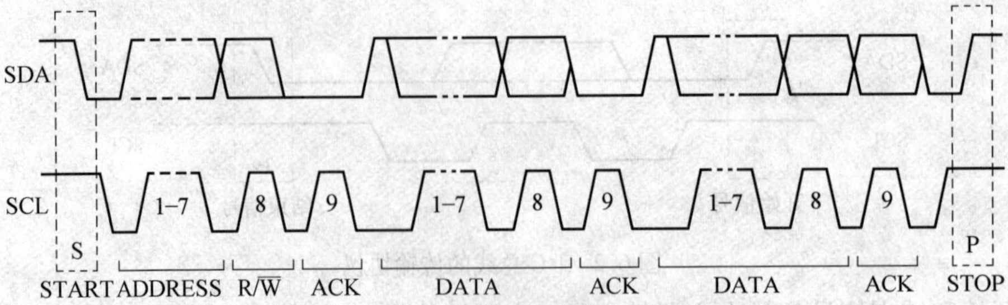

图 6.3　I²C 总线完整的数据传送过程

空间，具有工作电压宽（2.5～5.5 V）、擦写次数多（大于 10 000 次）、写入速度快（小于 10 ms）等特点。AT24C02 中带有片内寻址寄存器。每写入或读出一个数据字节后，该地址寄存器自动加 1，以实现对下一个存储单元的操作，所有字节都以单一操作方式读取。为降低总的写入时间，一次操作可写入多达 8 字节的数据。图 6.4 为 AT24C02 系列芯片的封装图。

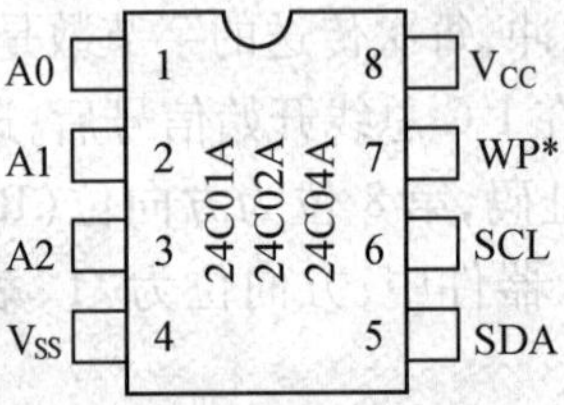

图 6.4　AT24C02 系列芯片的封装图

SCL 为串行时钟。在该引脚的上升沿时，系统将数据输入到每个 EEPROM 器件，在下降沿时输出。SDA 为串行数据。该引脚为开漏极驱动，可双向传送数据。A0、A1、A2 为器件/页面寻址。为器件地址输入端。WP 为硬件写保护。当该引脚为高电平时禁止写入，当为低电平时可正常读写数据。V_{CC}为电源。一般输入+5 V 电压。V_{SS}为接地。

24C02 中带有片内地址寄存器。每写入或读出一个数据字节后，该地址寄存器自动加 1，以实现对下一个存储单元的读写。所有字节均以单一操作方式读取。为降低总的写入时间，一次操作可写入多达 8 个字节的数据。

6.3　电路的设计

如图 6.5 所示，AT24C02 的 1、2、3 脚是三条地址线，用于确定芯片的硬件地址；第 8 脚和第 4 脚分别为正、负电源。第 5 脚 SDA 为串行数据输入/输出，数据通过这条双向 I²C 总线串行传送，SDA 和 SCL 都需要和正电源间各接一个 10 kΩ 的上拉电阻。第 7 脚为 WP 写保护端，接地时允许芯片执行一般的读写操作，接电源端时不允许对器件写。

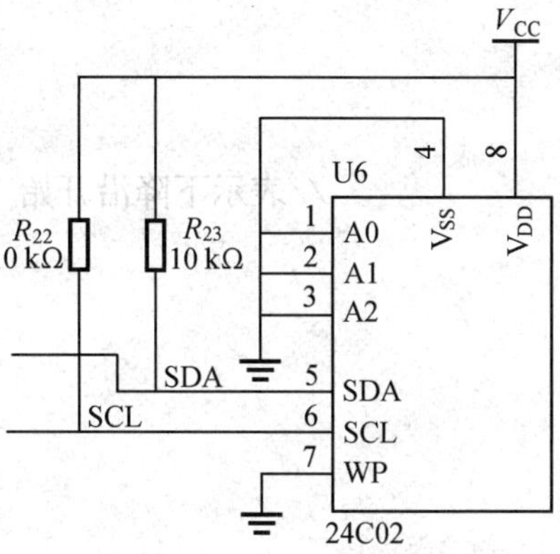

图 6.5　AT24C02 电路图

6.4　C51 程序代码设计调试

一块 24C02 中有 256 个字节的存储空间。我们将 24C02 的两条总线接在了单片机 P2.6 和 P2.7 上,因此,必须先定义:

```
#define uchar unsigned char              //定义一下方便使用
#define uint unsigned int
#define ulong unsigned long
#include <reg52. h>                      //包括一个 52 标准内核的头文件
char code dx516[3] _at_ 0x003b;          //这是为了仿真设置的
#define WriteDeviceAddress 0xa0          //定义器件在 I2C 总线中的地址
#define ReadDviceAddress 0xa1
sbit SCL=P2^7;                           //定义 2.7 引脚为 SCL
sbit SDA=P2^6;                           //定义 2.6 引脚为 SDA
sbit P10=P1^0;
/*定时函数*/
void DelayMs(uint number)
{
uchar temp;
for(;number! =0;number--)
  {
for(temp=112;temp! =0;temp--) ;
        }
}
/*开始总线*/
void Start()
{
```

```
SDA=1;
SCL=1;
SDA=0;
SCL=0;                              //表示下降沿开始
}
/*结束总线*/
void Stop()
{
SCL=0;
SDA=0;
SCL=1;
SDA=1;                              //表示上升沿结束
}
/*测试 ACK*/
bit TestAck()
{
bit ErrorBit;
SDA=1;
SCL=1;
ErrorBit=SDA;
SCL=0;
return(ErrorBit);
}
/*写入 8 个 bit 到 24C02*/
Write8Bit(uchar input)
{
uchar temp;
for(temp=8;temp!=0;temp--)
    {
SDA=(bit)(input&0x80);
SCL=1;
SCL=0;
input=input<<1;
              }
}
```

6.5　设 计 实 例

练习写入一个字节到 24C02 中,软件代码如下:

```
#define uchar unsigned char             //定义一下方便使用
#define uint unsigned int
#define ulong unsigned long
#include <reg52. h>                     //包括一个 52 标准内核的头文件
                                        //本实例写入一个字节到 24C02 中
char code dx516[3] _at_ 0x003b;         //这是为了仿真设置的
#define WriteDeviceAddress 0xa0         //定义器件在 I2C 总线中的地址
#define ReadDviceAddress 0xa1
sbit SCL=P2^1;
sbit SDA=P2^0
sbit P10=P1^0;
/*定时函数*/
void DelayMs(uint number)
{
uchar temp;
for(;number! =0;number--)
{
for(temp=112;temp! =0;temp--) ;
}
}
/*开始总线*/
void Start()
{
SDA=1;
SCL=1;
SDA=0;
SCL=0;
}
/*结束总线*/
void Stop()
{
SCL=0;
SDA=0;
SCL=1;
```

```
SDA=1;
}
/*测试 ACK*/
bit TestAck()
{
bit ErrorBit;
SDA=1;
SCL=1;
ErrorBit=SDA;
SCL=0;
return(ErrorBit);
}
/*写入 8 个 bit 到 24C02*/
Write8Bit(uchar input)
{
uchar temp;
for(temp=8;temp! =0;temp--)
{
SDA=(bit)(input&0x80);
SCL=1;
SCL=0;
input=input<<1;
}
}
/*写入一个字节到 24C02 中*/
void Write24C02(uchar ch,uchar address)
{
Start();
Write8Bit(WriteDeviceAddress);
TestAck();
Write8Bit(address);
TestAck();
Write8Bit(ch);
TestAck();
Stop();
DelayMs(10);
}
/*本课试验写入一个字节到 24C02 中*/
```

```
void main(void)                    //主程序
{
Write24c02(0x88,0x02);             //将 0x88 写入到 24C02 的第 2 个地址空间
P10=0;                             //指示运行完毕
while(1);                          //程序挂起
}
```

如图 6.6 所示,AT24C02 的 1,2,3 脚是三条地址线,用于确定芯片的硬件地址;第 8 脚和第 4 脚分别为正、负电源。第 5 脚 SDA 连接单片机 P2.0 口,为串行数据输入/输出,数据通过这条双向 I^2C 总线串行传送。第 6 脚连接 P2.1 口,获得串行时钟。SDA 和 SCL 都需要和正电源间各接一个 10 kΩ 的上拉电阻。第 7 脚为 WP 写保护端,接地,允许芯片执行一般的读写操作。

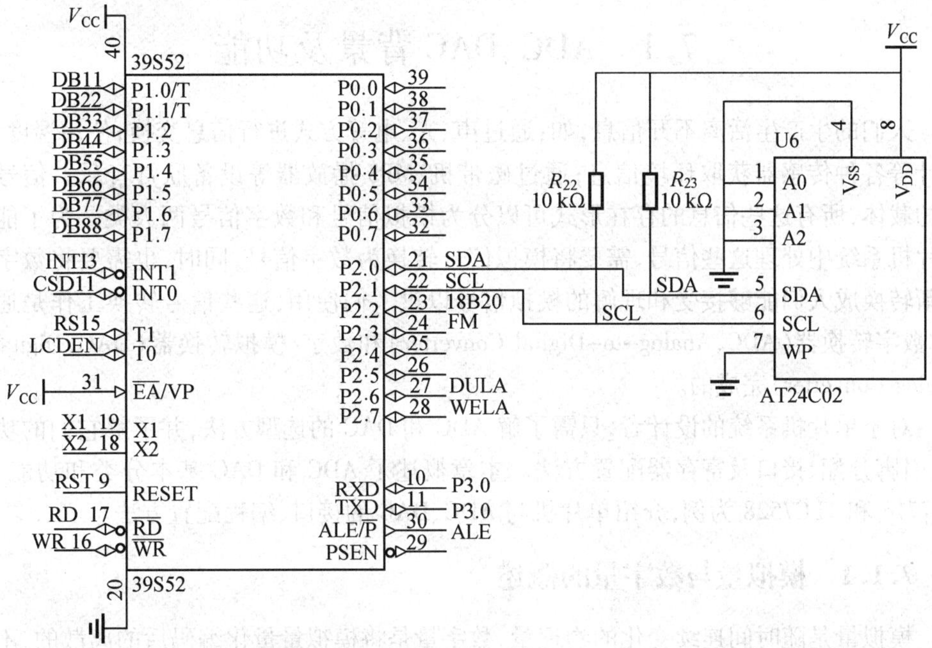

图 6.6　AT24C02 应用电路图

习　题

1. 简述存储器主要功能及分类。
2. 简述 I^2C 器件的工作原理。
3. 编程将 25、37 的和送入 AT24C02。

第7章 ADC和DAC的工作原理及应用实现

7.1 ADC、DAC背景及功能

人们的生产生活离不开信息,如:通过声、光、电等方式进行信息交换;使用温度计、湿度计等各种传感器获取环境信息;通过磁带机、MP3播放器等设备欣赏音乐。信号是信息的载体,所有这些信息的存在形式可以分为模拟信号和数字信号两大类。为了能够在单片机系统中处理这些信号,需要将模拟信号转换为数字信号,同时,也需要将数字信号重新转换成人们能够接受和理解的模拟信号以供人们使用,这些信号转换工作是通过模拟/数字转换器(ADC,Analog-to-Digital Converter)和数字/模拟转换器(DAC,Digital-to-Analog Converter)完成的。

对于单片机系统的设计者,只需了解ADC和DAC的选型方法,并了解它们的功能结构、引脚分配、接口及寄存器配置方法。本章概述了ADC和DAC基本分类和功能,并以AD7716和TLC7528为例,介绍单片机与ADC、DAC的接口、编程配置方法。

7.1.1 模拟量与数字量的概述

模拟量是随时间连续变化的物理量,数字量是将模拟量量化编码后的离散的、不连续的值。模拟量对应的是模拟信号,数字量对应的是数字信号。数字信号相对模拟信号具有抗干扰能力强、传输距离远、便于进行信号处理、便于存储等一系列优点。我们生活在一个模拟量的世界里,如温度、电压、液位、流量、流速、声音等都是模拟量,ADC将这些信号转换成数字信号,以便在单片机中进行处理。DAC用于将处理后的数字信号转换成模拟信号。计算机的声卡就是一个最典型的AD/DA转换系统,当录音时,通过声卡的ADC将声音信号转换成数字信号存储在计算机中,当我们需要播放声音时,通过声卡的DAC将数字信号转换成模拟信号,还原出声音信号。

7.1.2 ADC转换原理及分类

ADC就是将模拟信号转换成数字信号的器件。模拟信号转换为数字信号,一般分为采样、保持、量化、编码四个步骤。一般情况下,采样和保持作为一部分,量化和编码作为另一部分分别同时完成，有些 ADC 直接能够完成上述四个步骤。

按照转换方式分，常见的 ADC 有积分型、逐次逼近型、并行比较型/串并行比较型、Σ-Δ调制型、电容阵列逐次比较型及压频变换型等。ADC 还可以按照转换精度、转换速度、与处理器的接口等方式分类。下面简要介绍常用的几种类型的基本原理及特点：

1. 积分型（如 TLC7135）

积分型 ADC 工作原理是将输入电压转换成时间或频率，然后由定时/计数器获得数字值。其优点是用简单电路就能获得高分辨率，但缺点是由于转换精度依赖于积分时间，因此转换速率极低。初期的单片 ADC 大多采用积分型，现在逐次比较型已逐步成为主流。双积分是一种常用的 ADC 转换技术，具有精度高、抗干扰能力强等优点。但高精度的双积分 ADC 芯片，价格较贵，增加了单片机系统的成本。

2. 逐次逼近型（如 TLC0831）

逐次逼近型 ADC 由一个比较器和 DA 转换器通过逐次比较逻辑构成，从 MSB 开始，顺序地对每一位将输入电压与内置 DA 转换器输出进行比较，经 n 次比较而输出数字值。其电路规模属于中等。其优点是速度较高、功耗低，在低分辨率（<12 位）时价格便宜，但高精度（>12 位）时价格很高。

3. 并行比较型/串并行比较型（如 TLC5510）

并行比较型 ADC 采用多个比较器，仅作一次比较而实行转换，又称 Flash 型。由于转换速率极高，n 位的转换需要 $2n-1$ 个比较器，因此电路规模也极大，价格也高，只适用于视频 AD 转换器等速度特别高的领域。串并行比较型 ADC 结构上介于并行型和逐次比较型之间，最典型的是由 2 个 $n/2$ 位的并行型 AD 转换器配合 DA 转换器组成，用两次比较实行转换，所以称为 Half flash 型。

4. Σ-Δ 调制型（如 AD7716）

Σ-Δ 型 ADC 以很低的采样分辨率（1 位）和很高的采样速率将模拟信号数字化，通过使用过采样、噪声整形和数字滤波等方法增加有效分辨率，然后对 ADC 输出进行采样抽取处理以降低有效采样速率。Σ-Δ 型 ADC 的电路结构是由非常简单的模拟电路和十分复杂的数字信号处理电路构成。

5. 电容阵列逐次比较型

电容阵列逐次比较型 ADC 在内置 DA 转换器中采用电容矩阵方式，也可称为电荷再分配型。一般的电阻阵列 DA 转换器中多数电阻的值必须一致，在单芯片上生成高精度的电阻并不容易。如果用电容阵列取代电阻阵列，可以用低廉成本制成高精度单片 AD 转换器。最近的逐次比较型 AD 转换器大多为电容阵列式。

6. 压频变换型（如 AD650）

压频变换型是通过间接转换方式实现模数转换的。其原理是首先将输入的模拟信号转换成频率，然后用计数器将频率转换成数字量。从理论上讲这种 AD 的分辨率几乎可以无限增加，只要采样的时间能够满足输出频率分辨率要求的累积脉冲个数的宽度。其优点是分辨率高、功耗低、价格低，但是需要外部计数电路共同完成 AD 转换。

7.1.3　DAC 转换原理及分类

DAC 就是将数字信号转换成模拟信号的器件。DAC 的内部电路构成无太大差异，一般按输出是电流还是电压、能否作乘法运算等进行分类。大多数 DAC 由电阻阵列和 n 个电流开关(或电压开关)构成。按数字输入值切换开关,产生比例于输入的电流(或电压)。此外,也有为了改善精度而把恒流源放入器件内部的。DAC 分为电压型和电流型两大类,电压型 DAC 有权电阻网络、T 型电阻网络和树形开关网络等;电流型 DAC 有权电流型电阻网络和倒 T 型电阻网络等。

1. 电压输出型(如 TLC5620)

电压输出型 DAC 虽有直接从电阻阵列输出电压的,但一般采用内置输出放大器以低阻抗输出。直接输出电压的器件仅用于高阻抗负载,由于无输出放大器部分的延迟,故常作为高速 DAC 使用。

2. 电流输出型(如 THS5661A)

电流输出型 DAC 很少直接利用电流输出,大多外接电流-电压转换电路得到电压输出,后者有两种方法:一是只在输出引脚上接负载电阻而进行电流-电压转换,二是外接运算放大器。

3. 乘算型(如 TLC7528)

DAC 中有使用恒定基准电压的,也有在基准电压输入上加交流信号的,后者由于能得到数字输入和基准电压输入相乘的结果而输出,因而称为乘算型 DAC。乘算型 DAC 一般不仅可以进行乘法运算,而且可以作为使输入信号数字化地衰减的衰减器及对输入信号进行调制的调制器使用。

4. 一位 DAC

一位 DAC 与前述转换方式全然不同,它将数字值转换为脉冲宽度调制或频率调制的输出,然后用数字滤波器作平均化而得到一般的电压输出,用于音频等场合。

ADC、DAC 的种类繁多,硬件结构也不尽相同,在选择和使用 ADC、DAC 时应根据实际需求选择分辨率、转换速度合适,功耗符合要求,并且方便与所用处理器连接的器件。本章以 AD7716 和 TLC7528 为例讲解 ADC、DAC 的设计方法,在这里我们并不侧重介绍其转换原理及性能,而主要介绍其功能结构、引脚、接口和寄存器部分,并着重讲解单片机如何与串行接口和并行接口器件连接,如何用软件进行接口时序模拟,并通过软件配置器件等设计方法,这是选定器件后进行设计开发的重点和难点,通过这部分学习,希望读者能够掌握此类 ADC、DAC 在单片机系统中的设计应用的基本方法。

7.2 AD7716 的硬件结构及软硬件设计方法

7.2.1 AD7716 硬件结构及引脚功能

AD7716 是 ANALOG DEVICES 公司生产的 4 通道 22 位 Σ-Δ 型 ADC,这是一款高精度低速 ADC,最高采样率为 2 232 Hz,具有最高达 105 dB 的动态范围,并具有可通过软件编程控制的滤波器截止频率,最高截止频率为 584 Hz。该 ADC 的编码格式为 2 的补码方式,接口为 5 线串行接口方式(注意这里的串行接口与通常所说的“串口”——UART 串口不同),可以方便地与不同种类 DSP 和单片机相连,图 7.1 所示为 AD7716 的功能框图。

AD7716 有 PQFP 和 PLCC 两种封装，图 7.2 所示为 PQFP 封装的引脚功能。表 7.1 列出了 AD7716 主要引脚功能定义及描述。AD7716 是一款 4 通道完全独立的模数转换器，这一特性使其非常适合对通道之间有完全同步要求的场合，如地震信号的采集。

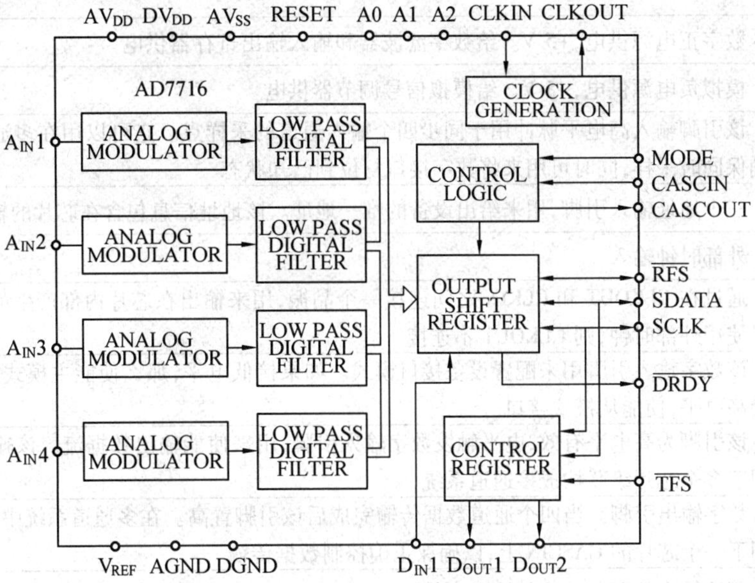

图 7.1　AD7716 的功能框图

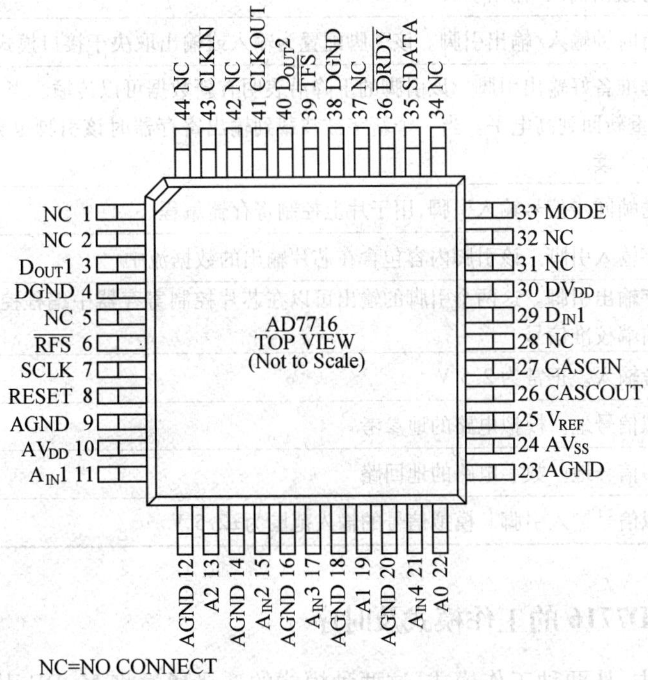

图 7.2　AD7716 引脚功能（PQFP 封装）

表 7.1　AD7716 引脚描述

引脚	描　述
AV_{DD}	模拟正电源供电,+5 V。给模拟信号调节器供电。AV_{DD} 和 DV_{DD} 必须在外部连接到一起
DV_{DD}	数字正电源供电,+5 V。给数字滤波器和输入输出寄存器供电
AV_{SS}	模拟负电源供电,-5 V。给模拟信号调节器供电
RESET	该引脚输入高电平脉冲用于同步四个输入通道的采样点。它可以用在多通道系统中来确保同时采样,同时可用来将数字接口复位到已知状态
A0 ~ A2	三个地址输入引脚,用来给出设备的唯一地址。该地址信息包含在芯片的输出数据流中
CLKIN	外部时钟输入
CLKOUT	通过在 CLKOUT 和 CLKIN 之间连接一个晶振,用来输出在芯片内部产生的主时钟。如果使用外部时钟,则 CLKOUT 不连接
MODE	该数字输入引脚用来配置设备接口模式。如果接低电平,那么使能主模式接口,反之当接高电平,使能从模式接口
CASCIN	该引脚为高电平有效,电平触发数字输入引脚,用来使能输出数据流。该输入引脚可以用于多个芯片级联构成多通道系统
CASCOUT	数字输出引脚。当四个通道数据传输完成后该引脚置高。在多通道系统中,它可以连接到下一个芯片的 CASCIN 上,以确保正确控制数据传输
$\overline{RFS}$	连续输出数据流的接收帧同步信号。根据接口模式,它既可以做输入也可以做输出
SDATA	串行数据输入/输出引脚
SCLK	串行时钟输入/输出引脚。该引脚配置为输入或输出取决于接口模式配置
$\overline{DRDY}$	数据准备好输出引脚。该引脚的下降沿表明有新数据可以传输。当 4 个 32 位字传输完毕,它重新回到高电平。当一个新字被装载到输出寄存器时该引脚也会变为高电平,这期间不允许读
$\overline{TFS}$	发送帧同步信号输入引脚,用于片上控制寄存器编程
$D_{IN}1$	数字输入引脚。该引脚内容包含在芯片输出的数据流中
D_{OUT1}, D_{OUT2}	数字输出引脚。这两个引脚的输出可以在芯片控制寄存器中编程控制。它们可以用来控制前端校准信号
V_{REF}	参考输入。正常为 2.5 V
AGND	模拟信号地。模拟电路的地参考
DGND	数字信号地。数字电路的地回路
$A_{IN}1-A_{IN}4$	模拟信号输入引脚。模拟信号的输入范围为±2.5 V

7.2.2　AD7716 的工作模式及时序

AD7716 有主、从两种工作模式,这两种模式的选择通过将 MODE 引脚的电平高低来选择。MODE 引脚高电平为从模式,低电平为主模式。在主模式下,AD7716 的转换结果可以在 AD7716 内部串行时钟和帧同步脉冲控制下输出。由 CASCIN 和 DRDY 两个信号发起信号的传输。从模式下,AD7716 无法主动发起传输,单片机可以通过接收 AD7716 的转换完成信号——DRDY 作为中断信号,在中断服务程序中通过单片机发出帧同步脉冲和串行时钟给 AD7716 开始数据传输。主、从模式的工作实时序如图 7.3、图 7.4 所示。为了满足多通道数据采集的需求,AD7716 还具有多片级联工作方式,通过将一片 AD7716 的 CASCOUT 与另一片的 CASCIN 相连即可实现 AD 数据的级联输出。

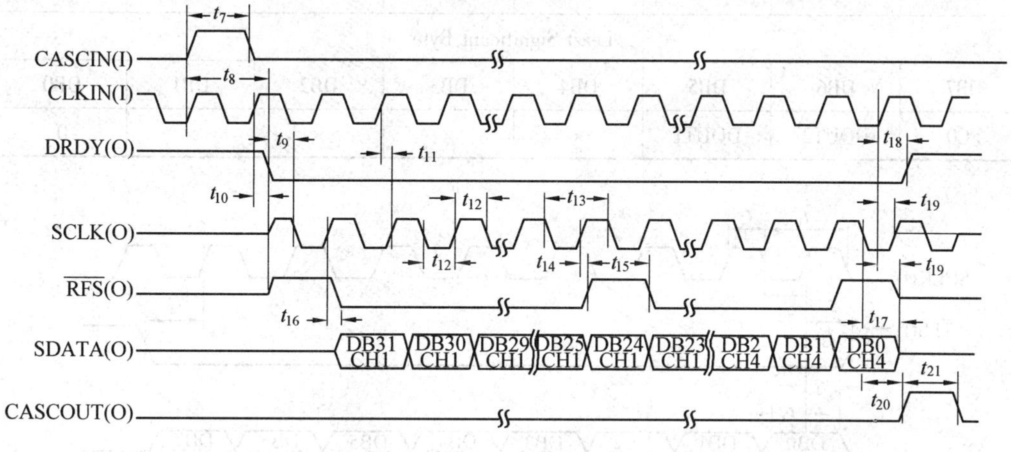

图 7.3　AD7716 主模式数据输出时序

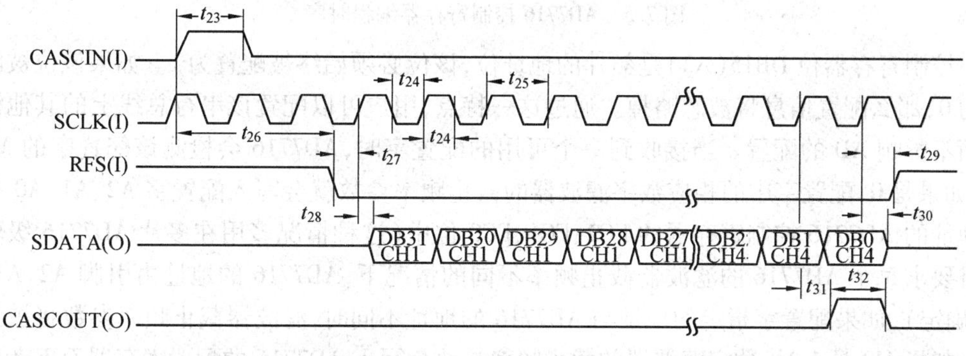

图 7.4　AD7716 从模式数据输出时序

7.2.3　AD7716 控制寄存器

AD7716 有一个 16 位的控制寄存器,见表 7.2,该寄存器通过两个 8 位字节方式进行编程,编程模式为先发送低字节,后发送高字节(DB0 和 DB8 分别为高低字节先送出的位)。AD7716 的控制寄存器编程时序如图 7.5 所示,在初始上电时,控制寄存器处于未定义的状态。从图中可以看出,控制寄存器编程需要 TFS、SCLK 和 SDATA 三个输入信号。通过 MODE 引进脚可以配置 AD 的模式,但是无论处于哪种模式,当 TFS 出现下降沿时,AD 都会交出 SDATA 和 SCLK 的控制权,当 TFS 变低时,SDATA 上的数据就会在每个 SCLK 的下降沿传递到控制寄存器中。当 8 位传输完成,传输自动停止。只有当再次检测到 TFS 下降沿时,新的信息才会再次写入控制寄存器。DB8 和 DB0 用于识别写入的是高字节还是低字节。只有当 DB8 是 1,并且 DB0 是 0 时,寄存器才会认可写入的是一个完整的配置信息,并将其写入寄存器。

表 7.2 AD7716 控制寄存器

Most Significant Byte							
DB15	DB14	DB13	DB12	DB11	DB10	DB9	DB8
A3	A2	A1	A0	M0	FC2	FC1	1
Least Significant Byte							
DB7	DB6	DB5	DB4	DB3	DB2	DB1	DB0
FC0	DOUT2	DOUT1	×	×	×	×	0

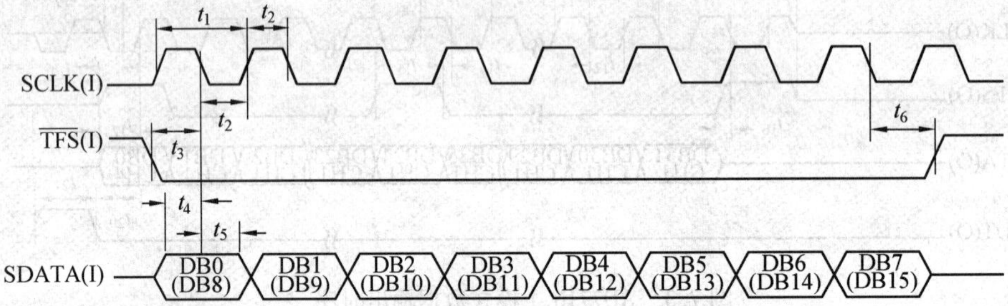

图 7.5 AD7716 控制寄存器编程时序

控制寄存器位 DB15(A3)是额外的地址位,该位必须始终被配置为 1。如果该位被配置为 0,那么配置信息将被忽略掉。通过这一特点,用户可以配置该串行总线上的其他设备而不影响 AD 的配置。当接收到一个可用的配置字时,AD7716 会检测该配置字的 M0 位,如果是 0,配置字中的相应数字滤波器的截止频率参数就会写入配置字 A2、A1、A0 指定地址的 AD7716 控制寄存器的 FC2、FC1、FC0 位中(这种情况多用在多片 AD7716 级联时且要求每个 AD7716 的滤波器截止频率不同的情况下,AD7716 的地址由引脚 A2、A1、A0 确定),如果配置字指定的地址与 AD7716 的地址不同时,滤波器截止频率参数将被忽略。如果 M0 是 1 时,数字滤波器的截止频率参数会写入 AD7716 的配置寄存器而不考虑地址位(这种情况适合对滤波器截止频率要求相同的一片或多片 AD7716 统一配置)。控制寄存器中滤波器截止频率参数 FC2、FC1、FC0 真值表见表 7.3。

表 7.3 滤波器截止频率真值表

FC2	FC1	FC0	Cutoff Frequency/Hz
0	0	0	584
0	0	1	292
0	1	0	146
0	1	1	73
1	0	0	36.6

控制寄存器 DB6、DB5 位的 DOUT2 和 DOUT1 用于控制引脚 Dout2 和 Dout1 的输出,

可以用于校验前端电路或指示 AD7716 的状态等。

7.2.4　AD7716 数据输出格式

控制寄存器配置完成后，AD7716 开始模数转换，这期间需要一段初始化延时使数字滤波器达到稳定状态。无论是主模式还是从模式，AD7716 输出的结果都是 4×32 位的数据流，该数据流包含 4 个通道的模数转换结果，数据输出格式见表 7.4。因为 AD7716 是 22 位 ADC，故转换结果的 DB21 ~ DB0 在输出数据的 DB31 ~ DB10 的位置。DB21 是转换结果的高位，从 AD7716 的数据输出时序上可以看出其最先输出。由于 AD7716 是多通道 ADC，并且可以多片级联，所以在输出数据流中包含了地址信息，其中通道地址 CA0、CA1 在输出数据的 DB9 和 DB8 的位置，通道地址的格式见表 7.5。当多片 AD7716 级联时，片地址在输出数据的 DB7、DB6、DB5 的位置。数据中的 DB4 位为引脚 Din。

表 7.4　AD7716 输出数据格式

DB31 ~ DB10	DB9	DB8	DB7	DB6	DB5	DB4	DB3	DB2	DB1	DB0
DB21 ~ DB0	CA0	CA1	A0	A1	A2	$D_{IN}1$	OVFL	×	×	×
转换结果	通道 1 地址		设备地址			直接步长	溢出	未定义位		

表 7.5　通道地址格式

Channel	CA1(DB8)	CA0(DB9)
$A_{IN}1$	0	0
$A_{IN}2$	0	1
$A_{IN}3$	1	0
$A_{IN}4$	1	1

7.2.5　AD7716 与单片机的接口电路设计

AD7716 采用串行接口方式与处理器进行通信，串行接口使用的信号线数量少，可以简化设计和布线，减小电路板尺寸。用普通 I/O 口来模拟与 AD7716 的通信时序，AD7716 与单片机的接口电路如图 7.6 所示，为了方便实验，该电路设计中将 AD7716 的模式选择 MODE 引脚和地址引脚 A2、A1、A0 的配置通过跳线选择方式来确定（AD7716 主模式在这里并不适用，因为 89C51 单片机没有串行接口，无法识别 AD7716 主模式发送数据的时序）。本书以 AD7716 从模式为例讲解其在单片机系统设计中使用的方法。通过电路图可以看到，P1.0 与 AD7716 的 SCLK 相连，用于模拟 AD7716 输入输出数据所需的时钟信号；P1.1 控制发送帧同步信号 $\overline{TFS}$；P1.2 与 SDATA 相连，用于输出配置数据，读取转换结果数据流；P1.3 控制接收帧同步信号 RFS；P1.4 与 $\overline{DRDY}$ 相连，可用于轮询方式读取转换结果，同时 $\overline{DRDY}$ 与 INT0 相连，可用于中断方式读取转换结果；P1.5 与 RESET 相连，用于软件复位 AD7716；P1.6 与 DIN1 相连，可用于测试 DIN1 输入引脚与输出数据流中 DIN1 位的对应关系。另外，AD7716 的 Dout1 和 Dout2 分别连接一个 LED，用于测试其与

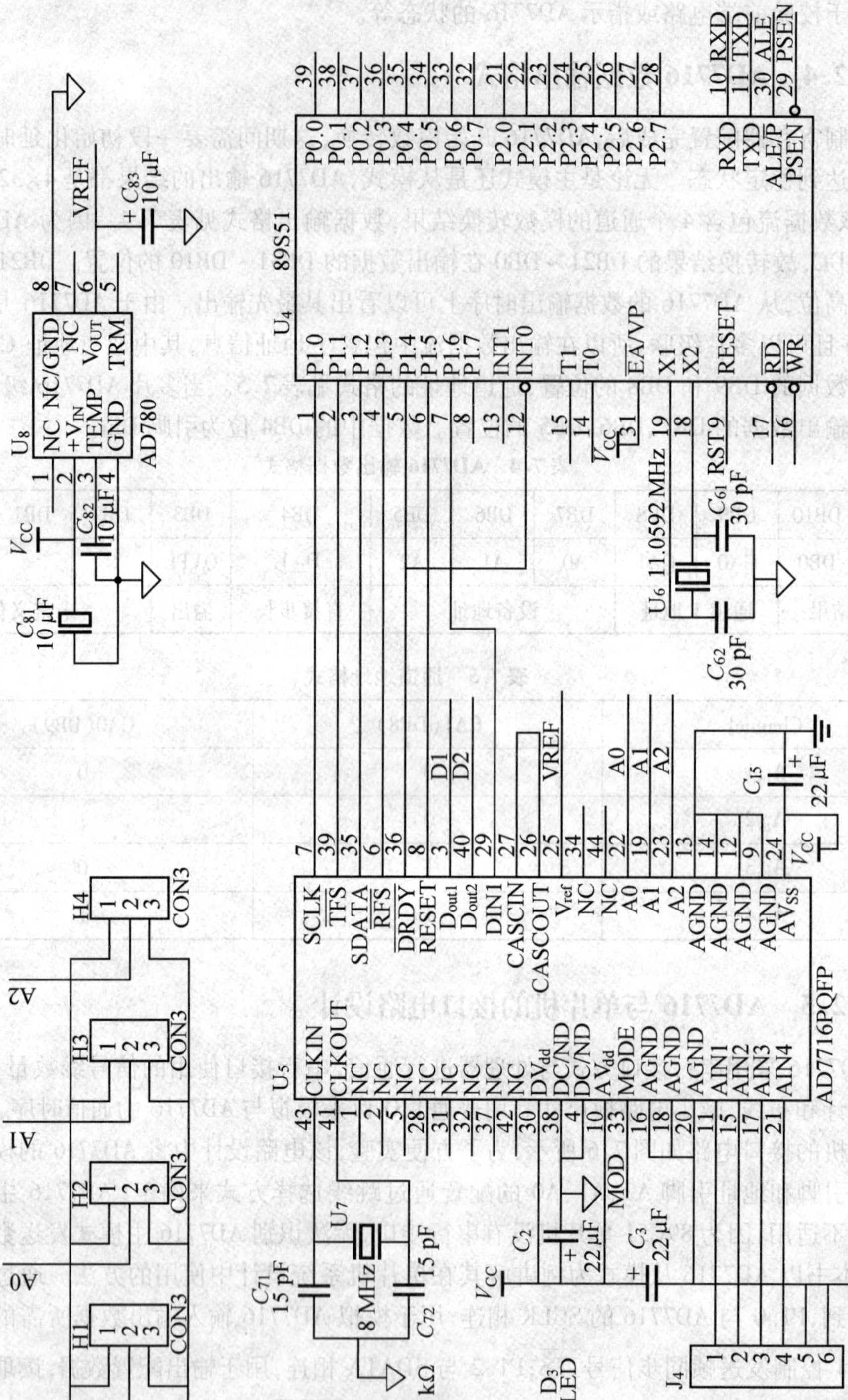

图 7.6 AD7716与单片机的接口电路

AD7716 配置寄存器相应位的对应关系，同时，根据这两个 LED 的状态可以判断 AD7716 配置寄存器是否配置成功。本例中选用 AD780 作为 AD7716 的参考电压源。在电路设计中注意模拟地和数字地分开设计。一般情况下模拟信号输入 ADC 之前都应该有模拟信号调理电路，如滤波、电压电流转换等。为了简化设计，突出讲解重点，这里取消了模拟信号调理电路部分。

7.2.6　AD7716 与单片机的程序设计

AD7716 采用的是串行接口方式，由于 C51 单片机没有串行接口，需要用软件控制 I/O口电平来模拟出串行接口时序与 AD7716 通信。通过上节介绍可知，在软件中需要模拟出串行时钟信号、帧同步脉冲信号，并通过与 SDATA 相连的 P1.4 接口接收或发送数据。系统运行时，主程序首先调用 AD7716 初始化程序，完成 AD7716 的控制寄存器初始化工作，然后单片机进入 while 循环，等待 AD7716 通过 $\overline{DRDY}$ 送入 INT0 的中断信号，单片机在 INT0 中断服务程序中完成 AD7116 转换结果的读取。源程序如下：

```
#include <reg52.h>
sbit SCLK= P1^0;
sbit TFS= P1^1;
sbit SDATA= P1^2;
sbit RFS= P1^3;
sbit DRDY= P1^4;
sbit RESET= P1^5;      //复位，高有效
sbit DIN1= P1^6;
long receive_buf;
long receive_data[4];
void waitforRESETAD()/*延时一段时间，确保 AD7716 复位完成*/
{
int i=0;
    for (i=0;i<=1000;i++)
    {
    i++;
    i--;
    }
}
/*初始化 AD7716*/
void initialAD()
{/*AD7716 寄存器的位值*/
    intDB5_DOUT1=1,DB6_DOUT2=0;
    intDB10_FC2=0,DB9_FC1=1,DB7_FC0=0;
    intDB11_M0=1,DB14_A2=0,DB13_A1=0,DB12_A0=0;
    /*按位方式配置 AD7716*/
```

```
SCLK = 0;
SCLK = 1;  /＊将 SCLK 置高,这句是必须的＊/
TFS = 0;/＊TFS 置低＊/
/＊开始向 AD7716 寄存器输入数据＊/
SCLK = 1;
SDATA = 0;/＊DB0=0,该位为固定值＊/
SCLK = 0;
SCLK = 1;
SDATA = 0;/＊DB1=0,保留＊/
SCLK = 0;
SCLK = 1;
SDATA = 0;/＊DB2=0,保留＊/
SCLK = 0;
SCLK = 1;
SDATA = 0;/＊DB3=0,保留＊/
SCLK = 0;
SCLK = 1;
SDATA = 0;/＊DB4=0,保留＊/
SCLK = 0;
SCLK = 1;
SDATA = DB5_DOUT1;/＊DB5＊/
SCLK = 0;
SCLK = 1;
SDATA = DB6_DOUT2;/＊DB6＊/
SCLK = 0;
SCLK = 1;
SDATA = DB7_FC0;/＊DB7＊/
SCLK = 0;
/＊TFS high＊/
TFS = 1;
TFS = 0;
SCLK = 1;
SDATA = 1;/＊DB8=1,该位为固定值＊/
SCLK = 0;
SCLK = 1;
SDATA = DB9_FC1;/＊DB9＊/
SCLK = 0;
SCLK = 1;
SDATA = DB10_FC2;/＊DB10＊/
```

```
        SCLK = 0;
        SCLK = 1;
        SDATA = DB11_M0;/ * DB11 * /
        SCLK = 0;
        SCLK = 1;
        SDATA = DB12_A0;/ * DB12 * /
        SCLK = 0;
        SCLK = 1;
        SDATA = DB13_A1;/ * DB13 * /
        SCLK = 0;
        SCLK = 1;
        SDATA = DB14_A2;/ * DB14 * /
        SCLK = 0;
        SCLK = 1;
        SDATA = 1;/ * DB15,要使能 AD7716 编程配置,该位必须为"1" * /
        SCLK = 0;
        SCLK = 1;
        / * TFS high * /
        TFS = 1;            / * TFS 置高。AD7716 的寄存器配置字已经写入,因此 TFS
必须置高 * /
        / * 复位 AD7716 * /
        RESET = 1;
        waitforRESETAD( );
        RESET = 0;
    }
  / * 中断服务程序——读 AD7716 结果数据流 * /
  void int0( ) interrupt 0
        {
          int i,ch;
          receive_buf = 0;
          EX0 = 0;        / * 禁用 int0 * /
          / * 读 AD7716 结果数据流 * /
          RFS = 0;
          for(ch=0; ch<4; ch++)
          {
  for(i=31; i>=0; i--)
          {
          SCLK = 1;
          receive_buf = 0;
```

```
            SCLK = 0;
            receive_buf |= SDATA;
            receive_buf = receive_buf << i;
            receive_data[ch] |= receive_buf;
        }
    }
    RFS = 1;
    EX0 = 1;      /*使能 int0*/
}

void main()
{
    initialAD();/*初始化 AD*/
    IT0 = 1;/*下降沿触发*/
    EX0 = 1;/*使能 int0*/
    EA = 1;/*使能中断*/
    while(1)/*等待进入中断服务程序*/
    {}
}
```

7.3 TLC7528 的硬件结构及软硬件设计方法

7.3.1 TLC7528 硬件结构及引脚功能

TLC7528 是一款采用并行接口的,具有独立锁存器的双通道 8 位数字模拟转换器,其功能结构框图如图 7.7 所示。数据通过公共的 8 位输入接口输入到两个锁存器中的其中一个,控制引脚 DACA/DACB 决定数据应输入到哪个锁存器,引脚功能如图 7.8 所示。该 DAC 的数据装载周期与随机存储器的写周期类似,这一特性使其可以方便地与大多数处理器总线和输出端口连接。该器件工作在 5 ~ 15 V 范围内,典型功耗小于 15 mW。2 或 4 象限乘法功能使其成为许多微控制器增益设置和信号控制应用的良好选择。该器件工作在电压模式。

7.3.2 TLC7528 的工作模式及时序

TLC7528 通过数据总线、CS、WR、DACA/DACB 等控制信号与微处理器接口,工作时序如图 7.9 所示。当 CS 和 WR 都为低电平时,TLC7528 输出由 DACA/DACB 控制线指定通道,由数据总线 DB7 ~ DB0 输入的模拟信号。在这种模式下,锁存器是透明的,输入信号直接影响模拟信号的输出。当 CS 或 WR 任意信号为高电平时,直到 CS 和 WR 信号再次变为低电平时,数据总线 DB7 ~ DB0 上的数据才会被锁存。当 CS 信号为高电平,无论 WR 为高电平还是低电平,数据输入都被禁止。需要注意的是,只有当 TLC7528 工作在

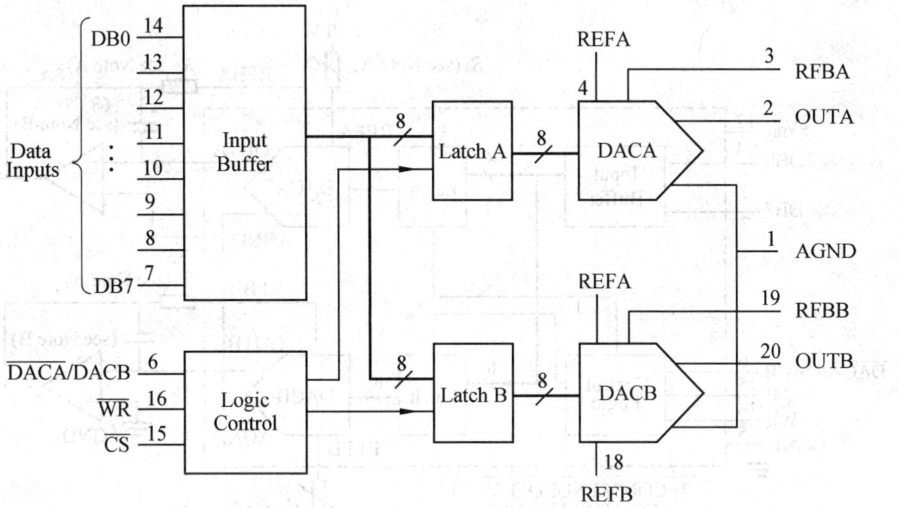

图 7.7　TLC7528 功能结构框图

5 V电源电压时,数字接口才与 TTL 电平兼容,当工作电压高于5 V 时,数字接口需进行电平转换实现与 TTL 电平兼容。TLC7528 模式选择真值表见表 7.6。

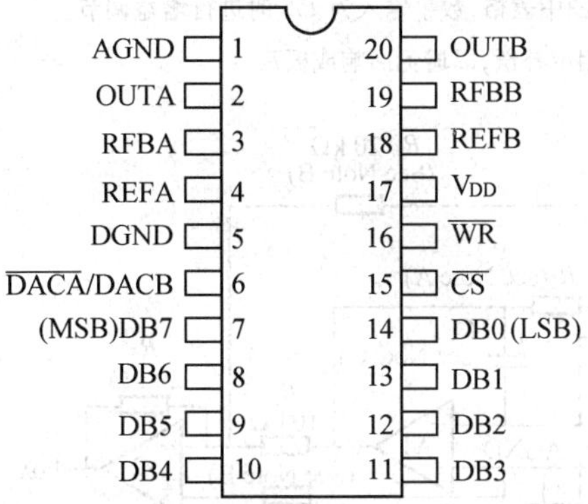

图 7.8　TLC7528 引脚功能(DIP 封装)

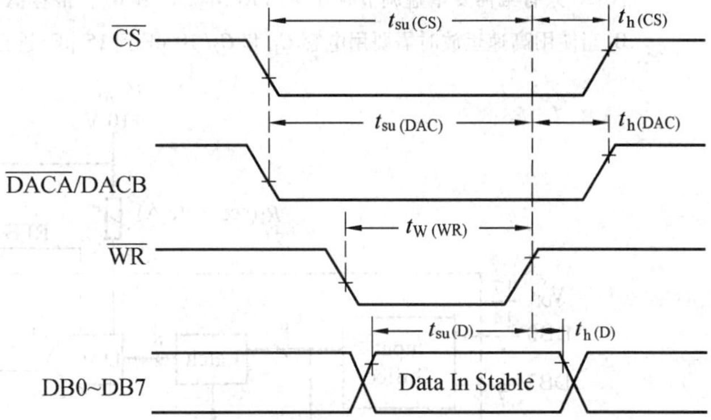

图 7.9　TLC7528 工作时序

表 7.6　TLC7528 模式选择真值表

$\overline{DACA}$/DACB	$\overline{CS}$	$\overline{WR}$	DACA	DACB
L	L	L	Write	Hold
H	L	L	Hold	Write
×	H	×	Hold	Hold
×	×	H	Hold	Hold

注:L—Low Level; H—High Level; ×—Don't Care。

7.3.3　TLC7528 单极性和双极性输出方式及相应的二进制码

TLC7528 可以实现 2 象限或 4 象限乘法(2 象限、4 象限乘法说明见脚注)。通过 2 象限和 4 象限乘法可以实现单极性或双极性输出。2 象限乘法配置电路图如图 7.10 所示。4 象限乘法配置电路图如图 7.11 所示。单极性和双极性的二进制码见表 7.7。

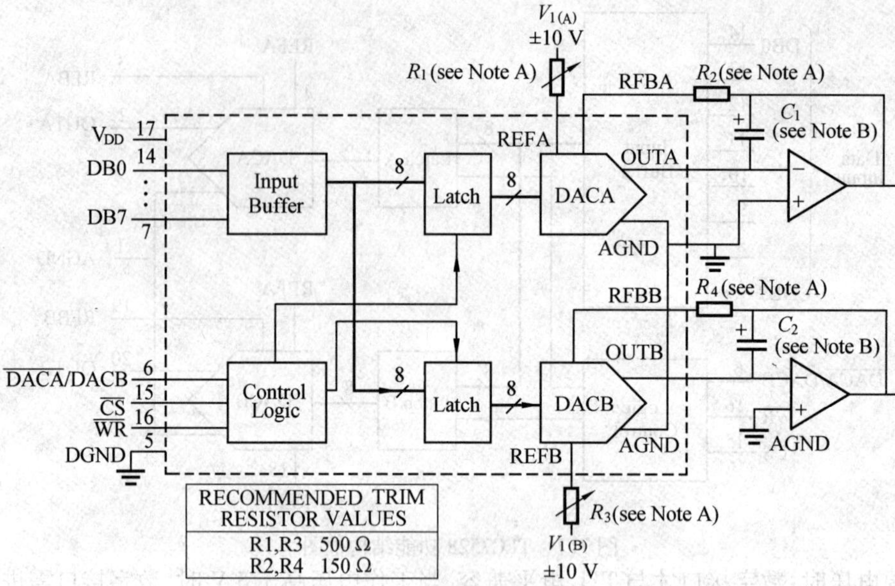

图 7.10　单极性输出操作(2 象限乘法)

注:A. 只有当需要增益调节时才使用 R_1,R_2,R_3 和 R_4。推荐值见图中表格,数字输入为 255 时进行增益调节。

B. 当使用高速运放时需要用电容 C_1 和 C_2(10 pF 到 15 pF)进行相位补偿,以避免回响或振荡。

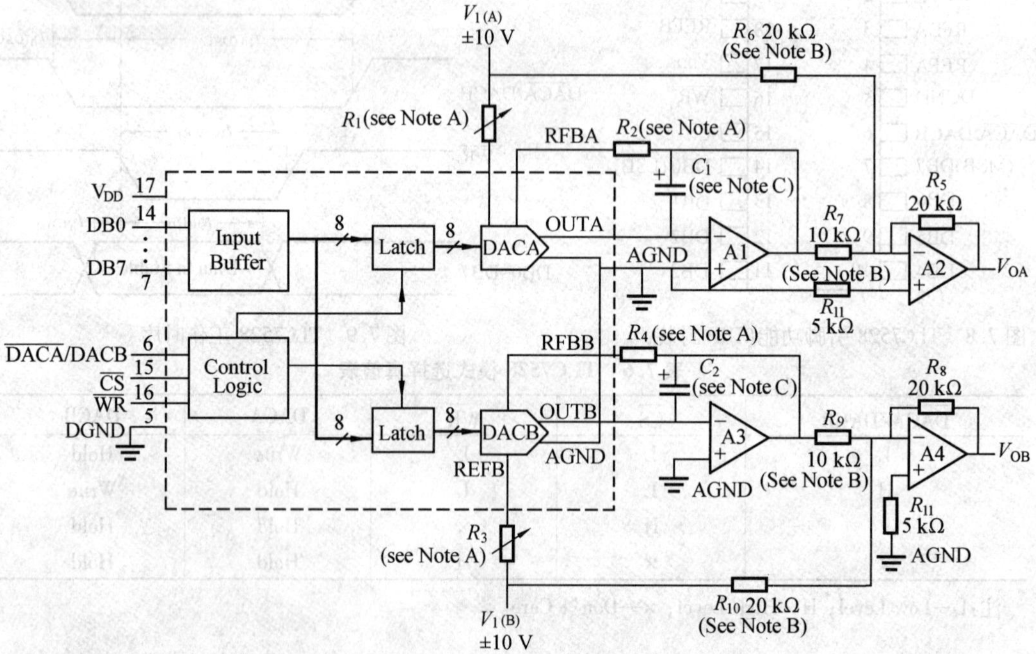

图 7.11　双极性输出操作(4 象限乘法)

注:A. 只有当需要增益调节时才使用 R_1,R_2,R_3 和 R_4。推荐值见图中表格。将 DACA 锁存器中的数据编码置为 10000000,调整 R_1 使 $V_{OA}=0$ V。将 DACB 锁存器中的数据编码置为 10000000,调整 R_3 使 $V_{OB}=0$ V。

B. R_6 和 R_7,R_9 和 R_{10} 构成的电阻对是匹配和跟踪的关键。

C. 如果 A1 和 A3 是高速运放时,可能会需要电容 C_1 和 C_2(10 pF 到 15 pF)进行相位补偿。

表 7.7　单极性和双极性二进制码

DAC LATCH CONTENTS MSB … LSB	ANALOG OUTPUT
1 1 1 1 1 1 1 1	$-V_1(255/256)$
1 0 0 0 0 0 0 1	$-V_1(129/256)$
1 0 0 0 0 0 0 0	$-V_1(128/256)=-V_1/2$
0 1 1 1 1 1 1 1	$-V_1(127/256)$
0 0 0 0 0 0 0 1	$-V_1(1/256)$
0 0 0 0 0 0 0 0	$-V_1(0/256)=0$

注：1 LSB $=(2^{-8})V_1$

DAC LATCH CONTENTS MSB … LSB	ANALOG OUTPUT
1 1 1 1 1 1 1 1	$V_1(127/128)$
1 0 0 0 0 0 0 1	$V_1(1/128)$
1 0 0 0 0 0 0 0	0 V
0 1 1 1 1 1 1 1	$-V_1(1/128)$
0 0 0 0 0 0 0 1	$-V_1(127/128)$
0 0 0 0 0 0 0 0	$-V_1(128/128)$

1 LSB $=(2^{-8})V_1$

注：所有的 DAC 器件的输出模拟电压 V_0，都可以表达成为输入数字量 D（数字代码）和模拟参考电压 V_R 的乘积。由于目前绝大多数 DAC 输出的模拟量均为电流量，这个电流量要通过一个反相输入的运算放大器才能转换成模拟电压输出，在这种情况下，模拟输出电压 V_0 与输入数字量 D 和参考电压 V_R 的关系为一种工作范围为二象限的 DAC 接口，即单值数字量 D 和正负参考电压 $\pm V_R$（模拟二象限），或者是单值模拟参考电压 V_R 和数字量 ±D（数字二象限）。输出模拟电压 V_0 的极性完全取决于模拟参考电压的极性。当参考电压极性不变时，只能获得单极性的模拟电压输出，如果 V_R 是交流电压参考源时，可以实现数字量到交流输出模拟电压的 DA 转换。当参考电压 V_R 极性不变时，要想得到双极性的模拟输出，就必须采取四象限工作的 DAC 接口电路。不论参考电压 V_R 的极性如何，都可以获得双极性的电压输出，在参考电压极性不变时，输出模拟电压的极性完全取决于输入数字量二进制码的最高位（MSB）。这样一来，对应于 MSB 的 0 或 1 和模拟参考电压 V_R 的正或负，模拟输出电压对应有四种组合方式，故称为四象限工作方式接口电路。

7.3.4　TLC7528 与单片机的接口电路设计

TLC7528 采用并行接口数据总线方式与处理器进行通信，在与单片机的接口设计中既可以采用类似随机存储器式的地址数据总线读写方式，也可以采用普通 I/O 控制方式。本例中为了能够灵活控制，简化电路设计，采用了普通 I/O 控制方式进行设计，电路原理图如图 7.12 所示。在原理图连线画法上不同于上节介绍 AD7716 时采用的连线方式，本例在原理图设计中部分连线使用了网络标号，网络标号的作用和连线相同，相同的网络标号是连通在一起的，通过使用网络标号可以使连线复杂的原理图设计看起来简洁，具体用

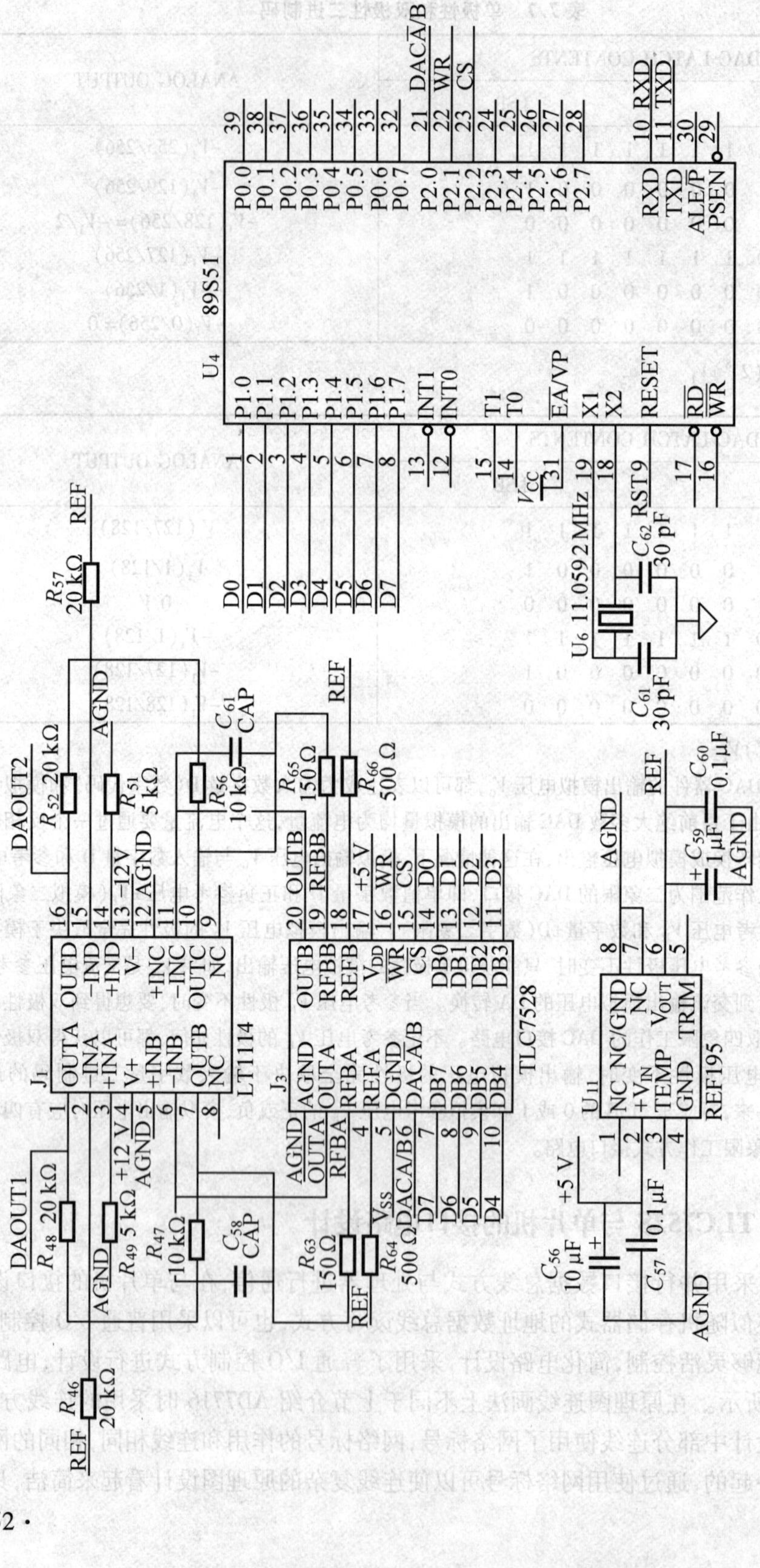

图 7.12 TLC7528 与单片机接口电路图

法可参考相关书籍。本例中的模拟部分采用了 4 象限乘法设计方案,可以输出正负电压信号,原理图中的 LT1144 为精密四运算放大器,REF195 为 5 V 电压参考源。在原理图上可以看到,在数字接口部分,单片机的 P1 口作为数据线接口与 TLC7528 的数据线相连用于给 TLC7528 发送数据;P2.0 与 TLC7528 的 DACA/B 相连用于控制单片机发送的数据锁存入哪个锁存器;P2.1、P2.2 分别与 TLC7528 的 WR、CS 相连,用于控制单片机向 TLC7528 写入数据和片选。

7.3.5 TLC7528 与单片机的程序设计

TLC7528 采用的是并行接口方式与单片机通信,这种连接方式在电路图设计和布线上比串口方式复杂些,而且会增大电路板面积,但这种方式的优势是单片机发送控制数据程序简单,易于使用。示例程序如下,在程序中通过定时器产生周期为 400 μs 的中断,在定时器中断服务程序中执行向 TLC7528 数据锁存器写入数据的操作,实现通过 DA 输出方波。

程序修改代码如下:

```
#include<reg52.h>
sbit DACAB= P2^0;
sbit DACWR= P2^1;
sbit DACCS= P2^2;
int counter;
void initialTIMERandDAC()
{
    counter = 0;
    /*初始化 Timer*/
    TMOD = 0x20;  //模式 2
    TL1 = 0x38;  //周期 400 μs
    TH1 = 0x38;
    /*初始化 DAC*/
    DACAB = 0;      /*选择 DAC 通道 A*/
    DACCS = 0;
    DACWR = 0;
    P1 = 0x00;
    DACWR = 1;
    DACCS = 1;
    DACAB = 1;      /*选择 DAC 通道 B*/
    DACCS = 0;
    DACWR = 0;
    P1 = 0x0FF;
    DACWR = 1;
    DACCS = 1;
```

```
}
void dac_output( )   interrupt 3
{
    counter ++;
    if(2 == counter)
      {
      counter = 0;
      DACAB = 0;        /*选择 DAC 输出 A*/
      DACCS = 0;
      DACWR = 0;
      P1 = P1;
      DACWR = 1;
      DACCS = 1;
      DACAB = 1;        /*选择 DAC 输出 B*/
      DACCS = 0;
      DACWR = 0;
      P1 =  ~P1;
      DACWR = 1;
      DACCS = 1;
      }
}
void main( )
{
    initialTIMERandDAC( );/*初始化 Timer1 和 TLC7528*/
    ET1 = 1;/*使能 Timer1 中断*/
    EA = 1;/*使能中断*/
    TR1 = 1;/*启动 Timer1*/
    while(1)/*等待进入中断服务程序*/
    {}
}
```

习　　题

1. 常见的 ADC 转换器的种类有哪些?

2. 在选取 ADC 和 DAC 时主要参考的指标有哪些?

3. 当在单片机系统设计中采用串行接口的 ADC 或 DAC 时,如何实现串行接口与单片机的连接?

4. 简述如何在程序中通过 I/O 口模拟串行接口通信?

5. 说明中断方式读取 ADC 数据和轮询方式读取 ADC 数据的优缺点?

6. 如何修改 DAC 输出方波的周期?

7. 尝试编写程序实现通过 DAC 输出锯齿波、正弦波等。

第8章

串行口通信原理及应用实现

8.1 串行通信基本概念

计算机与外界的信息交换称为通信。通信的基本方式可分为并行通信和串行通信两种。所谓并行通信是指数据的各位同时在多根数据线上发送或接收(见图8.1)。串行通信是数据的各位在同一根数据线上依次逐位发送或接收(见图8.2)。串行通信在单片机双机、多机以及单片机与PC机之间的通信等方面得到了广泛应用。

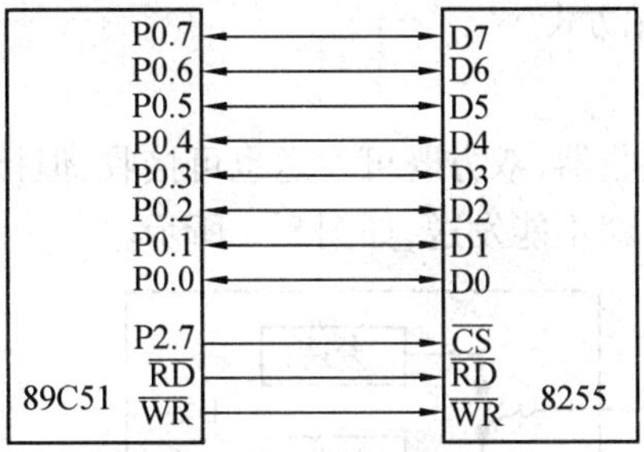

图8.1 并行通信示意图

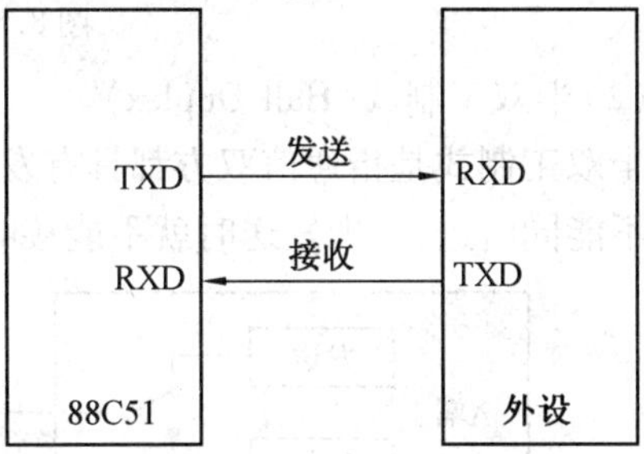

图8.2 串行通信示意图

1. 串行通信分类

串行通信按同步方式可分为异步通信和同步通信两种基本通信方式。

(1)同步通信(Synchronous Communication)。

同步通信是一种连续传送数据的通信方式,一次通信传送多个字符数据,称为一帧信息。其数据传输速率较高,缺点是要求发送时钟和接收时钟保持严格同步。同步通信的帧结构如图8.3所示。

同步字符	数据字符1	数据字符2	…	数据字符n-1	数据字符n	校验字符	(校验字符)

图8.3 同步通信的帧结构

(2)异步通信(Asynchronous Communication)。

在异步通信中,数据通常是以字符或字节为单位组成数据帧进行传送的。收、发端各有一套彼此独立、互不同步的通信机构，由于收发数据的帧格式相同，因此可以相互识别接收到的数据信息。所以不要求收发双方时钟的严格一致，实现容易，设备开销较小，但每个字符要附加 2 ~ 3 位用于起止位，各帧之间还有间隔，因此传输效率不高（见图 8.4）。

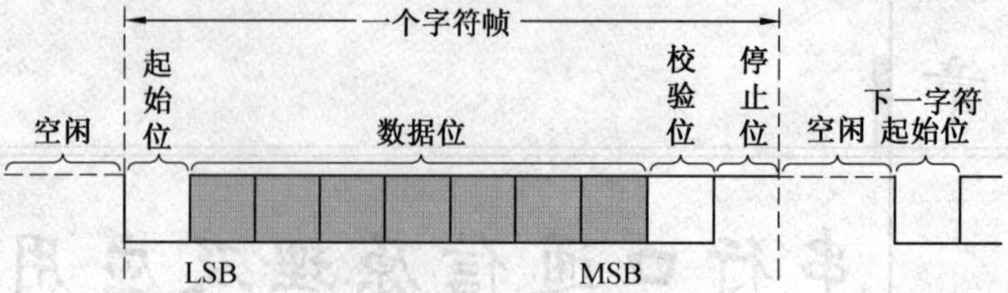

图 8.4　异步通信的帧结构

2. 串行通信的制式

在串行通信中，数据是在两个站之间传送的。按照数据传送方向，串行通信可分为三种制式。

（1）单工制式（Simplex）。

单工制式是指甲乙双方通信只能单向传送数据。每个设备只有一种功能，要么接收，要么发送，如图 8.5 所示。

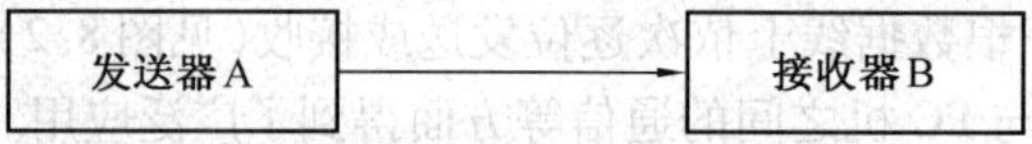

图 8.5　单工传输方式

（2）半双工制式（Half Duplex）。

半双工制式是指通信双方都具有发送器和接收器，双方既可发送也可接收，但接收和发送不能同时进行，即发送时就不能接收，接收时就不能发送，如图 8.6 所示。

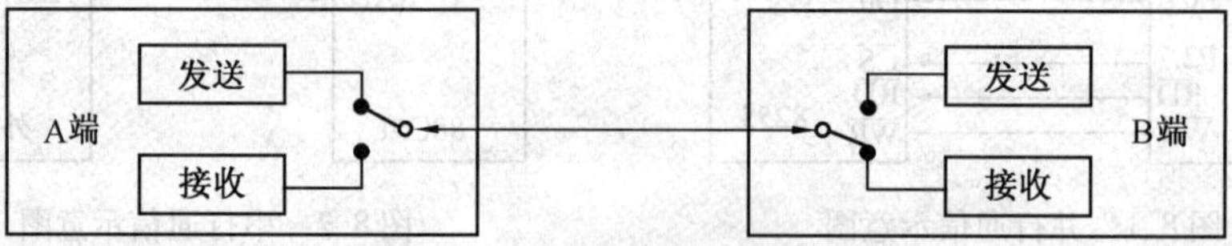

图 8.6　半双工传输方式

（3）全双工制式（Full Duplex）。

全双工制式是指通信双方均设有发送器和接收器，并且将信道划分为发送信道和接收信道，两端数据允许同时收发，因此通信效率比前两种高，如图 8.7 所示。

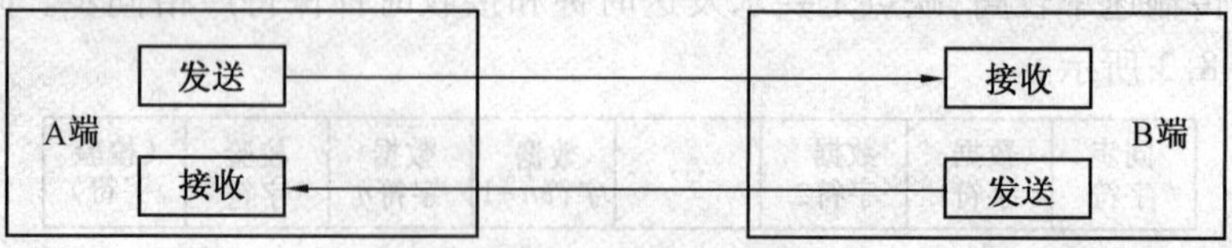

图 8.7　全双工传输方式

通信时，一个字符帧一般可以分为 4 个部分，即起始位、数据位、奇偶校验位和停止位。下面介绍各位的作用。

①起始位。在没有数据传送时,通信线上处于逻辑“1”状态。当要发送一个字符数据时,首先发送一个逻辑“0”信号,这个低电平便是帧格式的起始位。其作用是向接收端表示发送端开始发送一帧数据。接收端检测到这个低电平后,就准备接收数据信号。

②数据位。在起始位之后,传送(或接收)的是数据位,数据的位数没有严格的限制,5 ~ 8 位均可。由低位到高位逐位传送。

③奇偶校验位。数据位发送完(接收完)之后,可发送一位用来检验数据在传送过程中是否出错的奇偶校验位。奇偶校验是收发双方预先约定好的差错检验方式之一。有时也可不用奇偶校验。

④停止位。字符帧格式的最后部分是停止位,逻辑“1”电平有效,它可占 1/2 位、1 位或 2 位(在串行通信时每位的传送时间是固定的)。停止位表示传送一帧信息的结束,也为发送下一帧信息做好准备。

3. 串行通信的波特率

波特率(Baud Rate)是串行通信中一个重要概念,它是指传输数据的速率,也称比特率。波特率的定义是每秒传输二进制数码的位数。如:波特率为 1 200 bit/s 是指每秒钟能传输 1 200 位二进制数码。但实际传输过程中还要加上起始位和停止位,速率并没有这么快。

4. 51 单片机的串行口结构

串口通信对单片机而言意义重大,不但可以实现将单片机的数据传输到计算机端,而且也能实现计算机对单片机的控制。由于其所需电缆线少,接线简单,所以在近距离传输中,得到了广泛的运用。51 单片机内部集成的全双工串行通信接口(UART),串行口功能强大,可以实现串行数据的发送和接收,同时还可以作为同步移位寄存器使用。

51 单片机的全双工串行口主要由数据发送缓冲器、发送控制器、输出控制门、接收控制器、输入移位控制器、数据接收缓冲器、串口时钟控制单元等组成,如图 8.8 所示。其中发送数据缓冲器(发送 SBUF,只能写入不能读出)和接收数据缓冲器(接收 SBUF,只能读出不能写入)是相互独立的,在单片机内它们共用同一特殊寄存器符号 SBUF,使用同一个地址 0x99,可以在同一时刻进行数据的发送和接收。在整个串行数据的接收和发送过程中 CPU 占用的时间很少,当数据写入发送数据缓冲器后,串行接口电路便自行启动,从而一位一位地向外传送数据。在接收端,数据也可以一位一位地接收数据,直到接收完

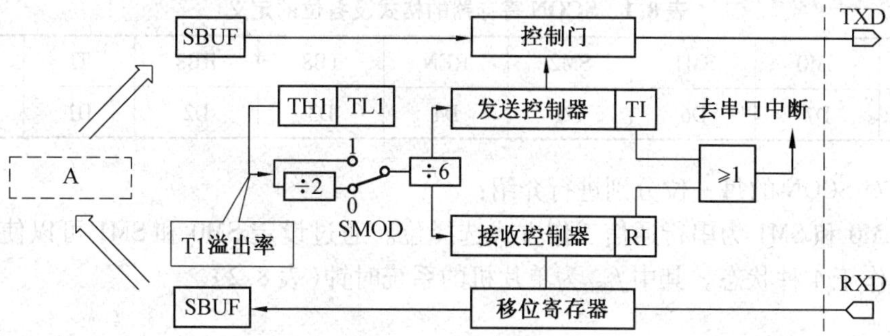

图 8.8　串行口的内部结构

毕。最后按要求送入接收数据缓冲器。

51 单片机通过特殊功能寄存器的设置、读取、检测来管理串行数据接口。相关的特殊功能寄存器有 IE、SCON、PCON、IP。串口的通信速率还和单片机的其他功能单元有关。比如,当要求波特率可变时,可能要通过设定 T1 定时器的溢出率来实现。

51 单片机的串口通常工作在中断方式。在中断模式下,单片机不需要实时查询串口数据发送或接收状态。而是在 CPU 接收或发送完一个字节的数据后产生中断信号,在中断函数中作相应的处理。从图 8.9 中可以看出,串口的接收和发送中断 RI、TI 共用一个中断通道,并有中断使能为 ES 控制 CPU 是否响应串口中断。

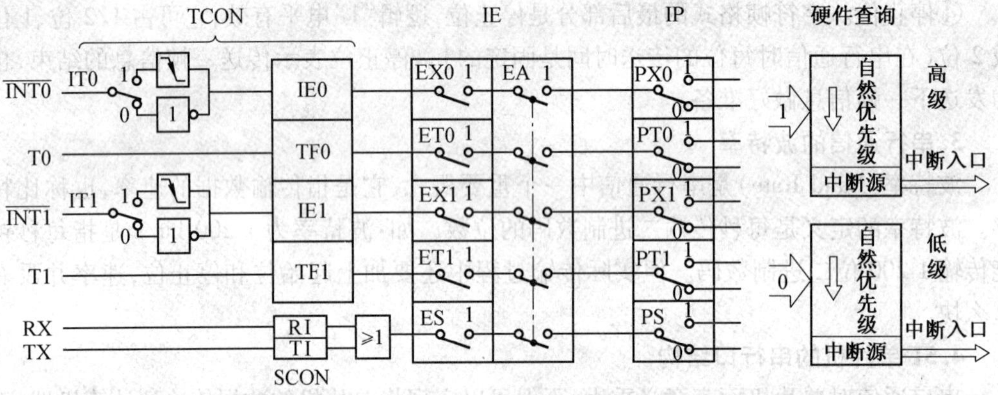

图 8.9　串行口中断信号响应结构

8.2　51 单片机的串行口接口相关的特殊功能寄存器

51 单片机的串行通信接口使用方便,通过设定串口有关的特殊功能寄存器使串口工作在合适的方式下,即可通过串口与外接进行数据交换。

1. 串行口控制寄存器(SCON)

串行口控制寄存器 SCON 用于选择串行通信的工作方式、串口功能控制位。同时 SCON 还包括发送完成标志位(TI)、接收完成标志位(RI)等。SCON 寄存器的字节地址为 0x98H,每一位都可以位寻址,其格式及各位的定义见表 8.1。

表 8.1　SCON 寄存器的格式及各位的定义

SCON	SM0	SM1	SM2	REN	TB8	RB8	TI	RI
数据位	D7	D6	D5	D4	D3	D2	D1	D0

下面对 SCON 的每一位分别进行介绍:

(1)SM0 和 SM1 为串行通信工作方式选择位。通过设定 SM0 和 SM1 可以使单片机的串口工作于 4 种状态。其中 f_{OSC} 为单片机的系统时钟(表 8.2)。

表 8.2　串口工作方式介绍

SM0	SM1	工作方式	功能说明	波特率
0	0	0	同步移位寄存器方式	$f_{OSC}/12$
0	1	1	8 位异步收发	波特率由 T1 定时器控制
1	0	2	9 位异步收发	$f_{OSC}/32$ 或 $f_{OSC}/64$
1	1	3	9 位异步收发	波特率由 T1 定时器控制

(2)SM2 主要用于多机通信中,即串行工作方式 2 和方式 3。

SM2=1 时,只有接收到的第 9 位数据(RB8)为“1”时,才将接收到的前 8 位数据送入 SBUF,并置 RI 为“1”,产生中断请求;当接收到的第 9 位数据(RB8)为“0”时,串行口将接收到的前 8 位数据丢弃。

SM2=0 时,则不论接收到的第 9 位数据(RB8)是“1”还是“0”,都将前 8 位数据送入 SBUF 中,并置 RI 为“1”,产生中断请求。

(3)REN 为串行接收允许控制位。该位由软件清零和置位,当 REN=1,允许接收;REN=0,禁止接收。

(4)TB8。在方式 2 和方式 3 时,TB8 是要发送的第 9 位数据,其值由软件置“1”或清“0”。在双机通信时 TB8 作为奇偶校验位使用,在多机通信中用于表示发送的是数据帧还是地址帧。TB8=1 时,为地址帧;TB8=0 时,为数据帧。

(5)RB8。在方式 2 和方式 3 时,RB8 是接收数据的第 9 位数,在方式 1 中,如果 SM2=0,RB8 是接收到的停止位。在方式 0 中,不使用 RB8。

(6)TI 为串口通信发送中断标志位。当发送完一帧数据后,由硬件将 TI 置 1,并发出中断请求。CPU 响应中断并不清除 TI,因此必须软件清 0。

(7)RI 为串口通信接收中断标志位。当接收完一帧数据,由硬件将 RI 置 1,并发出中断请求。CPU 响应中断并不清除 RI,因此必须软件清 0。

2. 特殊功能寄存器(PCON)

特殊功能寄存器 PCON 用于单片机的电源控制,也称为电源控制寄存器。在某些低功耗的场合需要使用。除此之外,PCON 的最高位还控制串行接口的波特率。在设定好波特率的情况下,通过控制 SMOD 位可以使串口的波特率加倍(表 8.3)。

表 8.3　PCON 寄存器的格式及各位的定义

PCON	SMOD	x	x	x	GF1	GF0	PD	IDL
数据位	D7	D6	D5	D4	D3	D2	D1	D0

3. 中断使能特殊功能寄存器(IE)

51 单片机的 CPU 对中断源的开放或屏蔽,是由片内的中断允许寄存器 IE 控制的,IE 的字节地址为 A8H,当设定串口工作在中断模式下,需对中断使能寄存器进行设定。与串口相关的位是 EA 和 ES(表 8.4)。

表 8.4 IE 寄存器的格式及各位的定义

IE	EA	x	x	ES	ET1	EX1	ET0	EX0
数据位	D7	D6	D5	D4	D3	D2	D1	D0

(1)EA 为 MCS-51 的 CPU 的中断总控制位。EA=1,CPU 允许中断;EA=0,CPU 屏蔽所有的中断申请。

(2)ES 为串行口中断允许控制位。ES=1,允许串行口中断;ES=0,禁止串行口中断。

4. 中断优先级特殊功能寄存器(IP)

CPU 在同一时间只能响应一个中断请求。若同时来了两个或两个以上中断请求,就必须有先有后。51 单片机将 5 个中断源分成高级、低级两个级别,高级优先,由 IP 控制(表 8.5)。

表 8.5 IP 寄存器的格式及各位的定义

IP	x	x	x	PS	PT1	PX1	PT0	PX0
数据位	D7	D6	D5	D4	D3	D2	D1	D0

PS 为串行口中断优先级控制位。PS=1,串行口中断定义为高优先级中断;PS=0,串行口中断定义为低优先级中断。

8.3 51 单片机的串行口的工作方式

51 单片机串行通信共有 4 种工作方式,它们分别是方式 0、方式 1、方式 2 和方式 3,由串行控制寄存器 SCON 中的 SM0,SM1 决定。

(1)串口工作方式 0 为同步移位寄存器输入/输出方式,通过设定 SCON 寄存器的 SM0=0,SM1=0 来实现。此时 SM2,RB8,TB8 均应设置为 0。串口工作在方式 0 的情况下,波特率固定为 $f_{OSC}/12$。数据以 8 位作为一帧,没有起始位和停止位。发送时低位在前,高位在后(见图 8.10)。

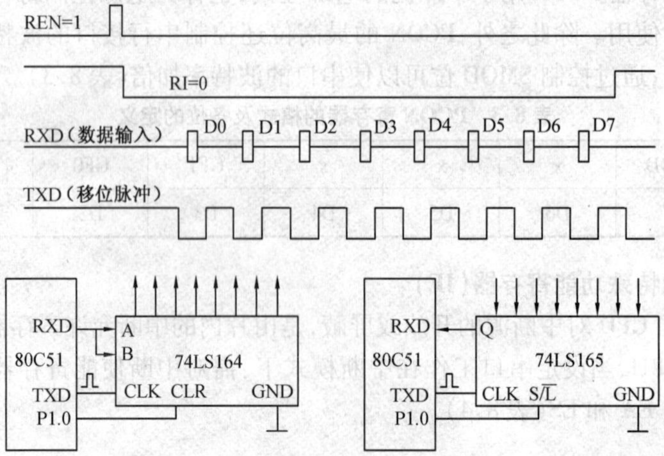

图 8.10 串行口工作方式 0

(2)串口工作方式 1 为波特率可变的串行异步通信方式,通过设定 SCON 寄存器的 SM0=0,SM1=1 来实现。其中波特率由定时器 T1 的溢出率及 PCON 的 SMOD 共同决定。工作在方式 1 的模式下,每一帧数据由 10 位组成。其中 1 位起始位,8 位数据位,1 位停止位(见图 8.11)。

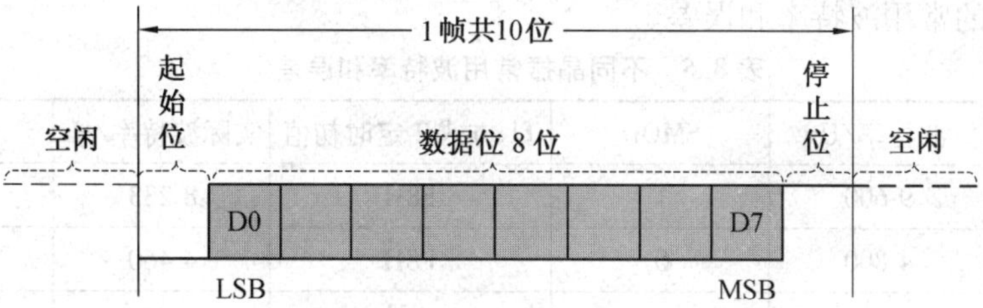

图 8.11　串行口工作方式 1 数据传送格式

(3)串行口的工作方式 2 和工作方式 3,起始位 1 位,数据 9 位(含 1 位附加的第 9 位,发送时为 SCON 中的 TB8,接收时为 RB8),停止位 1 位,一帧数据为 11 位。方式 2 的波特率固定为系统时钟的 1/64 或 1/32,方式 3 的波特率由定时器 T1 的溢出率决定。方式 2 和方式 3 一般工作在多机通信的情况下(见图 8.12)。

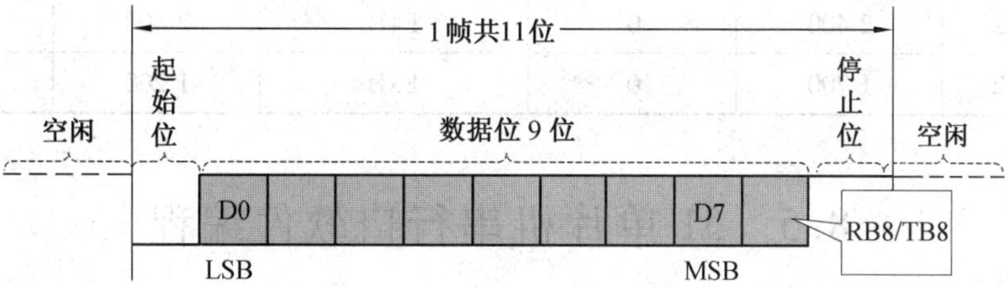

图 8.12　串行口工作方式 2 和 3 数据传送格式

8.4　51 单片机串行口波特率设定

在串行通信中,收发双方对发送或接收数据的速率要有约定。通过软件可对单片机串行口编程为四种工作方式。方式 0 和方式 2 的波特率是固定的;方式 1 和方式 3 的波特率是可变的,由定时器 T1 的溢出率来决定。计算的公式如下:

$$\text{方式 0 的波特率} = f_{OSC}/12$$

$$\text{方式 1 的波特率} = (2^{SMOD}/32) \times \text{T1 定时器的溢出率}$$

$$\text{方式 2 的波特率} = (2^{SMOD}/64) \times f_{OSC}$$

$$\text{方式 3 的波特率} = (2^{SMOD}/32) \times \text{T1 定时器的溢出率}$$

当 T1 作为波特率发生器时,最典型的用法是使 T1 工作在自动重载的 8 位定时器方式(方式 2,且 TCON 的 TR1=1,以启动定时器)。这时溢出率取决于 TH1 中的计数值,即

$$\text{T1 溢出率} = (f_{OSC}/[12\times(256-\text{TH1})])$$

在单片机的应用中,常用的晶振频率为 12 MHz 和 11.059 2 MHz,所以,选用的波特率也相对固定。对波特率需要说明的是,当串行口工作在方式 1 或方式 3(波特率可变),

且要求波特率按规范取 1 200,2 400,4 800,9 600,…时,若采用晶振 12 MHz 和 6 MHz,按上述公式算出的 T1 定时初值将不是一个整数,因此会产生波特率误差而影响串行通信的同步性能。解决的方法只有调整单片机的晶振频率 f_{OSC},为此有一种频率为 11.059 2 MHz的晶振,这样可使计算出的 T1 初值为整数。表 8.6 是串行方式 1 或方式 3 在不同晶振下的常用波特率和误差。

表 8.6　不同晶振常用波特率和误差

晶振频率/MHz	波特率/Hz	SMOD	T1 方式 2 定时初值	实际波特率/Hz	误差/%
12.00	9 600	1	F8H	8 233	7
12.00	4 800	0	F8H	4 460	7
12.00	2 400	0	F3H	2 404	0.16
12.00	1 200	0	F6H	1 202	0.16
11.059 2	19 200	1	FDH	19 200	0
11.059 2	9 600	0	FDH	9 600	0
11.059 2	4 800	0	EAH	4 800	0
11.059 2	2 400	0	F4H	2 400	0
11.059 2	1 200	0	E8H	1 200	0

8.5　51 单片机串行口软件编程

为了灵活地进行串行通信,通常采用方式 1 和方式 3,应对定时器和串口进行初始化,主要是设置产生波特率的定时 1、串行口控制和中断控制。具体步骤如下:

(1)确定串口的工作方式。

(2)设定串口相关的寄存器(SCON,PCON,IE,IP)。

(3)设定 T1 产生需要的波特率(TMOD,TCON)。

(4)编写合适的串口中断函数。

人们需要根据串口的实际要求确定串口的工作方式,通常单片机的串口工作在单机通信的方式,人们将串口设定为工作方式 1。通过前面对 SCON 寄存器的介绍,SM0,SM1 用于设定工作方式,REN 为使能串口接收。其他无关的位置零。确定 SCON 的值为 0x50。如果单片机的串口通信速率足够大,满足要求时,可以将 PCON 设定为 0x00。如果系统时钟过低,可以将 PCON 的最高位 SMOD 置位,使波特率加倍。

如果串口工作于中断方式时,我们需对中断有关的 2 个寄存器进行设定。IE 用于设定中断开启和屏蔽的,IP 则用于设定中断优先级。假如串口工作于中断模式,设定中断允许标志位 ES=1。在只有一个中断的情况下,可设定 IP=0x00。

设定 T1 产生需要的波特率,这个需对定时器有一定的了解。将定时器设定为工作方式 2,方式 2 为自动重装初值的 8 位计数方式,当 TL0 计数溢出时,这时 TH0 中的值就会自动送入 TL0 中,这种方式常用于产生精确的时钟信号和串口波特率的产生(见图

8.13)。这时不需要产生定时器中断。还需通过波特率的公式去计算定时器的初值。设定 TMOD=0x21,TH1=0xfd,TR1=1。

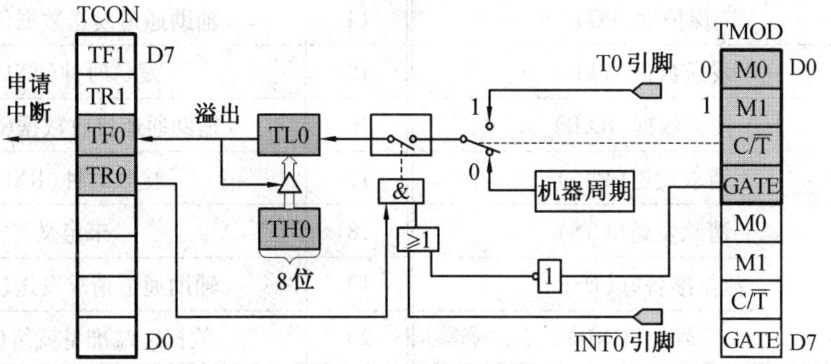

图 8.13　定时器工作方式 2

编写合适的串口中断函数,这要求对中断有一定的了解。单片机的中断都有其相应的入口地址。当有中断信号时,CPU 按照固定的地址跳转到中断函数。在 C 语言里用关键字 interrupt 来指示中断应用函数。51 单片机的 5 个中断源对应的地址见表 8.7。

表 8.7　51 单片机的中断源和中断号

中断源	入口地址	中断号(C 语言)
外部中断 0	0003H	0
定时/计数器 T0	000BH	1
外部中断 1	0013H	2
定时/计数器 T1	001BH	3
串口中断	0023H	4

8.6　51 单片机串行口电平转换

单片机中的输入输出数据信号电平都是 TTL 电平,这种电平采用正逻辑标准,TTL 电平标准:

输出 L: <0.8 V; H:>2.4 V。

输入 L: <1.2 V; H:>2.0 V。

PC 机配置的串口是 RS-232C 接口,两者电气特性不匹配,为了实现两者之间的通信,需要解决电平转换问题。RS-232C 电平标准:

逻辑 1(MARK)= -3 ~ -15 V;

逻辑 0(SPACE)= +3 ~ +15 V。

RS-232C 原本是美国电子工业协会(Electronic Industry Association,EIA)的推荐标准,现已在全世界范围内广泛采用,RS-232C 是在异步串行通信中应用最广的总线标准之一。该总线标准定义了 25 条信号线,使用 25 个引脚的连接器(表 8.8)。

表 8.8　RS-232C 接口信号定义

引脚	定义(助记符)	引脚	定义(助记符)
1	保护地(PG)	14	辅助通道发送数据(STXD)
2	发送数据(TXD)	15	发送时钟(TXC)
3	接收数据(RXD)	16	辅助通道接收数据(SRXD)
4	请求发送(RTS)	17	接收时钟(RXC)
5	清除发送(CTS)	18	未定义
6	数据准备好(DSR)	19	辅助通道请求发送(SRTS)
7	信号地(GND)	20	数据终端准备就绪(DTR)
8	接收线路信号检测(DCD)	21	信号质量检测
9	未定义	22	音响指标(RI)
19	未定义	23	数据信号速率选择
11	未定义	24	发送时钟
12	辅助通道接收线路信号检测(SDCD)	25	未定义
13	辅助通道允许发送(SCTS)		

实际上 RS-232C 的 25 条引线中有许多是很少使用的，一般只使用 3～9 条引线，常用 3 条接口线，即发送数据、接收数据和信号地。目前 COM1 和 COM2 使用的是 9 针 D 形连接器 DB9，如图 8.14 所示。

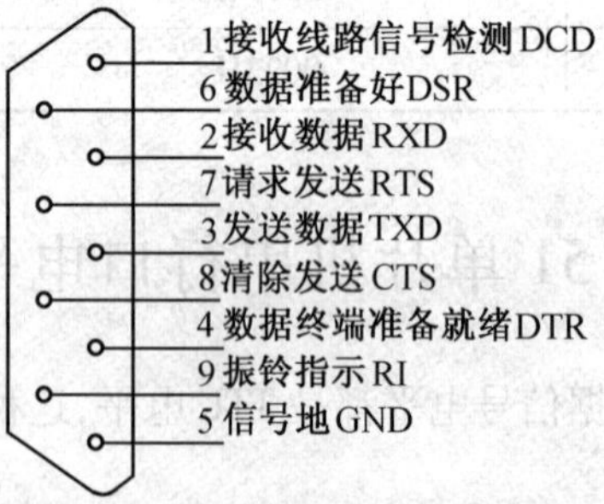

图 8.14　DB9 接口定义

由于 RS-232C 信号电平(EIA)与 8051 单片机信号电平(TTL)不一致，因此，必须进行信号电平转换。实现这种电平转换的电路称为 RS-232C 接口电路。一般有两种形式：一种是采用运算放大器、晶体管、光电隔离器等器件组成的电路来实现；另一种是采用专门集成芯片(如 MAX232、SP232 等)来实现。下面介绍由专门集成芯片 MAX232 构成的接口电路。

MAX232 芯片是 MAXIM 公司生产的具有两路接收器和驱动器的 IC 芯片，其内部有一个电源电压变换器，可以将输入+5 V 的电压变换成 RS-232C 输出电平所需的±12 V 电压。所以，采用这种芯片来实现接口电路特别方便，只需单一的+5 V 电源即可。

MAX232 芯片的引脚结构如图 8.15 所示。其中管脚 1 ~ 6(C1+、V+、C1-、C2+、C2-、V-)用于电源电压转换,只要在外部接入相应的电容即可;C1 ~ C5 可取 0.1 μF 的瓷片电容。管脚 7 ~ 10 和管脚 11 ~ 14 构成两组 TTL 信号电平与 RS-232 信号电平的转换电路,对应管脚可直接与单片机串行口的 TTL 电平引脚和 PC 机的 RS-232 电平引脚相连。

图 8.16 所示为 MAX232 实现串行通信接口电路图。

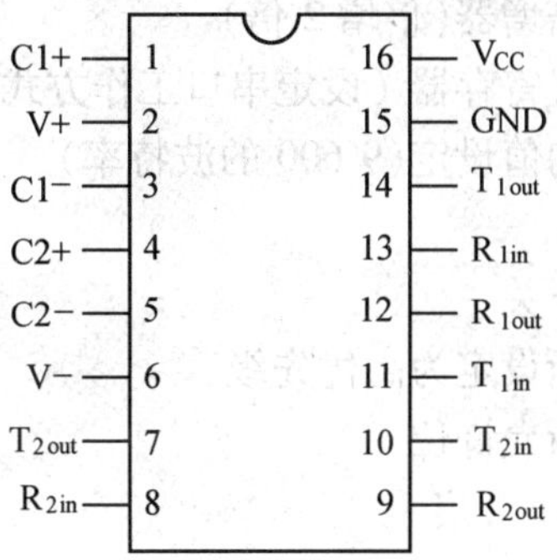

图 8.15　MAX232 引脚图

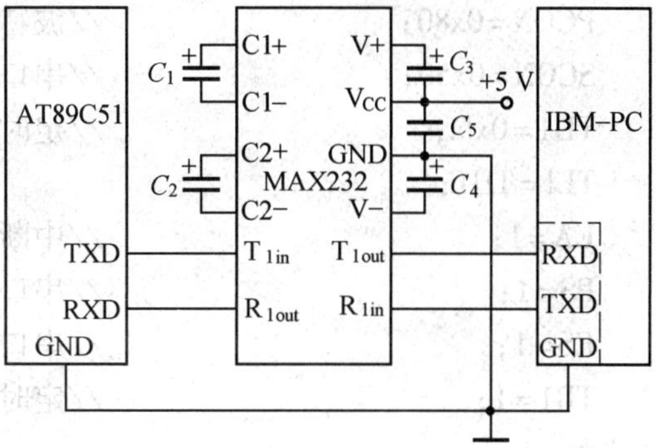

图 8.16　MAX232 实现串行通信接口电路图

8.7　51 单片机串行口接口编程实例

在本例中假设单片机和 PC 机进行通信,采用单机通信模式,通信的波特率设定为 9 600。单片机的外接晶振为 11.059 2 MHz。单片机向 PC 机发送一个字符串。发送采用的是查询方式,接收采用的是中断方式(见图 8.17)。

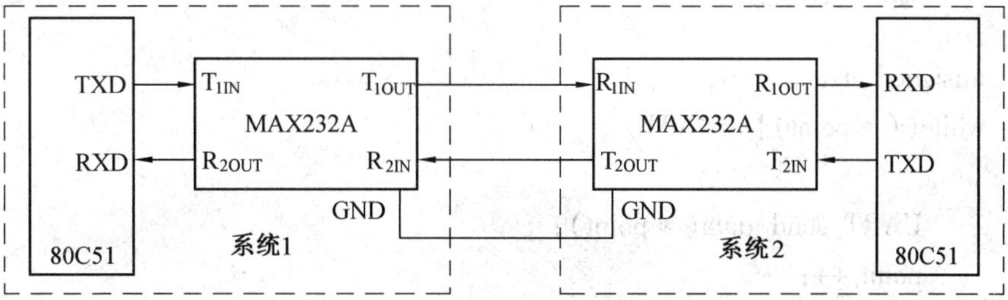

图 8.17　双机通信连接图

```
#include<reg52.h>                    //有关寄存器定义的头文件
#include<intrins.h>
bit TX=0;                            //串口发送完成的标志位
unsigned char TX_data[]="串口通信调试成功!";
void delay_ms(unsigned int x)        //延时毫秒级
{
    unsigned int a=0,b=0,c=0;
    for(a=x;a>0;a--)
    for(b=5;b>0;b--)
```

```
    for(c=128;c>0;c--);
}
void UART_initial()                    //串口初始化
{
    TMOD=0x21;                         //定时器工作方式设定
    PCON=0x80;                         //波特率倍增器(倍增2倍)
    SCON=0x50;                         //串口设置寄存器(设定串口工作方式)
    TH1=0xfa;                          //定时器初值设定(9 600 的波特率)
    TL1=TH1;
    EA=1;                              //中断总开关
    PS=1;                              //串口中断设定为高优先级
    ES=1;                              //串口中断允许位
    TR1=1;                             //定时器T1开启
}
void UART_send_data(unsigned char shu)        //发送单个数据
{
    TX = 0;
    SBUF = shu;
    while(TX==0);
}
void UART_send_array(unsigned char *point)    //发送字符串
{
    unsigned char n = 0;
    while((*point)! ='\0')
    {
        UART_send_data(*point);
        point ++;
    }
}
void main()
{
    UART_initial();
    while(1)
    {
        UART_send_array(TX_data);
        UART_send_data(0x0d);    //回车
        UART_send_data(0x0a);    //换行
        delay_ms(500);
```

```
    }
}
void UART_process( ) interrupt 4          //串口中断函数
{
    if( RI = = 1)
    {
        P0 = SBUF;                //把串口接收到的数据赋给 P1 口的流水灯显
                                  示
        RI = 0;                   //清除接收中断标志
    }
    if( TI = = 1)                 //处理发送中断
    {
        TI = 0;                   //清除发送中断标志
        TX = 1;
    }
}
```

当需进行多机通信时(见图 8.18),多机通信协议如下:

(1)所有从机的 SM2 位置 1,处于接收地址帧状态。

(2)主机发送一地址帧,其中 8 位是地址,第 9 位为地址/数据的区分标志(由 TB8 设定),该位置 1 表示该帧为地址帧。

(3)所有从机收到地址帧后,都将接收的地址与本机的地址比较。对于地址相符的从机,使自己的 SM2 位置 0(以接收主机随后发来的数据帧),对于地址不符的从机,仍保持 SM2 = 1,对主机随后发来的数据帧不予理睬。

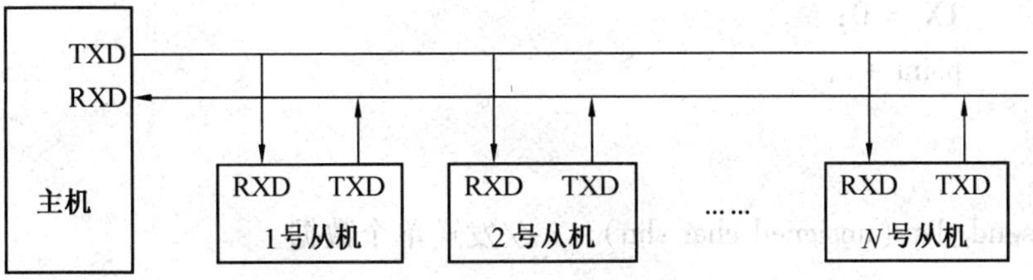

图 8.18　多机通信连接图

```
#include<reg52. h>
#include<intrins. h>
bit TX = 0, a = 0;
unsigned char TX_data[ ] = "串口通信调试成功!";
void delay_ms( unsigned char a)  //延时毫秒级
{
    unsigned char b = 0, c = 0;
    for( ; a>0; a--)
```

```
    for(b=5;b>0;b--)
    for(c=97;c>0;c--);
}
void UART_initial()                    //串口初始化
{
    TMOD=0x21;                         //定时器工作方式设定
    PCON=0x80;                         //波特率倍增器(倍增2倍)
    SCON=0xf0;                         //串口设置寄存器(串口工作方式设定)
    TH1=0xfa;                          //定时器初值设定(9 600 的波特率)
    TL1=0xfa;
    EA=1;                              //中断总开关
    PS=1;                              //串口中断设定为高优先级
    ES=1;                              //串口中断允许位
    TR1=1;                             //定时器 T1 开启
}
void send_array(unsigned char *point)//发送字符串
{
    unsigned char n = 0;
    while((*point)! ='\0')
    {
        TI = 0;
        SBUF = (*point);
        while((TI==0)&&(TX==0));
        TX = 0;
        point ++;
    }
}
void send_data(unsigned char shu)  //发送单个数据
{
    TI = 0;
    SBUF = shu;
    while((TI==0)&&(TX==0));
    TX = 0;
}
```

////////*用串口发数据(带地址)*//////第一位表示地址还是数据,第二个是要发送的数据

```
void send_UART_data(bit address_data,unsigned char shuju)
{
```

```
    TI=0;
    TX=0;
    TB8=address_data;
    SBUF=shuju;
    while(TI==0&&TX==0);
    TX=0;
}
void main()
{
    UART_initial();
    while(1)                        //用带地址是先发送地址,再发送数据
    {
send_UART_data(1,0x02);             //先发送地址
send_UART_data(0,0x02);             //再发送数据
        send_array(TX_data);
        send_data(10);
        delay_ms(250);
    }
}
void UART_Process()interrupt 4      //此机为从机(本机地址 0x02,串口波特率为
                                    9 600)
{
    if(SBUF==0x02&&a==0&&RI==1)  //判断地址是否与自己匹配
    {
        SM2 = 0;
        RI = 0;
        a = 1;
    }
    if(RI==1&&a==1)                 //接收上位机数据接收完毕
    {
        SM2=1;
        a=0;
        P1=SBUF;                    //把数据赋值给 P1 口
    }
    RI=0;
    if(TI==1)                       //处理发送中断
    {
        TI=0;
```

```
        TX = 1;
    }
}
```

习　　题

1. 什么是单片机串行通信?
2. 与 51 单片机相关的串口接口有哪些,分别是什么?
3. 51 单片机串口工作的方式都有什么,如何进行编程?

第9章 数码管显示原理及应用实现

9.1 电路设计的背景及功能

LED(Light Emitting Diode)显示器是由发光二极管显示字段组成的显示器,有“7”段和“米”字段之分,此外还有共阴极和共阳极之分,具有显示清晰、价格低廉、配置灵活以及与单片机接口简单易行的特点,使其在单片机中得到了很广泛的应用。

9.1.1 数码管显示原理

在单片机应用中通常使用7段数码管。现以7段LED数码管为例,介绍数码管的显示原理。7段LED数码管一般由8个发光二极管组成,其中由7个细长的发光二极管组成数字显示,另外一个圆形的发光二极管显示小数点。这些段分别由字母a,b,c,d,e,f,g,dp来表示,如图9.1所示。

当发光二极管导通时,相应的一个点或一个笔画发光。控制相应的二极管导通,就能显示出各种字符,尽管显示的字符形状有些失真,能显示的字符数量也有限,但其控制简单,使用方便。发光二极管的阳极连在一起的称为共阳极数码管,阴极连在一起的称为共阴极数码管,如图9.2所示。其中共阴极LED数码管,如果某段阳极加上高电平(即逻辑“1”)时,该段发光二极管导通,而输入低电平(即逻辑“0”)时则不发光;共阳极LED数码管,如果某段阴极加上低电平(即逻辑“0”),该段发光二极管就导通发光,而输入高电平(即逻辑“1”)时则不发光。

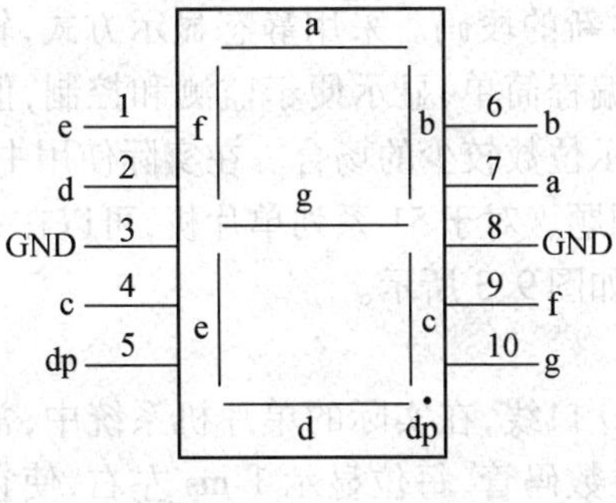

图9.1　7段数码管

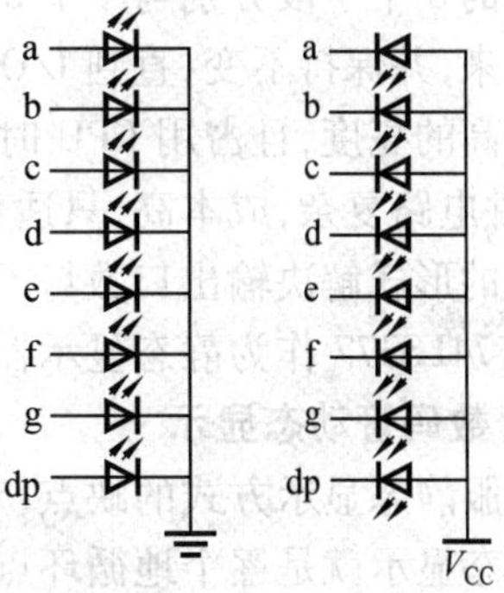

图9.2　共阴极和共阳极

7 段 LED 数码管与单片机的接口非常简单,只要将一个 8 位并行输出口与数码管的引脚相连即可。当 8 位并行输出口输出不同的数据,即可获得不同的数字或字符。通常将控制发光二极管的 8 位字节数据称为 7 段显示代码。由于点亮方式不同,因此共阴极与共阳极 LED 数码管的段码也是不同的,见表 9.1。在数码管中,7 段发光二极管加上一个小数点共计 8 段,因此,段码为 8 位二进制数,即一个字节。

在实际应用中,由于所使用的二极管发光材料不同,数码管有高亮和普亮之分,应用时应根据数码管的规格与显示方式等决定是否加装驱动电路。

表 9.1 7 段数码管字段码

显示字符	共阴极字符码	共阳极字符码	显示字符	共阴极字符码	共阳极字符码
0	C0H	3FH	A	88H	77H
1	F9H	06H	B	83H	7CH
2	A4H	5BH	C	A7H	39H
3	B0H	4FH	D	A1H	5EH
4	99H	66H	E	86H	79H
5	92H	6DH	F	8EH	71H
6	82H	7DH	P	8CH	73H
7	F8H	07H	U	C1H	3EH
8	80H	7FH	H	89H	76H
9	90H	6FH	L	C7H	38H

9.1.2 LED 数码管接口技术

根据位选线和段选线连接方式的不同,7 段 LED 数码管的显示方法可分为静态显示与动态显示,下面分别介绍。

1. LED 数码管静态显示

所谓静态显示,就是当显示某一字符时,相应段的发光二极管恒定导通或恒定截止。这种显示方式的各位数码管相互独立,公共端恒定接地(共阴极)或接正电源(共阳极)。每个数码管的 8 个字段分别与一个 8 位 I/O 口地址相连,只要 I/O 口有段码输出,相应字符即显示出来,并保持不变,直到 I/O 口输出新的段码。采用静态显示方式,较小的电流即可获得较高的亮度,且占用 CPU 时间少,编程简单,显示便于监测和控制,但其占用的口线多,硬件电路复杂,成本高,只适合于显示位数较少的场合。在实际使用中,通常通过扩展 I/O 口的形式解决输出口数量不足的问题。对于 51 系列单片机,可以在并行口上扩展多片锁存 74LS377 作为静态显示器接口,如图 9.3 所示。

2. LED 数码管动态显示

为了克服静态显示方式的缺点,节省 I/O 口线,在实际的单片机系统中,常常使用动态显示。动态显示就是逐个地循环点亮各位数码管,每位显示 1 ms 左右,使它看起来就像在同时显示不同的字符一样。由于人的视觉暂留特性以及发光二极管的余晖效应,尽

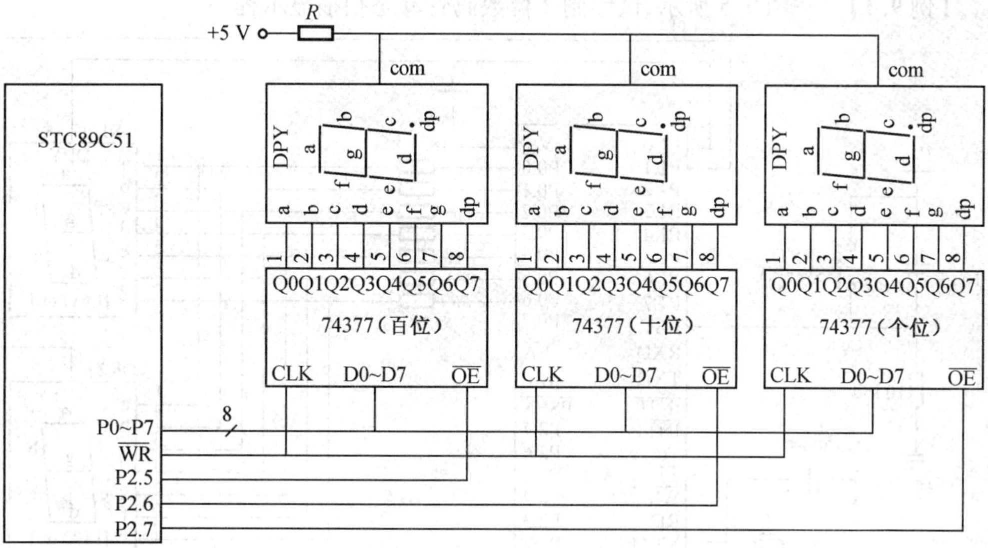

图 9.3　3 位 LED 静态显示电路

管实际上各位数码管并非同时点亮，但是只要扫描的速度足够快，给人的印象就是一组稳定的显示数据，不会有闪烁感。这就是数码管的动态显示原理。

在实际应用中，如果显示的位数不大于 8 位，则控制数码管的公共电极只需要一个 I/O接口，称为字位口，控制各位数码管所显示的字形也需要一个 I/O 接口，称为字形口。显示段码一般采用查表的方法。

在实现动态显示的过程中，除了必须给各位 LED 数码管提供段码外，还必须对各位数码管进行位控制。实际应用中，各位数码管的段选线对应并联在一起，由一个 8 位的 I/O接口控制；各位的位选线由另一个 I/O 控制。在某一个时刻只选通一位数码管，并送出相应的段码。其 LED 数码管动态显示连接方式如图 9.4 所示。

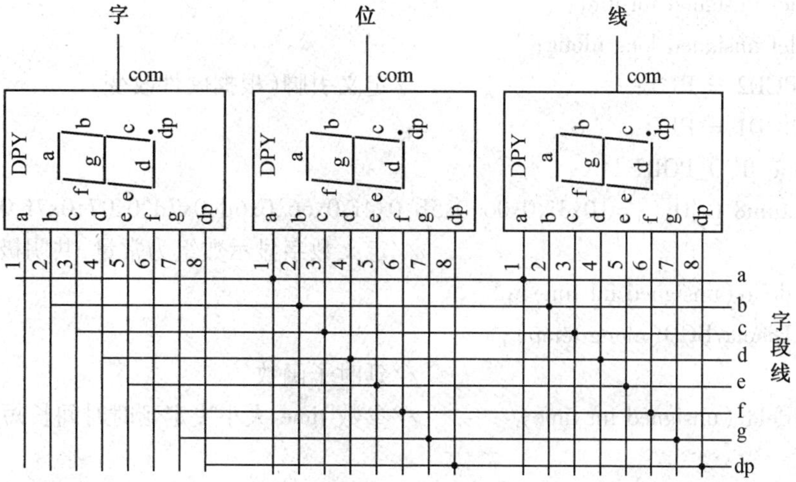

图 9.4　LED 数码管动态显示连接方式

【例 9.1】 按图 9.5 所示,试编制 2 位数码管动态扫描显示程序。

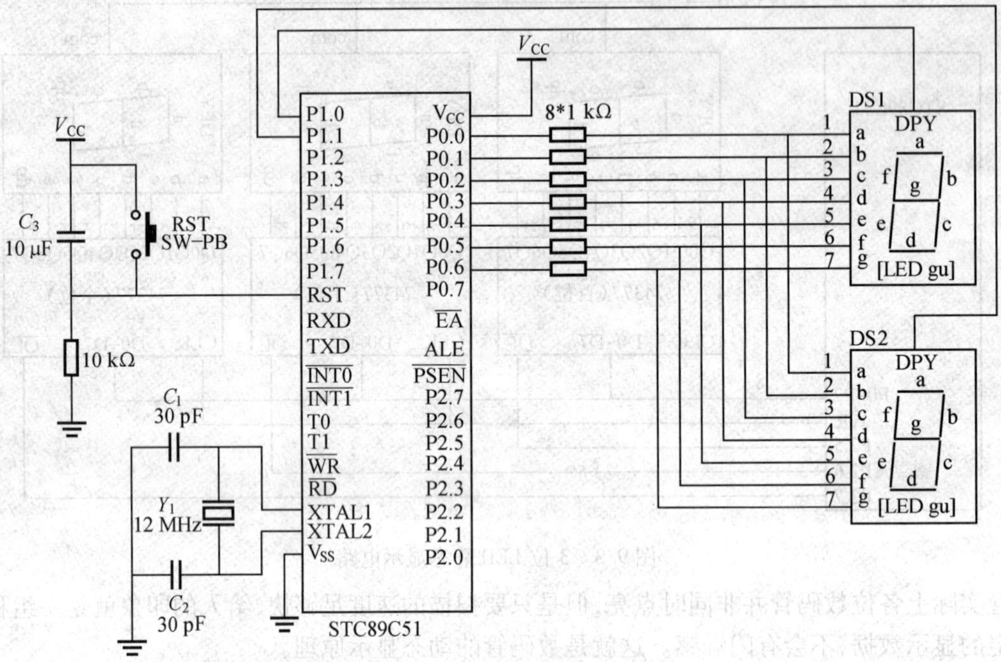

图 9.5 2 位数码管动态显示

程序如下:

```
#include<reg52.h>                         //包含头文件
#include<stdio.h>
typedef unsigned char uint8;              //定义 8 位无符号变量
typedef unsigned int uint16;              //定义 16 位无符号变量
typedef unsigned char uchar;
typedef unsigned int uint;
typedef unsigned long ulong;
sbit BCD2 = P1^1;                         //定义引脚(根据硬件改变)
sbit BCD1 = P1^0;
#define BCD_PORT P0
code uint8 BCD[ ]={0x3f,0x06,0x5b,0x4f,0x66,0x6d,0x7d,0x07,0x7f,0x6f};
                                          //定义数字显示数组为常量,共阴极
void delay(unsigned int time);
void DisplayBCD(ulong temp);
                                          //延时子函数
void delay(unsigned int time)             //参数 time 大小决定延时时间长短
{
    while(time--);
}
```

```
/*毫秒级延时函数*/
void mDelay(uchar delay)
{
    uchar i;
    for(;delay>0;delay--)
    {
        for(i=123;i>0;i--);
    }
}
/*数码管显示函数*/
void DisplayBCD(ulong temp)
{
BCD_PORT = BCD[temp/10 %10];
    BCD2 = 0;
    mDelay(10);
    BCD2 = 1;
BCD_PORT = BCD[temp %10];
    BCD1 = 0;
    mDelay(10);
    BCD1 = 1;
}
/*主函数*/
void main(void)
{
    ulong i;
    while(1)
    {
        DisplayBCD(i++);
if(i == 999999)                    //99
        i = 0;
    }
}
```

9.1.3　中断的概念

中断指的是 CPU 暂时终止其正在执行的程序 A,转去执行请求中断的外设或事件 B 的服务程序,等处理完毕后再返回执行原来终止的程序。其运行过程如图 9.6 所示。

引起 CPU 中断的根源,称为中断源。中断源向 CPU 提出中断请求,CPU 暂时中断原来处理的事件 A,转去处理事件 B。对事件 B 处理完毕后,再回到原来被中断的地方(即断点),称为中断返回。实现上述中断功能的部件称为中断系统。

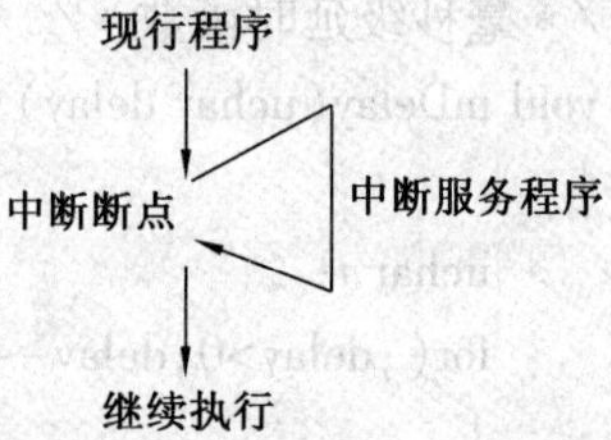

图9.6 中断示意图

1. 设置中断的目的

(1)提高 CPU 工作效率。

(2)具有实时处理功能。

在实时控制中,现场的各种参数、信息均随时间和现场而变化。这些外界变量可根据要求随时向 CPU 发出中断申请,请求 CPU 及时处理中断请求。如中断条件满足,CPU 马上进行相应的处理,从而实现实时处理。

(3)具有故障处理功能。

针对难以预料的情况或故障,如掉电、存储出错、运算溢出等,可通过中断系统由故障源向 CPU 发出中断请求,再由 CPU 转到相应的故障处理程序进行处理。

(4)实现分时操作。

中断可以解决快速的 CPU 与慢速的外设之间的矛盾,使 CPU 和外设同时工作。CPU 在启动外设工作后继续执行主程序,同时外设也在工作。每当外设完成一件事后就发出中断申请,请求 CPU 中断正在执行的程序,转去执行中断服务程序(一般情况是处理输入/输出数据),中断处理完之后,CPU 马上恢复执行主程序,外设也继续工作。这样,CPU 可启动多个外设同时工作,大大地提高了 CPU 的效率。

2. 51 系列单片机中断系统的结构

51 系列单片机的中断系统有 5 个中断源及 2 个中断优先级,其中中断源是 3 个在片内,2 个在片外,它们在程序存储中有固定的中断入口地址,当 CPU 响应中断时,硬件自动形成这些地址,由此进入中断服务程序。对于 51 系列单片机的中断系统可以概括为一句话:5 源中断,2 级管理。用户可以用软件屏蔽所用的中断请求,也可以用软件使 CPU 接收中断请求;每一个中断源可以用软件独立地控制位允许中断或屏蔽中断状态;每一中断源的级别均可用软件设置。51 系列单片机中断系统的结构如图 9.7 所示。

(1)中断源。

①$\overline{INT0}$为外部中断 0,中断请求由 P3.2 引脚输入。

②$\overline{INT1}$为外部中断 1,中断请求信号由 P3.3 输入。

③T0 为定时/计数器 0 溢出中断,对外部脉冲计数由 P3.4 输入。

④T1 为定时/计数器 1 溢出中断,对外部脉冲计数由 P3.5 输入。

⑤RX、TX 为串行中断请求,包括串行接收中断 RI 和串行发送中断 TI。

中断源是中断请求信号的产生源头。通常中断请求信号是来自计算机的外围设备。然而随着微电子技术的快速发展,有一些原本属于外围设备的部件现在已经把它们嵌入到计算机中,因此单片机的中断源有的在片内,有的在片外。

每一个中断源的中断请求信号并不是随意发出的,当其希望得到中断系统帮助时才会发出中断请求信号。为了使计算机的 CPU 随时都能够查询各中断的求助信息,中断系统将把各中断源的求助信号保存在一个寄存器里。

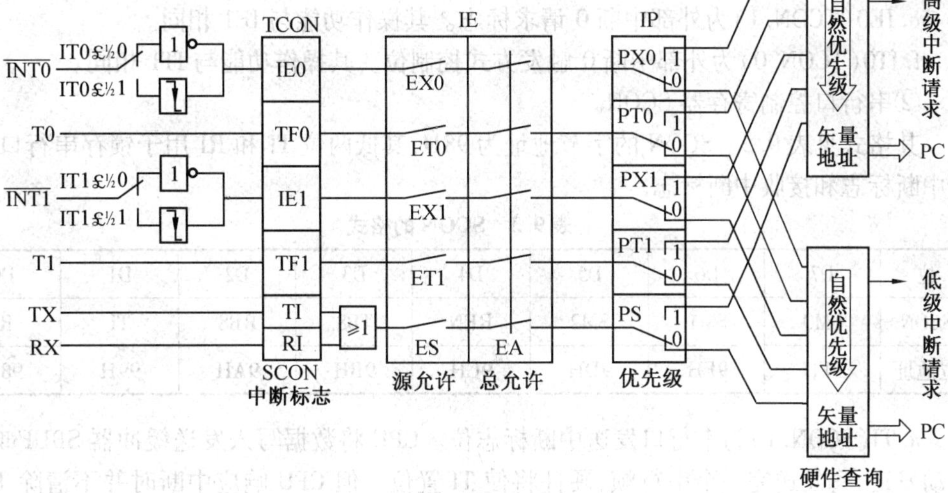

图 9.7　51 系列单片机中断系统的结构

(2)中断请求标志。

一般每个中断源都设置一个中断请求标志,以表示自己的中断请求。MCS-51 系列单片机的中断标志位都集中安排在定时和外中断控制寄存器 TCON 和串行口控制寄存器 SCON 中。$\overline{\text{INT0}}$,$\overline{\text{INT1}}$,T0,T1 中断请求标志放在 TCON 中,串行中断请求标志放在 SCON 中。

①定时和外中断控制寄存器 TCON。

其格式见表 9.2。TCON 的字节地址为 88H,每一位有位地址,均可进行位操作。

表 9.2　TCON 的格式

位	D7	D6	D5	D4	D3	D2	D1	D0
TCON	TF1	TR1	TF0	TR0	IE1	IT1	IE0	IT0
位地址	8FH	8EH	8DH	8CH	8BH	8AH	89H	88H

a. TF1(TCON.7)为定时/计数器 T1 溢出中断请求标志位。T1 被启动计数后,从初值进行加 1 计数,当计数溢出后由硬件置位 TF1,同时向 CPU 发出中断请求,此标志一直保持到 CPU 响应中断后才由硬件自动清零。也可以由软件查询该标志,并且由软件清零。

b. TF0(TCON.5)为定时/计数器 T0 溢出中断请求标志位。其操作功能和意义与 TF1 相同。

c. IE1(TCON.3)为外部中断 1 请求标志位。IE1 = 1,外部中断 1 向 CPU 申请中断。

d. IT1(TCON.2)为外部中断 1 触发方式控制位。当 IT1 = 0 时,外部中断 1 控制为电平触发方式。在这种方式下,CPU 在每个机器周期的 S5P2 期间对 P3.3 引脚采样,若为低电平,则认为有中断申请,立刻使 IE1 标志置位;若为高电平,则认为无中断申请,或中断申请已撤除,立刻使 IE1 标志复位。在电平触发方式中,CPU 响应中断后不能由硬件自动清除 IE1 标志,也不能由软件清除 IE1 标志,所以,在中断返回之前必须撤销引脚上的低电平，否则将再次中断导致出错。

e. IE0(TCON.1)为外部中断0请求标志。其操作功能与IE1相同。

f. IT0(TCON.0)为外部中断0触发方式控制位。其操作功能与IT1相同。

②串行口控制寄存器SCON。

其格式见表9.3。SCON的字节地址为98H，其低两位TI和RI用于锁存串行口的发送中断标志和接收中断标志。

表9.3　SCON的格式

位	D7	D6	D5	D4	D3	D2	D1	D0
SCON	SM0	SM1	SM2	REN	TB8	RB8	TI	RI
位地址	9FH	9EH	9DH	9CH	9BH	9AH	99H	98H

a. TI(SCON.1)为串行口发送中断标志位。CPU将数据写入发送缓冲器SBUF时，就启动发送，每发送完一个串行帧，硬件将使TI置位。但CPU响应中断时并不清除TI，必须由软件清除。

当系统复位后，TCON和SCON清0，应用时要注意各位的初始状态。

b. RI(SCON.0)为串行口接收中断标志位。当允许串行口接收数据时，每接收完一个串行帧，由硬件置位RI。同样，RI必须由软件清除。

3. 中断控制(两级管理)

(1)中断允许控制寄存器。

CPU对中断系统所有中断以及某个中断源的开放或屏蔽，是由片内的中断允许寄存器IE控制的，IE的字节地址为A8H，其格式见表9.4。

表9.4　中断允许控制寄存器格式

位	D7	D6	D5	D4	D3	D2	D1	D0
IE	EA			ES	ET1	EX1	ET0	EX0
位地址	AFH			ACH	ABH	AAH	A9H	A8H

①EA(IE.7)为MCS-51的CPU的中断总控制位。EA=1，CPU允许中断；EA=0，CPU屏蔽所有的中断申请。

②ES(IE.4)为串行口中断允许控制位。ES=1，允许串行口中断；ES=0，禁止串行口中断。

③ET1(IE.3)为定时/计数器T1的溢出中断允许位。ET1=1，允许T1中断；ET1=0，禁止T1中断。

④EX1(IE.2)为外部中断1中断允许位。EX1=1，允许外部中断1中断；EX1=0，禁止外部中断1中断。

⑤ET0(IE.1)为定时/计数器T0的溢出中断允许位。ET0=1，允许T0中断；ET0=0，禁止T0中断。

⑥EX0(IE.0)为外部中断0中断允许位。EX0=1允许外部中断0中断；EX0=0，禁止外部中断0中断。

MCS-51 复位以后,IE 被清 0,由用户程序置"1"或清"0"IE 相应的位,实现允许或禁止各中断源的中断申请。若使某个中断源允许中断,必须使 CPU 开放中断。更新 IE 的内容,可由位操作指令来实现,也可用字节操作指令实现。

(2)中断优先级控制寄存器。

为什么要有中断优先级?是因为 CPU 同一时间只能响应一个中断请求。若同时来了两个或两个以上中断请求,就必须有先有后。为此将 5 个中断源分成高级、低级两个级别,高级优先,由 IP 控制,IP 位中断优先级寄存器,锁存各中断源优先级控制位。IP 的每一位均可由软件来置 1 或清 0,置 1 表示高优先级,清 0 表示低优先级。字节地址为 B8H,其格式见表 9.5。

表 9.5 中断优先级控制寄存器格式

位				D4	D3	D2	D1	D0
IP				PS	PT1	PX1	PT0	PX0
位地址				BCH	BBH	BAH	B9H	B8H

①PS(IP.4)为串行口中断允许控制位。PS=1,串行口中断定义为高优先级中断;PS=0,串行口中断定义为低优先级中断。

②PT1(IP.3)为定时器 T1 中断优先级控制位。PT1=1,定时器 T1 定义为高优先级中断;PT1=0,定时器 T1 定义为低优先级中断。

③PX1(IP.2)为外部中断 1 中断优先级控制位。PX1=1,外部中断 1 定义为高优先级中断;PX1=0,外部中断 1 定义为低优先级中断。

④PT0(IP.1)为定时器 T0 中断优先级控制位。PT0=1,定时器 T0 定义为高优先级中断;PT0=0,定时器 T0 定义为低优先级中断。

⑤PX0(IP.0)为外部中断 0 中断优先级控制位。PX0=1,外部中断 0 定义为高优先级中断;PX0=0,外部中断 0 定义为低优先级中断。

当系统复位后,IP 的低 5 位全部清 0,所有中断源均设定为低优先级中断。

为了进一步了解 MCS-51 中断系统的优先级,现简单介绍 MCS-51 的中断优先级原则,概括为四句话:低级不打断高级;高级不睬低级;同级不能打断;同级同时中断,事先约定。在同时收到几个同一优先级的中断请求时,哪一个中断请求能先得到响应,取决于内部的查询顺序。这相当于在同一个优先级内,还同时存在另一个辅助优先结构,优先顺序为:外部中断$\overline{INT0}$→T0 中断→外部中断$\overline{INT1}$→T1 中断→串行口中断。

4. 中断处理过程

中断处理过程大致可分为四步,中断请求、中断响应、中断服务、中断返回。

(1)中断请求与响应中断条件。

在单片机执行某一程序过程中,若发现中断请求即相应的中断请求标志位置"1",CPU 将根据具体情况决定是否响应中断,这主要是由中断允许寄存器来控制。若中断总允许位 EA=1,并且申请中断的中断源允许,则 CPU 一般会响应中断,若有下列某一情况存在,其响应过程则会受阻。

①CPU 正在响应同级或高优先级的中断。

②当前指令未执行完。

③正在执行 RETI 中断返回指令或访问专用寄存器 IE 和 IP 的指令。

(2)中断响应。

CPU 查询到某中断标志位为“1”,在满足中断响应条件下,响应中断。其中断响应条件包括以下四方面:

①该中断已经“开中断”。

②CPU 此时没有响应同级或更高级的中断。

③当前正处于所执行指令的最后一个机器周期。

④正在执行的指令不是 RETI 或访问 IE、IP 的指令,否则必须再另外执行一条指令后才能响应。

(3)中断服务。

中断服务程序从中断入口地址开始执行,直到返回指令 RETI 为止,一般包括两部分内容:

①保护现场。

②完成中断源请求服务。

(4)中断返回。

在中断服务程序最后,必须安排一条中断返回指令 RETI,当 CPU 执行 RETI 指令后,自动完成下列操作:

①恢复断点地址。

②开放同级中断,以便允许同级中断源请求中断。

5. 中断响应等待时间和中断请求的撤除

若排除 CPU 正在响应同级或更高级的中断情况,中断响应等待时间为 3 ~8 个机器周期。中断源发出中断请求后,相应中断请求标志置“1”。CPU 响应中断后,必须清除中断请求“1”标志。否则中断响应返回后,将再次进入该中断,引起死循环出错。

(1)对定时/计数器 T0、T1 中断,外中断边沿触发方式,CPU 响应中断时用硬件自动清除相应的中断请求标志。

(2)对外中断电平触发方式,需要采取软硬结合的方法消除后果。

(3)对串行口中断,用户应在串行中断服务程序中用软件清除 TI 或 RI。

6. 中断系统的编程实例

中断系统应用的主要问题是应用程序的编制,编写应用程序大致包括两部分:中断初始化和中断服务程序。具体要求如下:

(1)中断函数。

中断函数只有在 CPU 响应中断时才会被执行,这对处理突发事件和实时控制是十分有效的。

关键字是 interrupt,是函数定义时的一个必选项,只要在某个函数定义后面加上这个选项,这个函数就变成了中断服务函数。定义中断服务函数时可以用如下形式:

函数类型　函数名(形式参数)interrupt *n* [using *n*]

其中,关键字 interrupt 是不可缺省的,由它告诉编译器该函数是中断服务函数。interrupt 后面的 n 为中断号,中断号告诉编译器中断程序的入口地址,像 AT89C51 实际上就使用 0 ~ 4 号中断。每个中断号对应一个中断向量,具体地址为 $8n+3$。

中断源响应后处理器会跳转到中断向量所处的地址,执行程序编译器会在这个地址上产生一个无条件跳转语句,转到中断服务函数所在的地址执行程序。using n 代表中断服务使用的寄存器组,其后面的 n 为所选择的寄存器组,其取值范围是 0 ~ 3,默认为 0。定义中断函数时 using 可省略,不用时则由编译器选择一个寄存器组作为绝对寄存器组。中断号与中断源的对应关系见表 9.6。

表 9.6　中断号与中断源的对应关系

中断号	中断源	中断向量
0	外部中断 0	0003H
1	定时/计数器 0	000BH
2	外部中断 1	0013H
3	定时/计数器 1	001BH

函数不能直接调用中断函数,不能通过形参传递参数;但中断函数允许调用其他函数,两者所使用的寄存器组应相同。下面是应用一个中断的子程序。

```
unsigned int interruptcnt;
unsigned char second;
void timer0(void) interrupt 1 using 2
{
  if(++interruptcnt==4000)              //计数到 4 000
  {
    second++;                           //秒计数器
    interruptcnt=0;                     //清零
    }
  }
void main()
{
}
```

定义中断函数要注意:

①interrupt 和 using 不可用于外部函数。

②使用 using 定义寄存器组时,要确保寄存器组切换到所控制的区域内。

(2)中断初始化。

中断初始化通常在产生中断请求前完成,放在主程序中,与主程序其他初始化内容一起完成设置。

9.1.4 单片机的定时器中断

51 系列单片机常用的定时方法有软件定时、硬件定时、可编程定时器。

软件定时是让 CPU 执行一段程序，这个程序本身无具体的执行目的，但由于执行每条指令都要求有一定的时间，则执行该程序段就需要一个固定的时间。因此可以通过正确选择指令和安排循环次数来实现软件定时，但软件的执行占用 CPU，则降低 CPU 的利用率。

不可编程的硬件定时是由电路的硬件完成的，通常采用时基电路、外接定时部件。这样的定时电路在硬件连接好以后，定时值与定时范围不能由软件进行控制和修改。

可编程定时器是由软件确定和修改定时器的定时值和定时范围，因此功能强，使用灵活。51 系列单片机内部有两个 16 位的可编程定时/计数器，即 T0 和 T1。

1. 定时/计数器的基础知识

定时/计数器是单片机系统一个重要的部件，其工作方式灵活、编程简单、使用方便，可用来实现定时控制、延时、频率测量、脉宽测量、信号发生、信号检测等。此外，定时/计数器还可作为串行通信中波特率发生器。

51 系列单片机内部有 2 个 16 位定时/计数器 T0 和 T1，其中 T0 由 2 个 8 位特殊功能寄存器 TH0 和 TL0 构成，T1 由 2 个 8 位特殊功能寄存器 TH1 和 TL1 构成。它们都有定时或事件计数的功能，但其核心是计数器，基本功能是加 1。如果是对外部事件脉冲（下降沿）计数，是计数器，且该外部事件脉冲必须从规定的引脚输入，其最高频率不能超过时钟频率的 1/24；对片内机器周期脉冲计数，是定时器。其定时时间和计数值可以编程设定，方法是在计数器内设置一个初值，然后加 1 计数，满后溢出。调整计数器初值，可调整从初值到计数满溢出的数值，即调整了定时时间和计数值。

2. 定时/计数器控制

MCS-51 系列单片机定时/计数器的工作主要由两个特殊功能寄存器 TMOD 和 TCON 控制。其中 TMOD 用于设置其工作方式；TCON 用于控制其启动和中断申请。

(1)控制寄存器 TCON。

TCON 的低 4 位用于控制外中断 $\overline{\text{INT0}}$ 和 $\overline{\text{INT1}}$，已在中断中介绍。而 TCON 高 4 位用于控制定时/计数器的启动和中断申请。其格式见表 9.7。

表 9.7 TCON 的格式

位	D7	D6	D5	D4	D3	D2	D1	D0
TCON	TF1	TR1	TF0	TR0	IE1	IT1	IE0	IT0
位地址	8FH	8EH	8DH	8CH	8BH	8AH	89H	88H

①TF1（TCON.7）为 T1 的溢出中断请求标志位。T1 被启动计数后，从初始值开始加 1 计数，当计数满溢出后由硬件自动置 TF1 为 1。CPU 响应中断后 TF1 由硬件自动清 0。T1 工作时，CPU 可随时查询 TF1 的状态。所以 TF1 可用作查询测试的标志，也可以用软件置 1 或清 0。

②TR1(TCON.6)为 T1 运行控制位。当 TR1=1 时,T1 开始工作;当 TR1=0 时,T1 停止工作。TR1 由软件置 1 或清 0。所以,用软件可以控制定时/计数器的启动与停止。

③TF0(TCON.5)为 T0 溢出中断请求标志位。其操作功能与 TF1 类同。

④TR0(TCON.4)为 T0 运行控制位。其操作功能与 TR1 类同。

(2)工作方式控制寄存器 TMOD。

TMOD 字节地址为 89H,不能对位进行操作,设置 TMOD 须用字节操作指令。它用于设定定时/计数器的工作方式。其中低 4 位用于控制 T0,高 4 位用于控制 T1。其格式见表 9.8。

表 9.8　TMOD 的格式

高 4 位控制 T1				低 4 位控制 T0			
门控位	计数/定时方式选择	工作方式选择		门控位	计数/定时方式选择	工作方式选择	
GATE	$C/\overline{T}$	M1	M0	GATE	$C/\overline{T}$	M1	M0

①GATE 为门控位。当 GATE=0 时,只要用软件使 TR0 或 TR1 为 1,就可以启动定时/计数器工作;当 GATE=1 时,要用软件使 TR0 或 TR1 为 1,同时外部中断引脚为高电平时,才能启动定时/计数器工作。即此时定时/计数器的启动条件,加上了引脚为高电平这一条件。

②$C/\overline{T}$ 为计数/定时方式选择位。$C/\overline{T}=1$,对外部事件脉冲计数,用作计数器;$C/\overline{T}=0$,对片内机器周期脉冲计数,用作定时器。

③M1M0 为工作方式设置位。定时/计数器有 4 种工作方式,由 M1M0 进行设置,见表 9.9。

表 9.9　定时/计数器工作方式设置表

M1M0	工作方式	功能
00	方式 0	13 位计数器
01	方式 1	16 位计数器
10	方式 2	2 个 8 位计数器,初始值自动装入
11	方式 3	2 个 8 位计数器,仅适用于 T0

(3)定时/计数器工作方式。

①方式 0。方式 0 为 13 位计数器,由 TL0 低 5 位(高 3 位未用)和 TH0 的 8 位组成。最大计数值 $2^{13}=8\,192$。TL0 低 5 位计数满时不向 TL0 第 6 位进位,而是向 TH0 进位。当 13 位计数满溢出时,置位 TCON 的 TF0 标志为"1",向 CPU 发出中断请求。

②方式 1。方式 1 为 16 位计数器,最大计数值为 $2^{16}=65\,536$。它是由 TL0 作为低 8 位和 TH0 作为高 8 位组成。

③方式 2。方式 2 为自动重装初值的 8 位计数器,仅用 TL0 计数,最大计数值为 $2^{8}=256$,当计数满溢出后,一方面进位 TF0,使溢出标志 TF0=1;另一方面,使原来装在 TH0 中的初值装入 TL0。

④方式3。方式3仅适用于T0。在工作方式3的情况下,定时/计数器T1停止计数。工作方式3将T0拆成两个独立的8位计数器TH0和TL0。其中TL0使用T0原有的控制寄存器资源:TF0,TR0,GATE,$C/\overline{T}$和$\overline{INT0}$组成一个8位的定时/计数器;TH0借用T1的中断溢出标志TF1,运行控制开关TR1,只能对片内机器周期脉冲计数,组成另一个8位定时器,不能用作计数器。

(4)定时/计数器用于外部中断扩展。

扩展方法是将定时/计数器设置为计数器方式,计数初值设定为满程,将待扩展的外部中断源接到定时/计数器的外部计数引脚。从该引脚输入一个下降沿信号,计数器加1后便产生定时/计数器溢出中断。

3. 定时/计数器的应用

由于定时/计数器的功能是由软件编程确定的,所以,一般在使用定时/计数器之前都要对其进行初始化。初始化过程如下:

(1)根据定时时间要求或计数要求计算定时/计数初值。

MCS-51系列单片机定时/计数初值计算公式为

$$T_{初值}=2^n-\frac{定时时间}{机器周期时间}$$

其中:

①n与工作方式有关,方式0时,$n=13$;方式1时,$n=16$;方式2和3时,$n=8$。

②机器周期时间与主振荡频率有关,机器周期时间$=12/f$。当$f=12$ MHz时,机器周期时间$=1$ ms;当$f=6$ MHz时,机器周期时间$=2$ ms。

(2)填写工作方式控制字并送TMOD寄存器,如赋值语句为TMOD=0x10,表明定时器T1工作在方式1,且工作在定时器方式。

(3)送计数初值的高8位和低8位到THX和TLX寄存器中,X=1或0。

(4)启动定时器(或计数器),即将TRX置位。

【例9.5】 已知晶振频率为12 MHz,利用定时/计数器T0的方式1,产生10 ms的定时。

解

(1)计算定时/计数初值

T_0初值$=2^{16}-\frac{10\ 000}{1}=65\ 636-10\ 000=55\ 636=$D8F0H。

将D8F0H高8位送入TH0,则TH0=0xD8H;低8位送入TL0,则TL0=0xF0H。

(2)求T0的方式控制字TMOD

M1M0=01,GATE=0,$C/\overline{T}=0$,可取方式控制字为TMOD=0x01。

(3)程序清单(中断方式)

```
#include<reg51.h>
void main(void)
{
    TMOD=0x01;              //设置定时方式
```

```
    TH0 = 0xD8H;
    TL0 = 0xF0H;              //设置定时初值
    EA = 1;                   //开总中断
    ET0 = 1;                  //开定时器 0 中断允许
    TR0 = 1;                  //启动定时器 0
    while(1)                  //等待中断
    {
        /* 在此可以实现其他任务 */
    }
}
    void T0ISR() interrupt 1  //定时器 0 中断服务程序
    {
      EA = 0;                 //关中断
      TH0 = 0xD8H;
      TL0 = 0xF0H;            //重新设置定时初值
      /* 在此实现定时时间到达的任务代码 */
      EA = 1;
    }
```

【例 9.3】 根据图 9.8,利用定时中断控制小灯闪烁,闪烁间隔时间为 1 s。已知晶振频率为 12 MHz。

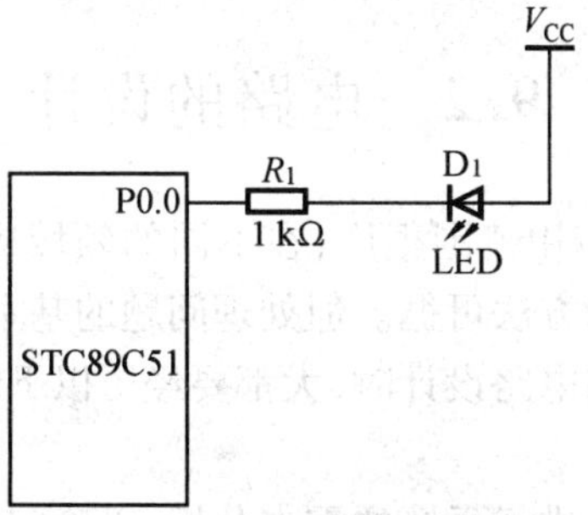

图 9.8　秒闪烁电路

程序清单如下:

```
#include<reg51.h>
typedef unsigned char uint8;
sbit LED = P0^0;
void main(void)
{
uint8 counter;
TMOD = 0x01;
TH0 = 0x4C;
```

```
TL0=0x00;
EA=1;
ET0=1;
TR0=1;
while(1)
{
if(1==TF0)
{
TF0=0;
TH0=0x4C;
TL0=0x00;
counter++;
}
  if(20== counter)
    {
      counter=0;
      LED= ~LED;
    }
}
}
```

9.2 电路的设计

MCS-51 系列单片机的应用范围很广,在不同的领域应用,其要求各不相同,构成的方案也千差万别,没有固定的方法可循。但处理问题的基本方法大体相似,开发研制人员接到某项任务后,在进行应用电路设计时,大都要经历以下步骤:

(1)确定指标。

接到研制任务后,首先要进行系统的需求分析,以确定系统要实现的功能。在对系统的工作过程进行深入分析后,把系统最终要达到的性能指标明确下来。

(2)可行性分析。

可行性研究的目的是分析完成这个项目的可能性。根据可行性研究的结论来决定系统的开发研制工作是否值得进行下去。在完成这项工作时,应查阅国内外的相关资料,看是否有人成功地做过类似的系统。如果有,可以借鉴他们的优点。

(3)系统总体方案设计。

在对系统要求进行全面分析之后,确定实施方案,画出系统的硬件结构框图和应用程序结构框图。

在应用系统的电路设计部分,设计可分为两大部分内容:一是数字电路部分;二是模拟电路部分。数字电路设计即单片机系统的扩展,它包括与单片机直接接口的数字电路,如存储器和接口的扩展。存储器的扩展指 EPROM、E^2PROM 和 RAM 的扩展。接口扩展是指串、并行接口以及其他功能器件的扩展。这部分的设计一般能找到相关的参考资料，因此相对来讲比较容易些。与模拟电路相关的电路设计包括信号放大、整形、变换、隔离、驱动和传感器的选择，这部分电路的设计相对较难把握，一旦设计有误，对整个系统的性能将产生严重的影响。

考虑好硬件电路要完成的任务后，脑子里应有一个大体的框架，画出硬件电路的框图，确定硬件电路的整体方案，并进行详细的技术分析。下一步就要画出所有硬件的电气原理图。在绘制原理图过程中，所涉及的具体电路可参考他人在这方面的工作，再在此基础上，结合自己的设计目的取长补短。当然，有些电路还需要自己设计，完全照搬拼凑出一个硬件系统原理图是不可靠的。

绘制出电气原理图后，不要仓促地开始制板和调试，因为就硬件电路设计而言，各部分电路都是环环相扣的，任何一部分电路的考虑不周，都会给其他部分电路带来难以预料的影响，轻则使整个系统结构受到破坏，重则使硬件大返工，因此造成的后果不堪设想。拿不准的要在制板之前分别做试验，以确定这部分电路的正确性。尤其是模拟电路部分，这方面的工作要尽可能多做。从时间上看，硬件电路设计的绝大部分工作量往往都在各小部分的电路试验上。一旦各部分的电路试验调试成功，总体电路就能确定下来了，下一步的工作就会顺利进行。

接下来的工作就是制板，制板过程中要充分考虑元器件分放位置的合理性。这样做不仅使走线合理，而且能提高整个系统的抗干扰能力。

最后一步就是硬件调试，对于单片机应用系统来讲，硬件调试离不开软件，只有在确定硬件电路焊接无误的情况下，才能结合软件系统统一调试，这样做能获得事半功倍的效果。

为使硬件电路设计尽可能合理，在电路设计过程中应重点考虑以下几点：

(1)尽可能采用最新的、集成度高的和功能强大的芯片。

(2)留有余地。在设计硬件电路时，要考虑到将来的修改、扩展的方便。

(3)设计一个较复杂的系统时，要考虑把硬件系统设计成模块化结构，然后把各模块连接起来构成一个完整的系统。

(4)在进行程序存储器 ROM 扩展时，一般选用2764(即4 K 以上的 EPROM)，它们都是28脚的，要升级很方便。

(5)在进行数据存储器 RAM 扩展时，由于51系列单片机内部 RAM 的容量有限，因此，系统的 RAM 空间应留足位置，以增强软件的数据处理功能。

(6)在进行 I/O 扩展时，由于在样机研制出来后进行现场试用时，往往会发现一些被忽略的问题，而这些问题又不能单靠软件来解决，因此 I/O 口也应留有一定的余量。

(7)对于 A/D 和 D/A 通道，和 I/O 端口一样，也应留有一定的余量。

(8)在印刷电路板设计时，应适当留出万能布线区。样机试验成功后，在制作正式电路板时，万能布线区应去掉。

(9)单片机系统和数字电路系统的本质区别在于它具有软件系统。很多硬件电路能完成的功能，靠软件也能完成。因此在设计硬件电路时，要充分考虑以软代硬的问题。

(10)在硬件电路设计时,要充分考虑各部分电路的驱动能力,尽可能选择功耗小的电路。

(11)硬件设计中,抗干扰设计也十分重要。若不考虑抗干扰问题,会直接影响到系统工作的可靠性。

9.3 程序代码调试

根据系统设计的分工,硬件电路设计完成后,下一步的工作就是进行软件设计。软件设计是设计控制系统的应用程序,这一工作要与硬件设计相结合。软件设计的任务是在系统设计和硬件设计的基础上,确定程序结构,划分功能模块,然后进行主程序和各模块程序的设计,最后连接起来成为一个完整的应用程序。

在应用系统设计中软件设计主要包括两大部分:用于管理应用系统的管理程序和用于执行具体任务的执行程序。管理程序是应用系统的管理软件,它用来协调各执行程序模块和操作者的关系,在系统中充当指挥的角色。对于单片机应用系统来讲,管理程序和执行程序都是很难分清楚的,对于设计者而言,它们都是应用程序,所以在软件设计时应考虑以下几方面:

(1)根据应用系统功能要求以及分配给软件的任务,采用自上而下逐层分解的方式,把复杂的系统进行合理的分解。

(2)尽可能采用结构化模块设计。

(3)在对各功能模块编制前,要仔细分析模块所要完成的功能,建立正确的数学模型,绘制详细的程序流程图。

(4)软件设计时要充分考虑应用系统的硬件环境,合理地分配系统资源,包括片内、片外程序存储器,数据存储器,定时/计数器,中断源等。

(5)无论用汇编语言还是高级语言编程,为了使程序增加可读性,也为日后修改程序方便,在程序的相关位置上必须加上功能注释。

(6)软件的抗干扰设计也是应用系统软件编程的重要组成部分。

单片机应用系统的调试是系统开发的重要环节。当系统的软硬件设计完成之后,首先要进行硬件的组装工作,然后便可进入单片机应用系统的调试阶段。系统调试的任务就是要查出硬件设计及软件设计中存在的错误及缺陷,以便修改设计,最终完成用户样机。

软件调试的任务是通过对应用系统软件的汇编、连接、执行来发现程序中存在的语法及逻辑性错误,并加以纠正。软件调试的方法一般是:先分块独立,后组合联机;先单步调试,后连续运行。

(1)先分块独立,后组合联机。

在软件设计中,一般都采取模块化结构设计方法,对于单片机应用系统,软件和硬件是密不可分的。没有软件系统就无法工作。同时,大多数软件模块的运行又依赖于硬件,没有相应的硬件支持,软件的功能将荡然无存。因此,首先应对各软件模块进行分类,把与硬件无关的程序进行单独调试,把与硬件有关的程序进行仿真调试。当各程序模块都独立调试完后,可将应用系统、开发程序与主机连接起来进行系统联调,以解决在程序模块连接中可能出现的逻辑错误。

(2)先单步,后连续。

联机调试过程中,准确发现各程序模块及硬件电路错误的最有效办法就是采用单步运行方式。单步运行可以了解被调试程序中每条指令的执行情况,通过硬件相应状态,分析指令运行结果的正确性,并进一步确定硬件电路错误、数据错误还是程序设计错误,从而及时发现并排除软硬件错误。但是要对所有应用程序都以单步方式运行查找错误的话,是很浪费时间的。为了提高调试速度,一般采用全新断点运行方式,将错误定位在一个较小的范围内,然后再对错误的程序段采用单步运行方式来精确定位错误所在。这样就可以调高调试的速度和准确性。单步调试完成后,还要做连续运行调试,以防止某些错误在单步运行时被掩盖。

程序代码调试是保证软件质量的关键,这是系统能正常运行的唯一保证。

9.4　设计实例

9.4.1　秒倒计时电路设计实现

1.硬件设计方法

本设计由硬件设计和软件设计两部分组成,总电路如图9.9所示,硬件设计主要包括单片机芯片选择,数码管选择以及晶振、电容、电阻等元器件的选择及其参数的确定。软件设计主要是实现10 s倒计时程序的编写。

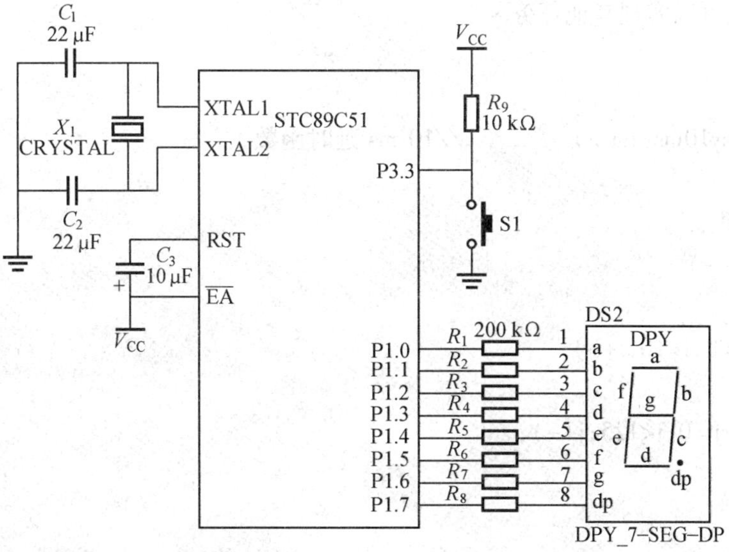

图9.9　秒倒计时总体电路设计

具体设计:在此需要使用定时/计数器来完成1 s的定时,但是通过各定时器工作方式的最大定时时间的计算,发现一次定时不能满足1 s这个时间的要求,在此可以将这个单位时间再进行细分。

2. 软件设计方法

本程序实现的倒计时功能，通过按键 K 来启动这个倒计时过程。程序清单如下：

```
#include<reg51. h>
unsigned char dispcode[ ] = {0xc0,0xf9,0xa4,0xb0,0x99,0x92,0x82,0xf8,0x80,0x90}
sbit BCD=P3^3;
void delay10ms(int n);
char i=0;                    //用于索引段码值
char n=0;                    //用于记录定时中断次数,中断一次 10 ms,中断 100
                             次达 1 s。
void main (void)
{
EA=1;                        //开总中断
IT1=1;                       //中断方式为跳变
EX1=1;                       //打开外部中断 1
ET0=1;                       //开定时器 0 中断允许
TMOD=0x01;                   //设置定时方式
TH0=0xD8;
TL0=0xF0;                    //设置定时初值
    while(1)
{
/*在此可以实现其他任务*/
}
}
void delay10ms(int n)        //10 ms 延时函数
{
int   i=0,j;
while(n--)
{
  for(i=0;i<10;i++)
  {
    for(j=0;j<125;j++);
  }
}
}
void keyISR()interrupt 2     //按键中断服务程序
{
EA=0;                        //关中断
```

```
delay10ms(2);              //延时消抖
if(! BCD)                  //确认按键按下,滤除键盘抖动干扰
{
P1=0xff;                   //数码管熄灭
i=9;
n=0;
TR0=0;
TH0=0xD8;
TL0=0xF0;                  //设定定时初值
  }
EA=1
}
void T0ISR() interrupt 1   //定时器 0 中断服务程序
{
EA=0;
TH0=0xD8;
TL0=0xF0;
n++;
if(n==100)
{
n=0;
P1=dispcode[i];            //数码管更新显示
if(i==0)
{
TR0=0;
}
else
{
i--;
}
}
EA=1;
}
```

9.4.2　时钟设计综合实例

1. 硬件设计方法

利用 80C51 单片机及数码管显示器设计一个简单电子时钟,由于用 LED 数码管显示数据,在夜晚或黑暗的场合里也可以使用,具有一定的实用性。

本设计主要由硬件设计和软件设计两方面构成,总体电路图如图 9.10 所示,硬件设计主要包括单片机芯片选择、数码管选择以及晶振、电容、电阻、三极管等元器件的选择和参数确定。软件设计主要是实现电子时钟工作程序的编写。

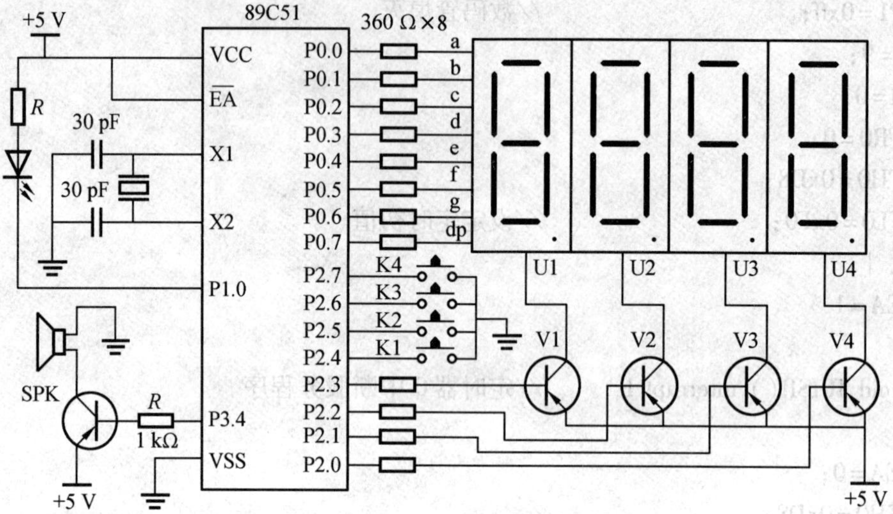

图 9.10　电子时钟总体电路设计

2. 软件设计方法

本程序实现简单时钟功能,通过按键设置时钟初始时间、时钟复位等。程序清单如下:

```
#include <AT89X51.H>                    /*包含器件配置文件 */
#defineuchar unsigned char
#defineuint unsigned int
char DATA_7SEG[10] = {0xC0,0xF9,0xA4,0xB0,0x99,0x92,
         0x82,0xF8,0x80,0x90,};         /*0~9 的数码管段码 */
uchar hour=0,min=0,sec=0;               /* 时、分、秒单元清零 */
uchar deda=0;                           /* 5 ms 计数单元清零 */
bit d_05s=0;                            /* 0.5 s 标志    */
uchar set=0;                            /* 模式设定标志 */
uchar m=0;
uchar flag=0;                           /* RAM 掉电标志 */
void delay(uint k);                     /* 延时函数 */
voidconv();                             /* 走时单元转换 */
void disp();                            /* 走时时间显示函数 */
                                        /* 定时器 T0  5 ms 初始化 */
voidinit_timer()
{
TMOD=0x01;                              /* 设置定时器 T0 工作模式为 1 */
```

```
TH0=-(4800/256);                    /* 加载高字节计数初值    */
TL0=-(4800%256);                    /* 加载低字节计数初值    */
IE=0x82;                            /* 启动定时器T0中断产生   */
TR0=1;                              /* 启动定时器T0开始计时 */
}
                                    /*5 ms定时中断服务函数*/
void T0_srv(void) interrupt 1
{
TH0=-(4800/256);                    /* 重置定时器计时初始值 */
TL0=-(4800%256);
deda++;                             /* 计数单元deda值递增 */
}

                                    /*时、分、秒单元及走时单元转换*/
voidconv()
{
if(deda<=100)d_05s=0;               /* 秒位标志,每秒钟的后0.5 s置0 */
  else d_05s=1;                     /* 秒位标志,每秒钟的前0.5 s置1 */
if(deda>=200){sec++;deda=0;}        /* 中断200次秒加1,deda清0 */
if(sec==60){min++;sec=0;}           /* 秒满60次后,分加1,秒清0 */
if(min==60){hour++;min=0;}          /* 分满60次后,时加1,分清0 */
if(hour==24){hour=0;}               /* 时满24后,时(hour)清0*/
}
                                    /*走时时间显示函数*/
voiddisp()
{
P0=DATA_7SEG[hour/10];P2=0xf7;delay(1);
P0=DATA_7SEG[hour%10];P2=0xfb;delay(1);
   if(d_05s==1){if(P2_2==0)P0_7=0;else P0_7=1;}
delay(1);
  P0=DATA_7SEG[min/10];P2=0xfd;delay(1);
  P0=DATA_7SEG[min%10];P2=0xfe;delay(1);
}
                                    /* 调整走时时间 */
void set_time()
{uchar m;
  if(P2_5==0)delay(1);              /* 按下K2键,消抖动      */
  if(P2_5==0)hour++;                /* 小时数递增 */
```

```
    if(hour==24)hour=0;                 /* 小时数到 24,重新从 0 开始  */
    for(m=0;m<30;m++)                   /* 循环 30 次   */
    {
        disp();                         /* 调取 disp()显示函数   */
        if(P2_2==0)P0_7=0;              /* 点亮 U2 小数点(秒点)   */
        else P0_7=1;
      delay(1);                         /* 调取 delay(1)延时函数 */
    }
     if(P2_6==0)delay(1);               /* 按下 K3 键,消抖动   */
     if(P2_6==0)min++;                  /* 分钟数递增 */
     if(min==60)min=0;                  /* 分钟数到 60,重新从 0 开始  */
     for(m=0;m<30;m++)                  /* 循环 30 次   */
  {
    disp();                             /* 调取 disp()显示函数   */
      if(P2_2==0)P0_7=0;                /* 点亮 U2 小数点(秒点)  */
      else P0_7=1;
    delay(1);                           /* 调取 delay(1)延时函数 */
    }
  }
/*走时时间程序函数*/
void time()
{
conv();                                 /*走时单元转换*/
disp();                                 /*走时时间显示函数*/
}
                                        /* 扫描按键函数 */
voidscan_key()
{
delay(1);                               /* 调用延时函数 */
if(P2_4==0)set++;                       /* 按 1 次 K1 键,set 加 1 */
if(set>=2)set=0;                        /* 按 2 次 K1 键,set 为 0 */
if(set==1)flag=0x55;                    /* set =1,flag 等于 55H */
F0:if(P2_4==0)goto F0;                  /* 按键未释放,在此等候 */
}
                                        /*延时子函数*/
void delay(uint k)                      /* 总延时时间:1 ms×k */
{
  uint i,j;                             /* 定义局部变量 i,j */
```

```
  for(i=0;i<k;i++){                    /* 外层循环 */
   for(j=0;j<121;j++)                  /* 内层循环 */
   {;}}
}
void main()
{
  init_timer();                        /*定时器 T0 初始化*/
  while(1)                             /*无限循环*/
   {
   if(P2_4==0)scan_key();              /*有按键,调用按键扫描函数*/
  switch(set)                          /*根据 set 键值散转*/
{
   case 0:time();   break;             /*走时时间程序*/
   case 1:set_time();break;            /*走时时间调整*/
  default:break;                       /*其他退出*/
}
if(flag!=0x55)                         /*判断掉电标志*/
      {
     P0=0xc0; P2=0xc0; delay(100);     /* 点亮 4 个数码管*/
       P2=0xff; delay(400);            /* 熄灭 4 个数码管 */
     }
   }
}
```

习　题

1. 试编写数码管全点亮的程序,即显示 8 的程序。
2. 试编写数码管显示 0 ~9 变换的程序,并自己连接硬件电路实现其功能。
3. 试制作一个智能计算器,显示部分有四位数码管实现,写出硬件设计思路和软件代码。

第10章

键盘扫描原理及应用实现

10.1　电路设计的背景及功能

键盘是由按键构成,是单片机系统里最常用的输入设备。人们可以通过键盘输入数据或命令来实现简单的人-机通信。按键是一种常开型按钮开关。平时,按键的两个触点处于断开状态,按下按键时两个触点才闭合(短路)。常见独立按键实物图如图 10.1 所示。

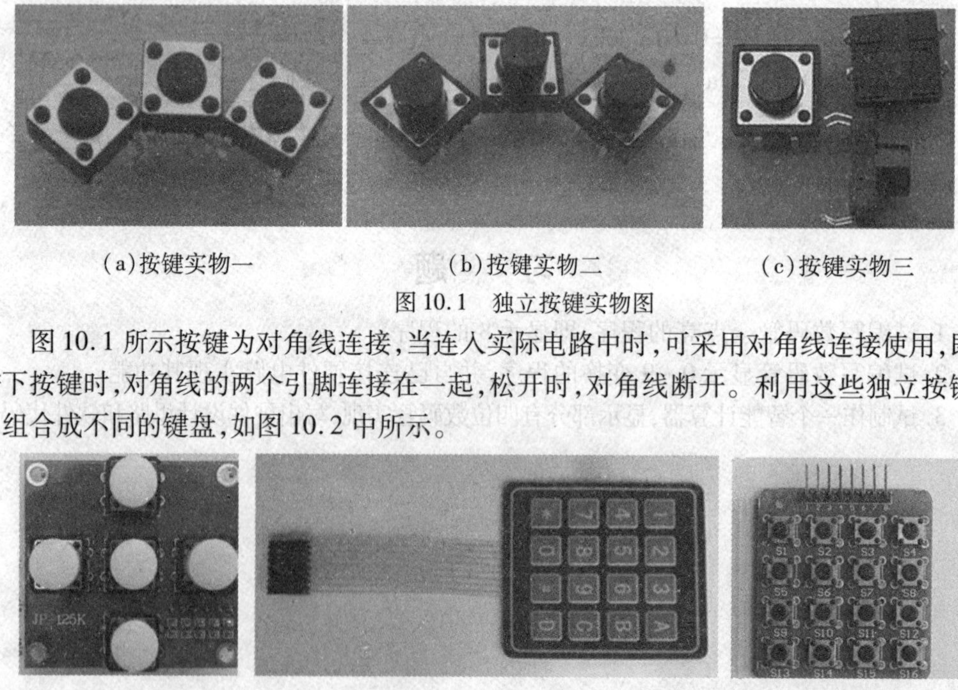

(a)按键实物一　　(b)按键实物二　　(c)按键实物三

图 10.1　独立按键实物图

图 10.1 所示按键为对角线连接,当连入实际电路中时,可采用对角线连接使用,即当按下按键时,对角线的两个引脚连接在一起,松开时,对角线断开。利用这些独立按键可以组合成不同的键盘,如图 10.2 中所示。

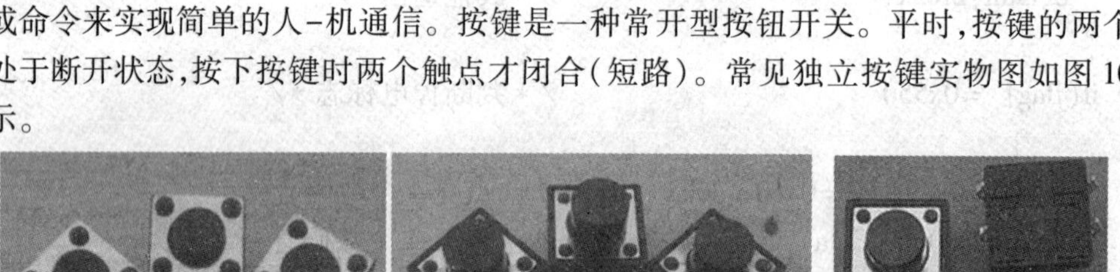

(a)组合按键实物一　　(b)组合按键实物二　　(c)组合按键实物三

图 10.2　组合按键实物图

如图 10.1 和 10.2 所示,平常状态下,当按键 K 未被按下时,按键断开,当按键 K 被按下时,按键闭合。此外还有一种自锁按键,常常作为开关电源的控制按键使用,其实物图如图 10.3 中所示,实际中根据不同需要进行选用。

图 10.3　双排自锁六脚按钮

当键盘做输入设备时,常用的一般有独立式和行列式(矩阵式)两种。下面分别对两种不同的键盘进行介绍。

10.1.1　独立键盘检测原理

独立式键盘是指各个按键相互独立地连接到各自的单片机的 I/O 口,I/O 口只需要做输入口就能读到所有的按键。独立式键盘可以使用上拉电阻,也可以使用下拉电阻,基本原理是相同的。实际应用中有很多型号的单片机有 I/O 内部上拉电阻或内部下拉电阻中,所以在实际应用中,若是使用到这样的单片机,不需要接外部上拉电阻或下拉电阻,只需在程序中把内部上拉电阻或内部下拉电阻打开即可。现以使用上拉电阻的独立式键盘为例进行说明,其结构如图 10.4 所示。

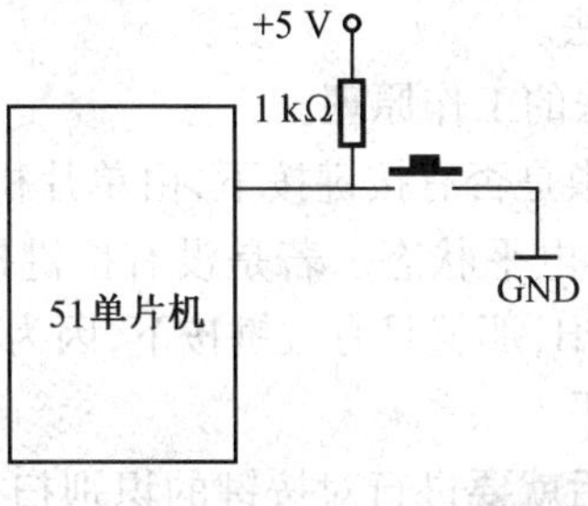

图 10.4　上拉电阻独立按键原理图

从图 10.4 可以看出,当按键没有被按下时,连接到该按键的 I/O 口输入电平为高电平,当按键按下去之后,输入电平则变为低电平。所以要判别有无按键按下,只需判断输入口的电平即可,程序写起来十分方便。

这种键盘虽然有电路简单、程序容易写的优点,但当按键个数较多时,要占用较多的 I/O 口资源。所以当按键个数比较多时,一般采用矩阵式键盘结构。

10.1.2　矩阵键盘检测原理

为了减少键盘占用太多的单片机 I/O 口资源,当按键个数较多时,通常都使用行列式键盘,或称为矩阵式键盘,行列式键盘同样可以使用上拉电阻或下拉电阻,使用上拉电阻的行列式键盘结构如图 10.5 所示。

与独立式键盘类似,若是使用有内部上拉电阻或下拉电阻的单片机时,外面不需连接

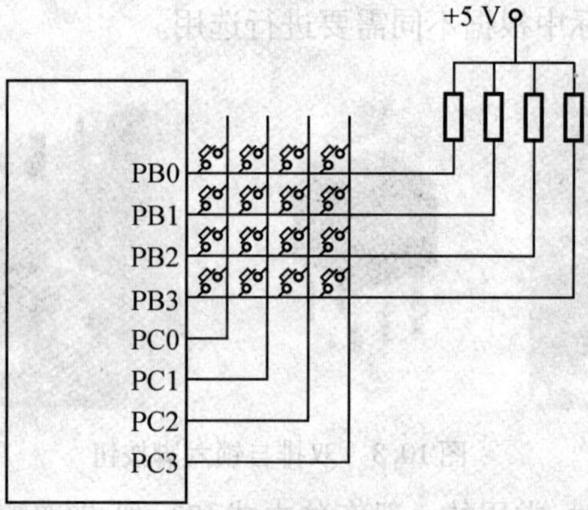

图 10.5　行列式键盘结构

上拉电阻或下拉电阻,只需在程序内打开内部上拉电阻或内部下拉电阻即可。

行列式键盘的原理就是每一行线与每一列线的交叉地方不相通,而是接上一个按键,通过按键来接通。所以利用这种结构,a 个 I/O 口可以接 a 个行线,另外的 b 个 I/O 可以接 b 个列线,总共可以组成 $a\times b$ 个按键的键盘。图 10.5 所示为 4×4 的键盘,其中有 4 个行线,4 个列线。

从图 10.5 的接法中可以看出,行列式的键盘结构可以省出不少的 I/O 口资源。对行列式的键盘进行扫描时,要先判断整个键盘是否有按键按下,有按键按下才对哪一个按键按下进行判别扫描。对按键的识别扫描通常有两种方法:一种是比较常用的逐行(或逐列)扫描法,另一种是线反转法。

(1)逐行(或逐列)扫描法的工作原理。

首先要先判别整个键盘中是否有按键按下,由单片机连接到列线的 I/O 口输出低电平,然后读取连接到行线口的电平状态。若是没有按键按下,则行线口读进来的数据为 0FH;若读进来的数据不是 0FH,那就是有按键按下,因为只要有按键按下,该按键连接到的行线电平就会被拉至低电平。

若是判断到按键按下之后就要进行对按键的识别扫描,扫描的方法是将列线逐列置低电平,并检测行线的电平状态来实现的。依次向单片机连接接口的每个列线送低电平,然后检测所有行线口的状态,若是全为 1,则所按下的按键不在此列,进入下一列的扫描;若是不全为 1,则所按下的按键必在此列,并且按键正是此列与读取到为低电平的行线的交点上。

(2)线反转法。

线反转法的优点是扫描速度比较快,但是程序处理起来却是比较不方便。线反转法最好是将行、列线按二进制顺序排列。线反转法同样也要先判别整个键盘有无按键按下,有按键按下才对键盘进行扫描。

当有某一按键按下时,键盘扫描扫到给该列置低电平时,读到了行状态为非全 1,这个时候就可以将行数据和列数据组合成一个键值。如图 10.5 所示的键盘从左到右、从上到下的键值依次是 EE,ED,EB,E7;DE,DD,DB,D7;…;7E,7D,7B,77。这是负逻辑的排列,可以通过软件的取反指令把这些数据变成正逻辑:11,12,14,18;21,22,24,28;…;81,

82,84,88。不过不管是正逻辑还是负逻辑的数据,可以看出这样的数据是很难使用散转指令的。所以一般都要想办法把这样的键值数据再修正一下成为等距能用于散转指令的键值数据。

若是所使用的单片机内部具有上拉电阻的话,还不需要逐列去置低电平,外部无上拉电阻。先使用行线口作为输入口,打开行线口上拉电阻,而列线口作为输出口输出低电平,读行线口得到列数据;再使用列线口作为输入口,打开列线口上拉电阻,而行线口作为输出口输出低电平,读列线口得到行数据。这样就可直接得到行数据和列数据,而得组合的键值。线反转法一般用于 4 的倍数的键盘,比如 4×4 键盘、4×8 键盘、8×8 键盘。

10.2　电路的设计

独立按键连接电路如图 10.6 所示,其中 KEY0 和 KEY1 引脚可以连接单片机 32 位口线中的任意 2 位。

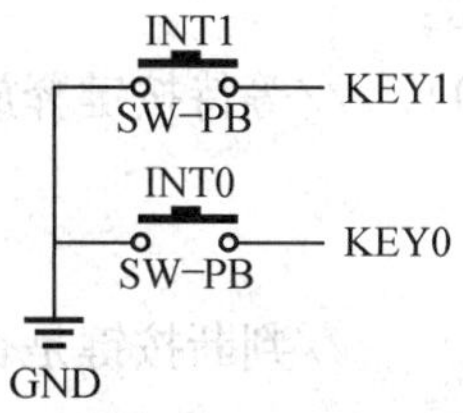

图 10.6　独立按键连接示意图

3＊3 矩阵按键连接电路图如图 10.7 所示,此时 9 个按键共占用 6 条 I/O 口线,如果采用独立按键的话,将占用 9 根口线,因此节省了 I/O 口的资源。

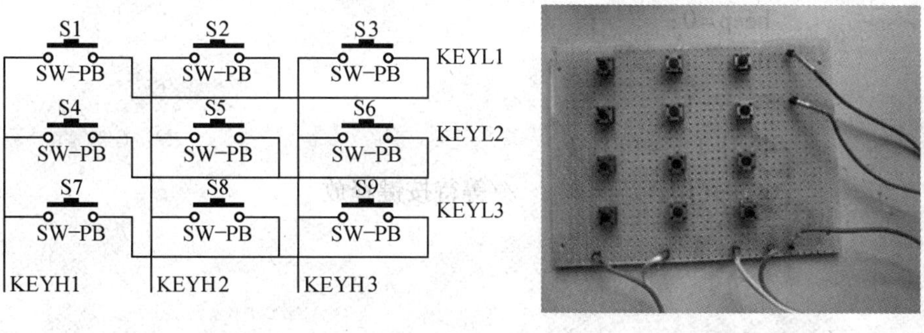

(a)电路原理图　　(b)硬件实物图

图 10.7　3＊3 矩阵按键连接示意图

10.3　键盘扫描电路的 C51 程序代码设计

10.3.1　独立键盘扫描电路程序设计

现将 10.6 所示的连接电路连接 3.2 和 3.3 引脚,则电路扫描程序如下所示。

```
void key_scan()                    //键盘扫描程序
{
    KEY1=1;
    KEY2=1;
    delay_8us();
    if(KEY1==0)                    //判断按键是否按下
    {
        delay_ms(10);
        if(KEY1==0)
        {
            beep=0;
            delay_ms(200);
            beep=1;
            LED_0=~LED_0;
            while(KEY1==0);  //等待按键释放
        }
    }
    if(KEY2==0)                    //判断按键是否按下
    {
        delay_ms(10);
        if(KEY2==0)
        {
            beep=0;
            delay_ms(200);
            beep=1;
            LED_1=~LED_1;
            while(KEY2==0);  //等待按键释放
        }
    }
}
```

10.3.2 矩阵键盘

现将图 10.7 所示的硬件连接电路的扫描程序如下所示。

```
unsigned char key_scan()
{
    static unsigned char key=0;    //储存键盘的扫描值
    unsigned char Scan_data=0x01;
```

```
    while(Scan_data! =0x08)
    {
        Key_port= ~Scan_data;
        delay_8us();
        if((Key_port&0x3f)! =((~Scan_data)&0x3f))
        {
            delay_ms(10);
            if((Key_port&0x3f)! =((~Scan_data)&0x3f))
            {
                switch(Key_port&0x3f)
                {
                    case 0x36: key=1;break;
                    case 0x35: key=2;break;
                    case 0x33: key=3;break;
                    case 0x2e: key=4;break;
                    case 0x2d: key=5;break;
                    case 0x2b: key=6;break;
                    case 0x1e: key=7;break;
                    case 0x1d: key=8;break;
                    case 0x1b: key=9;break;
                    default: break;
                }

                beep=0;
                delay_ms(100);
                beep=1;

                while((Key_port&0x3f)! =((~Scan_data)&0x3f));
                                                    //等待按键释放
            }
        }
        Scan_data=Scan_data<<1;
    }
    return key;                         //返回扫描键值
}
```

10.4 电路的改进——键盘的消抖动程序代码调试

按键是一种常开型按钮开关。没有按下时，按键的两个触点处于断开状态，按下按键时两个触点才闭合(短路)。如图 10.1 所示，平常状态下，当按键 K 未被按下时，按键断开，输入口的电平为高电平；当按键 K 被按下时，按键闭合，输入口的电平为低电平。

一般的按键所用开关都是机械弹性开关，由于机械触点的弹性作用，按键开关在闭合时不会马上稳定地连接，再断开也不会马上完全断开，在闭合和断开的瞬间均有一连串的抖动。按键按下的电压信号波形图如图 10.8 所示，从图中可以看出按键按下和松开时都存在着抖动。抖动时间的长短因按键的机械特性不同而有所不同，一般为 5 ~ 10 ms。

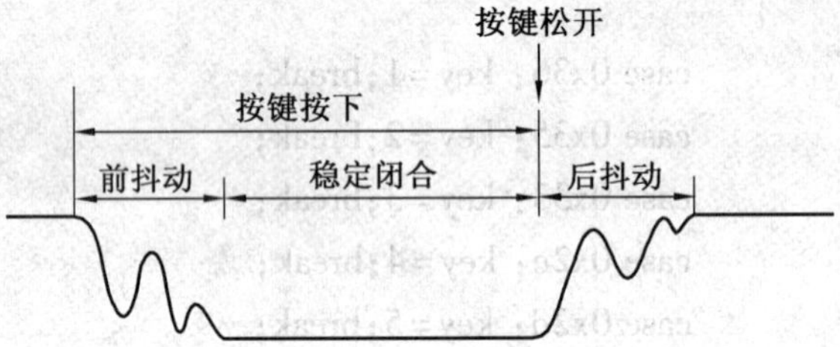

图 10.8　按键抖动

如果不处理键抖动，则有可能引起一次按键被误读成多次，所以为了确保能够正确地读到按键，必须去除键抖动，确保在按键的稳定闭合和稳定断开时判断按键状态，判断后再作处理。按键在去抖动，可用硬件或软件两种方法消除。由于使用硬件方法消除键抖动，一般会给系统的成本带来提高，所以通常情况下都是使用软件方法去除键抖动。常用的去除键抖动的软件方法有很多种，但是都离不开基本的原则：就是要么避开抖动时检测按键或是在抖动时检测到的按键不作处理。这里说明常用的两种方法：

第一种方法是检测到按键闭合电平后先执行一个延时程序，做一个 12 ~ 24 ms 的延时，让前抖动消失后再一次检测按键的状态，如果仍是闭合状态的电平，则认为真的有按键按下；若不是闭合状态电平，则认为没有键按下。若是要判断按键松开的话，也是要在检测到按键释放电平之后再给出 12 ~ 24 ms 的延时，等后抖动消失后再一次检测按键的状态，如果仍为断开状态电平，则确认按键松开。这种方法的优点是程序比较简单，缺点是由于延时一般采用跑空指令延时，造成程序执行效率低。

第二种方法是每隔一个时间周期检测一次按键，比如每 5 ms 扫描一次按键，要连续几次都扫描到同一按键才确认这个按键被按下。一般确认按键的扫描次数由实际情况决定，扫描次数的累积时间一般为 50 ~ 60 ms。比如，以 5 ms 为基本时间单位去扫描按键的话，前后要连续扫描到同一个按键 11 次而达到 50 ms 来确认这个按键。按键松开的检测方法也是一样要连续多次检测到按键状态为断开电平才能确认按键松开。这种方法的优点是程序执行效率高，不用刻意加延时指令，而且这种方法的判断按键抗干扰能力要更好；缺点是程序结构较复杂。

10.5　设计实例

【例 10.1】　设计两个独立按键，当按键按下时，蜂鸣器发出响声，指示灯点亮，试编写程序。

```
#include<reg52.h>
#include<intrins.h>
sbit KEY1=P3^2;                    //外部中断 INT0
sbit KEY2=P3^3;                    //外部中断 INT1
sbit LED_0=P0^0;
sbit LED_1=P0^1;
sbit beep=P2^2;
void delay_ms(unsigned int x)      //延时毫秒级
{
    unsigned int a=0,b=0,c=0;
    for(a=x;a>0;a--)
    for(b=5;b>0;b--)
    for(c=128;c>0;c--);
}
void delay_8us()                   //延时大约八微秒
{
    unsigned char n=0;
    for(n=14;n>0;n--) _nop_();
}
void key_scan()                    //键盘扫描程序
{
    KEY1=1;
    KEY2=1;
    delay_8us();
    if(KEY1==0)                    //判断按键是否按下
    {
        delay_ms(10);
        if(KEY1==0)
        {
            beep=0;
            delay_ms(200);
            beep=1;
            LED_0=~LED_0;
```

```
            while(KEY1==0); //等待按键释放
        }
    }
    if(KEY2==0)                //判断按键是否按下
    {
        delay_ms(10);
        if(KEY2==0)
        {
            beep=0;
            delay_ms(200);
            beep=1;
            LED_1=~LED_1;
            while(KEY2==0); //等待按键释放
        }
    }
}
void main()
{
    LED_0=1;
    LED_1=1;
    while(1)
    {
        key_scan();
    }
}
```

【例10.2】 设计一个计算器,在单片机上实现加法、连加运算,通过数码管显示结果。两个独立按键程序代码如下。

```
#include<reg52.h>
#include<intrins.h>
sbit key0=P3^3;
sbit key1=P3^2;
sbit beep=P2^2;
#define Key_port P1
#define LED_data_port P0
#define LED_seg_port P2
unsigned char key_value=0;
unsigned char key_flag=0;
unsigned char status_flag=0;
```

```
unsigned int x=0,y=0,z=0;
unsigned char dis_flag=0;
unsigned char code table[]={0xC0,0xF9,0xA4,0xB0,
                            0x99,0x92,0x82,0xF8,
                            0x80,0x90,0x88,0x83,
                            0xC6,0xA1,0x86,0x8E};
void delay_8us()                    //延时大约八微秒
{
    unsigned char n=0;
    for(n=14;n>0;n--) _nop_();
}
void delay_ms(unsigned int x)       //延时毫秒级
{
    unsigned int a=0,b=0,c=0;
    for(a=x;a>0;a--)
    for(b=5;b>0;b--)
    for(c=128;c>0;c--);
}
void LED_display(unsigned char seg_code,unsigned char shuju)
{
    if(seg_code<1||seg_code>4) seg_code=1;
    if(shuju>15) shuju=15;
    LED_seg_port=(LED_seg_port|0xf0)&_crol_(0xef,seg_code-1);
    LED_data_port=table[shuju];
    delay_ms(2);
    LED_data_port=0xff;
}
void Data_display(unsigned int x)
{
    unsigned char a=0,b=0,c=0,d=0;
    a=x/1000;                       //要显示数的千位
    b=x/100%10;                     //要显示数的百位
    c=x%100/10;                     //要显示数的十位
    d=x%10;                         //要显示数的个位
    if(a) LED_display(1,a);         //千位为0则不显示千位
    if((a!=0)||(b!=0)) LED_display(2,b);
    if((a!=0)||(b!=0)||(c!=0)) LED_display(3,c);
    LED_display(4,d);
```

```
}
void result_display( )
{
    switch( status_flag)
    {
        case 0: Data_display( x) ;break;
        case 1:if( dis_flag= =1) Data_display( x) ;
            else if( dis_flag= =0) Data_display( y) ;
            break;
        case 2: Data_display( z) ;break;
    }
}
void key_scan( )
{
    unsigned char n=0;
    unsigned char Scan_data=0x01;
    while( Scan_data! =0x08)
    {
        Key_port= ~Scan_data;
        delay_8us( ) ;
        if( ( Key_port&0x3f) ! =( ( ~Scan_data) &0x3f) )
        {
            delay_ms( 10) ;
            if( ( Key_port&0x3f) ! =( ( ~Scan_data) &0x3f) )
            {
                switch( Key_port&0x3f)
                {
                    case 0x36: key_value=1;break;
                    case 0x35: key_value=2;break;
                    case 0x33: key_value=3;break;
                    case 0x2e: key_value=4;break;
                    case 0x2d: key_value=5;break;
                    case 0x2b: key_value=6;break;
                    case 0x1e: key_value=7;break;
                    case 0x1d: key_value=8;break;
                    case 0x1b: key_value=9;break;
                }
                key_flag=1;
```

```
                dis_flag=0;
                if(status_flag==2) status_flag=0;
                if(status_flag==0) x=key_value;
                else if(status_flag==1) y=key_value;
                beep=0;      //蜂鸣器响
                for(n=0;n<25;n++) result_display();
                beep=1;      //关蜂鸣器
        while((Key_port&0x3f)! =((~Scan_data)&0x3f)) result_display();
                                    //等待按键释放
            }
        }
        Scan_data=Scan_data<<1;
    }
}
void key_scan_div()                  //独立键盘识别,完成加号和等号的功能
{
    unsigned char n=0;
    key0=1;
    key1=1;
    if(key0==0)                  //判断按键是否按下
    {
        delay_ms(10);            //消除机械抖动
        if(key0==0)              //按键是否真的按下
        {
            if(status_flag==1&&dis_flag==0)x=key_value;
            else if(status_flag==2) x=z;
            status_flag=1;
            dis_flag=1;
            key_flag=0;
            beep=0;              //蜂鸣器响
            for(n=0;n<25;n++) result_display();
            beep=1;              //关蜂鸣器
            while(key0==0) result_display();
        }
    }
    if(key1==0)                  //判断按键是否按下
    {
        delay_ms(10);            //消除机械抖动
```

```
            if(key1==0)                   //按键是否真的按下
            {
                y=key_value;
                if(status_flag==1&&key_flag==1) z=x+y;
                key_flag=0;
                status_flag=2;
                beep=0;                   //蜂鸣器响
                for(n=0;n<25;n++) result_display();
                beep=1;             //关蜂鸣器
                while(key1==0) result_display();
            }
        }
    }
void main()
{
    unsigned char m=0,n=0;
    while(1)
    {
        key_scan();               //矩阵键盘扫描
        key_scan_div();           //独立键盘扫描
        result_display();         //显示扫描和计算结果
    }
}
```

【例 10.3】 设计一个 3＊3 按键，当按键按下时，在数码管上显示相应字母。

```
include<reg52.h>
#include<intrins.h>
sbit beep=P2^2;                           //蜂鸣器端口
#define Key_port    P1
#define LED_code_port         P0
#define LED_segmnet_port    P2
unsigned char code table[]={0xC0,0xF9,0xA4,0xB0,
                            0x99,0x92,0x82,0xF8,
                            0x80,0x90,0x88,0x83,
                            0xC6,0xA1,0x86,0x8E};       //数组
void delay_8us()                          //延时大约八微秒
{
    unsigned char n=0;
    for(n=14;n>0;n--) _nop_();
```

```
}
void delay_ms(unsigned int x)                        //延时毫秒级
{
    unsigned int a=0,b=0,c=0;
    for(a=x;a>0;a--)
    for(b=5;b>0;b--)
    for(c=128;c>0;c--);
}
void LED_display(unsigned char seg_code,unsigned char shuju)
{
    if(seg_code<1||seg_code>4) seg_code=1;
    if(shuju>15) shuju=15;                           //限制显示数据的大小
    LED_segmnet_port=(LED_segmnet_port|0xf0)&_crol_(0xef,seg_code-1);
                                                     //送入位码
    LED_code_port=table[shuju];                      //送入段码
    delay_ms(2);                                     //保持显示 2 毫秒
    LED_segmnet_port=LED_segmnet_port|0xf0;          //关掉所有数码管
}
unsigned char key_scan()
{
    static unsigned char key=0;                      //储存键盘的扫描值
    unsigned char Scan_data=0x01;
    while(Scan_data! =0x08)
    {
        Key_port=~Scan_data;
        delay_8us();
        if((Key_port&0x3f)! =((~Scan_data)&0x3f))
        {
            delay_ms(10);
            if((Key_port&0x3f)! =((~Scan_data)&0x3f))
            {
                switch(Key_port&0x3f)
                {
                    case 0x36: key=1;break;
                    case 0x35: key=2;break;
                    case 0x33: key=3;break;
                    case 0x2e: key=4;break;
                    case 0x2d: key=5;break;
```

```
                case 0x2b: key=6;break;
                case 0x1e: key=7;break;
                case 0x1d: key=8;break;
                case 0x1b: key=9;break;
                default: break;
            }
            beep=0;
            delay_ms(100);
            beep=1;
            while((Key_port&0x3f)! =((~Scan_data)&0x3f));
                                        //等待按键释放
        }
    }
        Scan_data=Scan_data<<1;
    }
    return key;                         //返回扫描键值
}
void main()
{
    unsigned char key_data=0;
    while(1)
    {
        key_data=key_scan();            //扫描键盘
        LED_display(1,key_data);        //显示键值
    }
}
```

习　题

1. 试利用独立按键通过单片机控制小灯的开和关。
2. 试利用矩阵键盘和 LED 小灯显示 0 ~9 的数字。
3. 试制作一个智能计算器,写出硬件设计思路和软件代码。
4. 试编写一个智能电子琴,利用按键,发出不同的音乐。
5. 试编写一个点播程序,利用按键选择不同的歌曲进行播放。

第11章 液晶显示原理及应用实现

11.1 电路设计的背景及功能

11.1.1 液晶概述

与数码管 LED 相比,液晶显示器 LCD 是一种极低功耗的显示器,从电子表到计算器,从袖珍式仪表到便携式微型计算机,以及一些文字处理都广泛地利用了液晶显示器。同时,在计算机软件和网络技术的支持下,它正向着集成化、智能化和廉价化的方向发展,发展潜力非常大,发展空间也十分广阔。纵观近几年液晶显示器的市场,当今显示器是朝着小、薄、轻、大屏幕、高分辨率的方向发展。

1. 功能特点

(1)液晶显示器属于被动发光型显示器件,它本身不发光,只能反射或投射外界光线,因此环境亮度越高,显示越清晰。其亮暗对比度可达 100 : 1。

(2)机身薄,节省时间。与较笨重的 CRT 显示器相比,液晶显示器只需要占用前者所占空间的 1/3。

(3)省电,不产生高温。它属于低功耗产品,可以做到完全不发热,而 CRT 显示器,因显像技术不可避免地产生高温。

(4)必须采用交流驱动方式,驱动电压波形为不含直流分量的方波或其他复杂波形,频率为 30 ~ 300 Hz。分静态驱动(方波驱动)、动态驱动(时分割法驱动)两种。

(5)画面柔和不伤眼。不同于 CRT 技术,液晶显示器画面不会闪烁,可以减少显示器对眼睛的伤害,眼睛不容易疲劳。

2. 工作原理

目前数字仪表中大多采用向列型 LCD,其工作原理如图 11.1 所示。它由 LCD 上偏光板 A、镀有透明导电膜的玻璃板 B、液晶、背面的公共电极 C(也称背电极,符号为 BP)、偏光板 D 和漫反向玻璃 E 构成。液晶材料被封装在 B、C 两板之间。偏光板 A、D 的作用是只允许沿板上箭头方向的偏振光通过。B 上加工有字形(图中用黑竖条表示数字 1),并且在字形上镀一层透明导电膜,无字处则不需要镀导电膜。入射光可以是太阳光之类

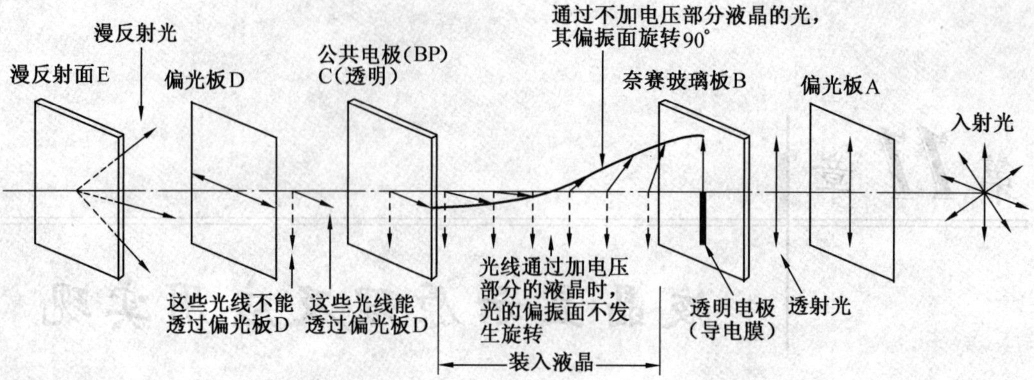

图 11.1　向列型 LCD 工作原理

的自然光。自然光有许多振动面,但偏光板 A 仅让垂直方向的偏振光透过。如果在 B 板的字形与 1 与公共电极 C 之间加上电压,封装其内的液晶分子就会重新排列,除字形 1 的偏振面方向不变(图中虚线箭头所示),其他光线的偏振面都要旋转 90°(图中水平方向实线箭头所示)。而偏光板 D 只让水平方向的光线透过,不让代表字形 1 的光线透过。水平光线经过漫反射玻璃 B,向右边发生漫反射,因此从右边看上去是亮区。鉴于字形 1 的光线不能反射回去,因此从右面看到的是暗区——黑色的数字 1。在液晶表面还可以加滤光片,例如,增加黄色的滤光片可在黄色背景上出现黑色数字。

11.1.2　常用的液晶型号

液晶显示器以其微功耗、体积小、显示内容丰富、超薄轻巧的诸多优点,在袖珍式仪表和低功耗应用系统中得到越来越广泛的应用。这里介绍的字符型液晶模块是一种用 5×7 点阵图形来显示字符的液晶显示器,根据显示的容量可以分为 1 行 16 个字、2 行 16 个字、2 行 20 个字等,下面以 1602 字符型液晶显示器为例,介绍其用法。

LCD1602 液晶显示器是目前广泛使用的一种字符型液晶显示模块。它是由字符型液晶显示器(LCD)、控制驱动器 HD44780 及其扩展驱动电路 HD44100,以及少量电阻、电容元件和结构件等装配在 PCB 板上而组成。不同厂家生产的 LCD 芯片可能有所不同,但使用方法都是一样的。

1. LCD1602 的主要技术参数和引脚功能

(1)主要技术参数。

显示容量为 16×2 个字符;

芯片工作电压为 4.5 ~5.5 V;

工作电流为 2.0 mA(5.0 V);

模块最佳工作电压为 5.0 V;

字符尺寸为 2.95×4.35(W×H)mm。

(2)引脚及功能。

LCD1602 的引脚配置图如图 11.2 所示。LCD1602 的引脚按功能划分为三类,数据类、电源类和编程控制类。

①数据类引脚。引脚 7 ~ 14 为数据线，选择直接控制方式时这 8 根线全用。四线制时只用 DB7 ~ DB4 这 4 根线。

②电源类引脚。引脚 1、2 为负、正电源线。

引脚 V0 为液晶显示器对比度调整端，接正电源时对比度最低，接地电源时对比度最高，对比度过高时会产生“鬼影”，这时可以通过一个 10 kΩ 的电位器调整对比度。

引脚 15、16 为背光电源，接+5 V 电源时应串入适当的限流电阻。

③编程控制类引脚。

E 端为使能端，当 E 端由高电平跳变为低电平时，液晶模块执行命令。

$R/\overline{W}$ 为读写信号线，高电平时进行读操作，低电平时进行写操作。

RS 为寄存器选择端，高电平时选择数据寄存器，低电平时选择指令寄存器。

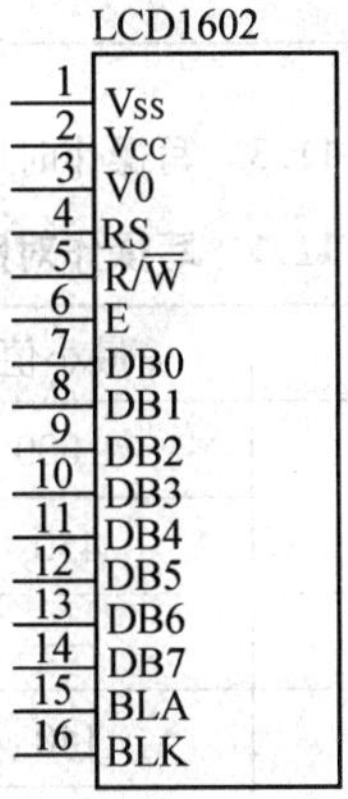

图 11.2　LCD1602 的引脚配置图

2. 字符型液晶显示控制器 HD44780 介绍

(1)特点。

①具有字符发生器 ROM，可显示 192 个常用字符，160 个 5×7 点阵字符和 32 个 5×10 点阵字符。

②具有 64 个字节的自定义字符 RAM，可自定义 8 个 5×8 点阵字符或 4 个 5×11 点阵字符。

③具有 80 个字节的 RAM。

④标准的接线特性，适配 M6800 系列 MPU 的操作时序。

⑤低功耗、长寿命、高可靠性。

(2)与 CPU 接口的读写操作时序。

①写操作(MPU 至 HD44780)。写操作时序图如图 11.3 所示，其操作对照表见表 11.1。

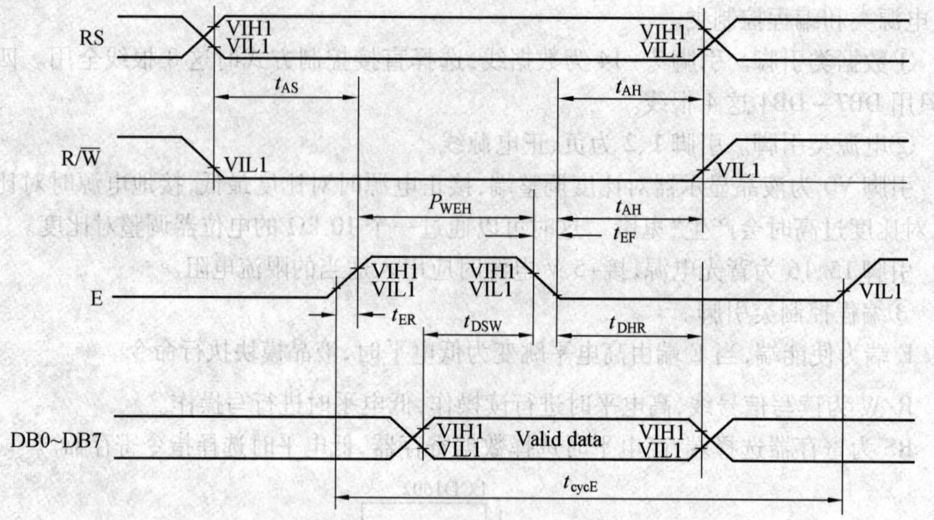

图 11.3 写操作时序图

表 11.1 写操作对照表

项目	符号	最小值	最大值	单位
使能周期	t_{cyCE}	1 000	—	ns
使能脉冲宽度	P_{WEH}	450	—	ns
使能升、降时间	t_{ER},t_{EF}	—	25	ns
地址建立时间	t_{AS}	140	—	ns
地址保持时间	t_{AH}	10	—	ns
数据建立时间	t_{DSW}	195	—	ns
数据保持时间	t_{H}	10	—	ns

②读操作(HD44780 至 MPU)。读操作时序图如图 11.4 所示,其操作对照表见表 11.2。

表 11.2 读操作对照表

项目	符号	最小值	最大值	单位
使能周期	t_{cyCE}	1 000	—	ns
使能脉冲宽度	P_{WEH}	450	—	ns
使能升、降时间	t_{ER},t_{EF}	—	25	ns
地址建立时间	t_{AS}	140	—	ns
地址保持时间	t_{AH}	10	—	ns
数据建立时间	t_{DDR}	—	320	ns
数据保持时间	t_{DHR}	10	—	ns

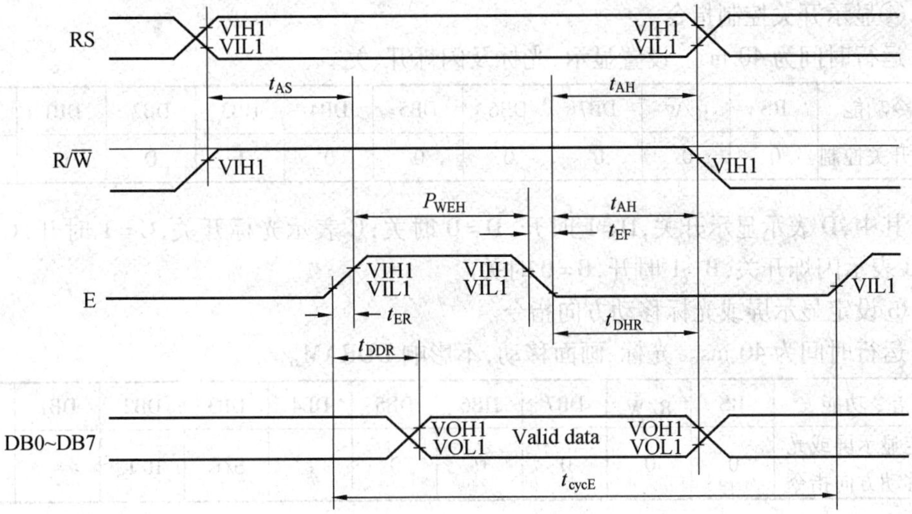

图 11.4　读操作时序图

(3) HD44780 的指令系统。

CPU 通过向 HD44780 的指令寄存器和数据寄存器中写入数据即可控制显示。RS 为寄存器选择信号，当 RS=1 时，向数据寄存器写入控制代码，此时相应的数据寄存器即被确定；当 RS=0 时，向指令寄存器写入数据，并执行所定义的指令。在一条指令的执行过程中，控制器不能接收新的指令。下面是 HD44780 的指令集及其设置说明。

①清屏指令。

运行时间为 1.64 ms，清 DDRAM 和 AC 值。

指令功能	RS	$R/\overline{W}$	DB7	DB6	DB5	DB4	DB3	DB2	DB1	DB0
清屏	0	0	0	0	0	0	0	0	0	1

②光标返回指令。

运行时间为 1.64 ms，AC=0，光面、画面回 HOME 位。

指令功能	RS	$R/\overline{W}$	DB7	DB6	DB5	DB4	DB3	DB2	DB1	DB0
光标归位	0	0	0	0	0	0	0	0	1	*

③进入模式设置指令。

运行时间为 40 ms。设置光标、显示画面移动的方向。

指令功能	RS	$R/\overline{W}$	DB7	DB6	DB5	DB4	DB3	DB2	DB1	DB0
进入模式设置	0	0	0	0	0	0	0	1	I/D	S

其中，I/D=1 数据读、写操作后，AC 自动加 1，光标右移一个字符位；I/D=0 数据读、写操作后，AC 自动减 1，光标左移一个字符位。S=0 无效，画面不动。S=1 有效，画面平移。

④显示开关控制指令。

运行时间为 40 ms。设置显示、光标及闪烁开、关。

指令功能	RS	$R/\overline{W}$	DB7	DB6	DB5	DB4	DB3	DB2	DB1	DB0
显示开关控制	0	0	0	0	0	0	1	D	C	B

其中，D 表示显示开关，D=1 时开，D=0 时关；C 表示光标开关，C=1 时开，C=0 时关；B 表示闪烁开关，B=1 时开，B=0 时关。

⑤设定显示屏或光标移动方向指令。

运行时间为 40 ms。光标、画面移动，不影响 DDRAM。

指令功能	RS	$R/\overline{W}$	DB7	DB6	DB5	DB4	DB3	DB2	DB1	DB0
设定显示屏或光标移动方向指令	0	0	0	0	0	1	S/C	R/L	*	*

其中，S/C=1 为显示画面平移一个字符位；S/C=0 为光标平移一个字符位。R/L=1 为右移，R/L=0 为左移。

⑥功能设置。

运行时间为 40 ms。工作方式设置(初始化指令)。

指令功能	RS	$R/\overline{W}$	DB7	DB6	DB5	DB4	DB3	DB2	DB1	DB0
功能设定	0	0	0	0	1	DL	N	F	*	*

其中，DL=1 表示数据总线有效长度为 8 位，DL=0 表示数据总线长度为 4 位；N=1 表示字符行为 2 行，N=0 表示字符行为 1 行；F=1 表示字体为 5×10 点阵，F=0 表示字体为 5×7 点阵。

⑦设定 CGRAM 地址指令。

运行时间为 40 ms。设置 CGRAM 地址。A5～A0=0～3FH。

指令功能	RS	$R/\overline{W}$	DB7	DB6	DB5	DB4	DB3	DB2	DB1	DB0
设定 CGRAM 地址	0	0	0	1	A5	A4	A3	A2	A1	A0

⑧设定 DDRAM 地址指令。

运行时间为 40 ms。设置 DDRAM 地址。

指令功能	RS	$R/\overline{W}$	DB7	DB6	DB5	DB4	DB3	DB2	DB1	DB0
设定 DDRAM 地址	0	0	1	A6	A5	A4	A3	A2	A1	A0

其中，N=0，一行显示 A6～A0=0～4FH；N=1，两行显示，首行 A6～A0=00H～2FH，次行 A6～A0=40H～67H。

⑨读取忙信号 BF 或 AC 值。

读取忙信号 BF 值和地址计数器 AC 值。

指令功能	RS	R/$\overline{W}$	DB7	DB6	DB5	DB4	DB3	DB2	DB1	DB0
读取忙信号或 AC 地址	0	0	1	A6	A5	A4	A3	A2	A1	A0

其中,BF=1 表示液晶显示器忙,暂时无法接收单片机送来的数据或指令;当 BF=0 时,液晶显示器可以接收单片机送来的数据或指令。此时,AC 值的意义为最近一次地址设置(CGRAM 或 DDRAM)定义。

⑩数据写入 DDRAM 或 CGRAM 指令。

运行时间为 40 ms。根据最近设置的地址性质,数据写入 DDRAM 或 CGRAM 内。

指令功能	RS	R/$\overline{W}$	DB7	DB6	DB5	DB4	DB3	DB2	DB1	DB0
数据写入 DDRAM 或 CGRAM 指令	1	0	D7	D6	D5	D4	D3	D2	D1	D0

⑪从 CGRAM 或 DDRAM 读出数据指令。

运行时间为 40 ms。根据最近设置的地址性质,从 DDRAM 或 CGRAM 读出数据。

指令功能	RS	R/$\overline{W}$	DB7	DB6	DB5	DB4	DB3	DB2	DB1	DB0
从 DDRAM 或 CGRAM 读出数据指令	1	1	D7	D6	D5	D4	D3	D2	D1	D0

11.2　电路的设计

液晶显示模块与 MCS-51 单片机有两种接口方式:直接访问方式和间接控制方式。所谓直接访问就是将液晶显示模块的接口作为存储器或者 I/O 设备直接挂在单片机总线上,单片机以访问存储器或 I/O 口设备的方式对液晶显示模块进行操作。以 LCD1602 为例,直接控制方式就是将 LCD1602 的 8 根数据线和 3 根控制线 E、RS、R/$\overline{W}$ 与单片机直接相连后即可正常工作。一般应用中只需往 LCD1602 中写入命令和数据,因此,可将 LCD1602R/$\overline{W}$ 直接接地。图 11.5 为直接控制方式的连接电路图。

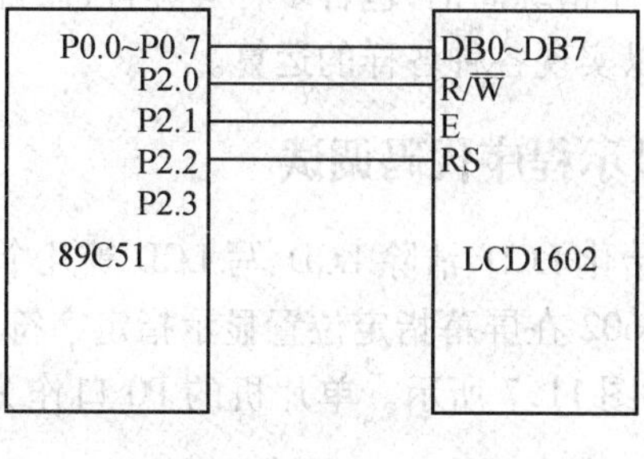

图 11.5　直接控制方式的连接电路图

间接控制方式又称为四线制工作方式，是利用 HD44780 所具有的 4 位数据总线的功能，将电路接口简化的一种方式。为了减少接线数量，只采用引脚 DB4 ~ DB7 与单片机进行通信，先传数据或者命令的高 4 位，再传它们的低 4 位。采用这种工作方式，可以减少对 I/O 口的需求。当设计产品过程中单片机的 I/O 资源紧张时，可以考虑使用此方法。该方式的电路连接图如图 11.6 所示。

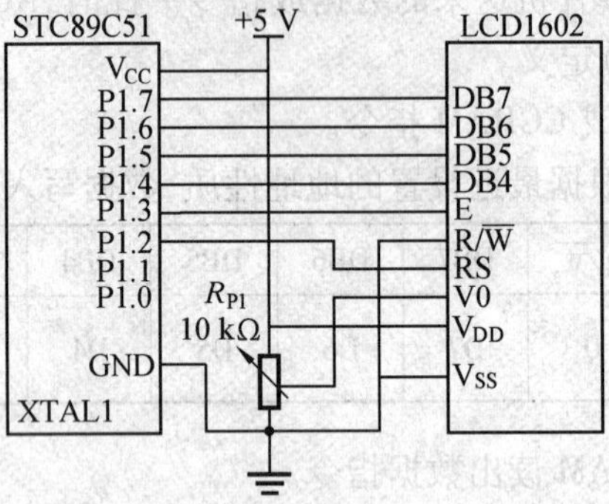

图 11.6　LCD1602 与单片机连接

11.3　C51 程序代码调试

C51 程序设计是以 C 语言为基础，在此基础上根据单片机存储结构及内部资源定义相应的数据类型和变量，按照 C51 所包含的数据类型、变量存储模式、输入/输出处理、函数等方面的格式来编写 C 语言应用程序。用 C 语言编写的应用程序需由单片机 C 语言编译器转换成单片机可执行的代码程序。因此，C51 语言兼具 C 语言的特点以及与 C 语言相似的结构特征。

C 语言是一种常用的高级语言，兼具汇编语言的特点。该语言具有高级语言功能丰富、表达能力强、使用灵活方便、应用面广、目标程序效率高的特点，同时具有能够直接对计算机硬件操作的汇编语言的特点。C51 语言允许访问物理地址，能进行位操作，能够直接对硬件进行操作。

C51 语言使用了 C 语言的 32 个关键字和 C51 的 20 个扩展关键字，程序书写形式自由，与其他高级语言相比，程序精练简洁；包含多种运算符，而且把括号、赋值、强制类型转换等都作为运算符处理，可以实现各种各样的运算。

11.3.1　液晶文字显示程序代码调试

软件设计包括开始、初始化 LCD、清除 LCD、写 LCD 等几个过程。

【例 11.1】　使用 LCD1602 在屏幕指定位置显示指定字符。

解　硬件设计电路图如图 11.7 所示。单片机的 P0 口作为数据口使用，三条控制线 E、RS、$R/\overline{W}$ 分别接单片机的 P2.0、P2.1、P2.2 端口。

软件设计：

(1)给出写指令和写数据两个子函数。

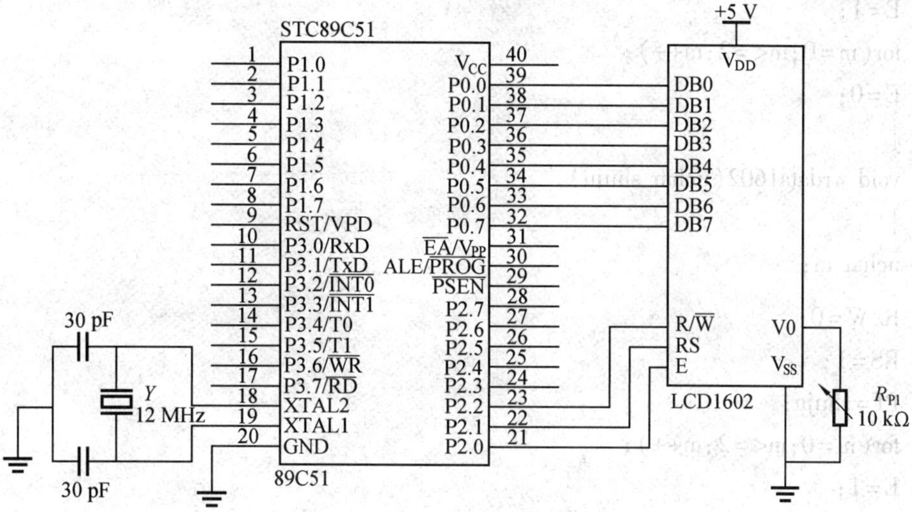

图 11.7　1602 液晶使用硬件电路图

(2)初始化子函数。主要由写指令子函数调用相关的指令,进行 LCD1602 的设置工作。

(3)显示子程序中。首先通过调用写指令子函数指定位置,在延时一段时间后,再通过调用写数据子函数,向指定位置写字符。其中“x”取 0 或者 1,用于指定显示位置中的行;“y”取 0 ~ 15 中的某一个值,用于指定显示位置中的列,ch 是(x,y)位置显示的字符。

(4)很多情况下,为了使显示能紧随被显示值的变化而实时变化,显示子函数一般会被包含在循环体中,此时,显示子函数中,写指令子函数调用和写数据子函数调用之间的延时,可以省略或延时时间可以稍短一些,具体情况可依应用自行测试调节。

程序如下:

```
#include<reg52. h>
#define uchar unsigned char
#define uint unsigned int
sbit RS=P2^0;
sbit R/W=P2^1;
sbit E=P2^2;
uchar code tab[ ]={"0123456789"};
void wrcmd1602(uchar cmd)
}
uchar m;
R/W=0;
RS=0;
P1=cmd;
for(m=0;m<=2;m++);
```

```
E=1;
for(m=0;m<=2;m++);
E=0;
}
void wrdata1602(uchar shuju)
}
uchar m;
R/W=0;
RS=1;
P1=shuju;
for(m=0;m<=2;m++);
E=1;
for(m=0;m<=2;m++);
E=0;
}
void init 1602(void)
{
R/W=0;
E=0;
wrcmd1602(0x38);
wrcmd1602(0x0C);
wrcmd1602(0x06);
wrcmd1602(0x01);
}
void disp1602(uchar x, uchar y, uchar ch)
{
uchar m;
wrcmd1602(0x80+x*0x40+y);
for(m=0;m<=252;m++);
wrdata1602(ch);
}
main()
{
uchar i;
init1602();
for(i=0;i<=9;i++);
{
```

```
disp1602(0,i,tab[i]);
disp1602(1,15-i,tab[i]);
}
while(1);
}
```

11.3.2　自编字形、图案显示程序代码调试

现在通过具体的实例,学习这一节的知识。下面一段程序让这 8 个自定义字符显示出一个心的图案:

```
# include <reg51.h>
unsigned char table1[ ] = {0x03,0x07,0x0F,0x1F,0x1F,0x1F,0x1F,0x1F,0x18,0x1E,
0x1F,0x1F,0x1F,0x1F,0x1F,0x1F,0x07,0x1F,0x1F,0x1F,0x1F,0x1F,0x1F,0x10,
0x18,0x1C,0x1E,0x1E,0x1E,0x1E,0x1E,0x0F,0x07,0x03,0x01,0x00,0x00,0x00,0x00,
0x1F,0x1F,0x1F,0x1F,0x1F,0x0F,0x07,0x01,0x1F,0x1F,0x1F,0x1F,0x1F,0x1C,0x18,
0x00,0x1C,0x18,0x10,0x00,0x00,0x00,0x00,0x00};//心图案
unsigned char table[ ] = {0x10,0x06,0x09,0x08,0x08,0x09,0x06,0x00};
#define Clearscreen
LCD_write_command(0x01);
#define LCDIO P2
sbit LCD1602_RS=P3^0;
sbit LCD1602_R/W̄=P3^1;
sbit LCD1602_E=P3^2;
/*定义函数*/
void LCD_write_command(unsigned char command);
                                              //写入指令函数
void LCD_write_dat(unsigned char dat);        //写入数据函数
void LCD_set_xy(unsigned char x, unsigned char y);
                                              //设置显示位置函数
void LCD_dsp_char(unsigned x,unsigned char y,unsigned char dat);
                                              //显示一个字符函数
void LCD_dsp_string(unsigned char X,unsigned char Y,unsigned char *s);
                                              //显示字符串函数
void LCD_init(void);                          //初始化函数
void delay_nms(unsigned int n);               //延时函数
/*初始化函数*/
void LCD_init(void)
{
Clearscreen;
```

```
LCD_write_command(0x38);
LCD_write_command(0x0c);
LCD_write_command(0x80);
Clearscreen;
}
/*写指令函数*/
void LCD_write_command(unsigned char command)
{
LCDIO=command;
LCD1602_RS=0;
LCD1602_R/W=0;
LCD1602_EN=0;
LCD1602_EN=1;
delay_nms(10);
}
/*写数据函数*/
void LCD_write_dat(unsigned char dat)
{
LCDIO=dat;
LCD1602_RS=1;
LCD1602_RW=0;
LCD1602_EN=0;
delay_nms(1);
LCD1602_EN=1;
}
/*设置显示位置*/
void LCD_set_xy(unsigned char x, unsigned char y)
{
unsigned char address;
if (y == 1)
address = 0x80 + x;
else
address =0xc0+ x;
LCD_write_command(address);
}
/*显示一个字符*/
void LCD_dsp_char(unsigned x,unsigned char y,unsigned char dat)
{
```

```
LCD_set_xy(x, y);
LCD_write_dat(dat);
}
/*显示字符串函数*/
void LCD_dsp_string(unsigned char X,unsigned char Y,unsigned char *s)
{
LCD_set_xy(X, Y);
while (*s)
{
LCD_write_dat(*s);
s++;
}
}
/*延时*/
void delay_nms(unsigned int n)
{
unsigned int i=0,j=0;
for(i=n;i>0;i--)
for(j=0;j<10;j++);
}
/*主函数*/
void main(void)
{
unsigned char i,j,k,tmp;
LCD_init();
delay_nms(100);
tmp=0x40;                              //设置 CGRAM 地址的格式字
k=0;
for(j=0;j<8;j++)
{
for(i=0;i<8;i++)
{
LCD_write_command(tmp+i);              //设置自定义字符的 CGRAM 地址
delay_nms(2);
LCD_write_dat(table1[k]);              //向 CGRAM 写入自定义字符表的
                                       数据
k++;
delay_nms(2);
```

```
    }
    tmp=tmp+8;
    }
    LCD_dsp_string(1,1," LCD  TEST");          //在第1行第1列显示"LCD TEST"
    LCD_dsp_string(1,2,"SUCCESSFUL");          //在第2行第1列显示"SUCCESSFUL"
    for(i=0;i<4;i++)
    {
    LCD_dsp_char(12+i,1,i);
    delay_nms(1);
    }
    for (i=4;i<8;i++)
    {
    LCD_dsp_char(12+i-4,2,i);                  //在第2行第12列位置显示心图案的下半部
    delay_nms(1);
    }
    while (1);
    }
```

实际效果如图 11.8 所示。

图 11.8　实际效果图

11.4　设 计 实 例

【例 11.2】 LCD1602 显示电话拨号键盘按键(说明:该项目是将电话拨号键盘上所拨号码显示在 1602 液晶屏上)。硬件电路图如图 11.9 所示。

程序设计调试:

```
#include<reg51.h>
#include<intrins.h>
#define uchar unsigned char
#define uint unsigned int
```

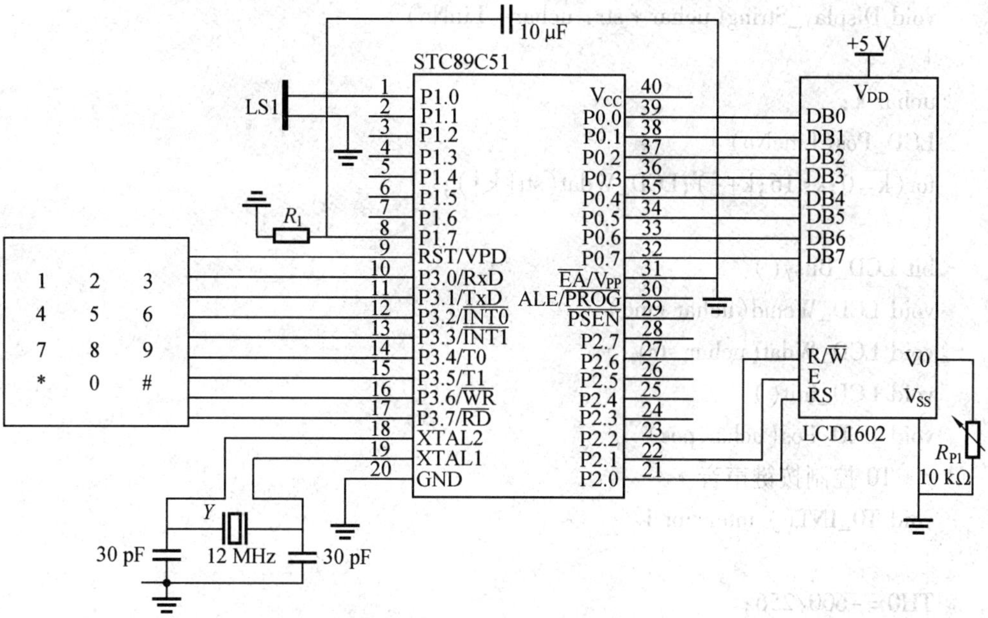

图11.9　LCD1602显示电话拨号键盘按键电路

```
#define DelayNOPx(){_nop_();_nop_();_nop_()_nop_();}
sbit BEEP=P1^0;
sbit LCD_RS=P2^0;
sbit LCD_R/W=P2^1;
sbit LCD_E=P2^2;
void Delay MS(uint ms);
bit LCD_Busy();
void LCD_Pos(uchar);
void LCD_Wcmd(uchar);
void LCD_Wdat(uchar);
char code Title_Text={*-- Phone Code --*};
uchar code Key Table{}={'1','2','3','4','5','6','7','8','9','*','0',
'#'};
uchar Dial_Code_str[ ]={*                    *};
uchar KeyNo=0xff;
int tCount=0;
void Delay MS(uint x)
{
uchar i;
while(x--)for(i=0;i<120;i++);
}
```

```
void Display_String( uchar * str, uchar   LinNo)
{
uchar k;
LCD_Pos( LineNo)
for( k=0;k<16;k++);LCD_Wdat( str[ k]);
}
bit LCD_Busy( )
void LCD_Wcmd( uchar cmd)
void LCD_Wdat( uchar str)
void LCD_init( )
void LCD_Pos( uchar pos)
/ * T0 控制按键声音 * /
void T0_INT( ) interrupt 1
{
TH0=-600/256;
TL0=-600%256;
BEEP= ~BEEP;
if( ++tCount==200)
{
tCount=0;TR0=0;
}
}
/ * 键盘扫描 * /
uchar Get Key ( )
{
uchar i,j,k=0;
uchar KeyScanCode[ ]={0xEF,0xDF,0xBF,0x7F};
uchar KeyCodeTable[ ]={0xEE,0Xed,0xEB,0xDE,0xDD,0xDB,0xBE,0xBD,0xBB,
0x7E,0x7D,0x7B};
P3=0x0F;
/ * 扫描键盘获取按键序号 * /
if( P3=0x0F)
{
for( i=0;i<4;i++)
{
P3=KeyScanCode[ i];
for( j=0;j<3;j++)
{
```

```
k=i*3+j;
if(P3==KeyCodeTable[k]) return k;
}
}
}
else return 0xFF;
}
/*主程序*/
void main()
{
uchar i=0,j;
P0=P2=P1=0xFF;
IE=0x82;
TMOD=0x01;
LCD_init();                                  //初始化 LCD
Display_String(Title_Text,0x00);             //在第 1 行显示标题
While(1)
{
KeyNo=GetKey();                              //获取按键
if(KeyNo==0xFF)continue;                     //无按键继续扫描
if(++i==11)
{ for(j=0;j<16;j++) Dial_Code_Str[j]=' ';i=0;
}
Dial_Code_Str[i]= Key_Table[KeyNo];          //将待显示字符放入显示的拨号串
                                             中
Display_String(Dial_Code_Str,0x40);          //在第 2 行显示号码
TR0=1;                                       //T0 中断控制按键声音
while(GetKey()! 0xFF);                       //等待释放
}
}
```

习　　题

1. 练习用液晶屏 1602 显示自己的名字,写出软件和硬件设计方法。

2. 试练习利用 1602 编程实现字幕从左向右移动。

3. 了解液晶显示模块的内部结构及工作原理,修改教材中的参考程序,改变显示汉字的位置及字符。

4. 如何实现汉字滚动显示?

第12章

电机驱动设计

12.1 电路设计的背景及功能

12.1.1 直流电机驱动

在家用电器设备中,如电扇、电冰箱、洗衣机、抽油烟机、吸尘器等,其工作动力均采用单相交流电机。这种电机结构较简单,因此有些常见故障可在业余条件下进行修复。

电机作为最主要的机电能量转换装置,其应用范围已遍及国民经济的各个领域和人们的日常生活。无论是在工农业生产、交通运输、国防、航空航天、医疗卫生、商务和办公设备中,还是在日常生活的家用电器和消费电子产品(如电冰箱,空调,DVD 等)中,都大量使用着各种各样的电机。据资料显示,在所有动力资源中,90% 以上来自电机。同样,我国生产的电能中有 60% 是用于电机的。电机与人的生活息息相关,密不可分。电气时代,电机的调速控制一般采用模拟法,对电机的简单控制应用比较多。简单控制是指对电机进行启动、制动、正反转控制和顺序控制,这类控制可通过继电器、可编程控制器和开关元件来实现;还有一类控制称复杂控制,是指对电机的转速、转角、转矩、电压、电流、功率等物理量进行控制。图 12.1 为几种常见的电机实物图,从图中可见,直流电机有两条引线,控制直流电机的转动方式。

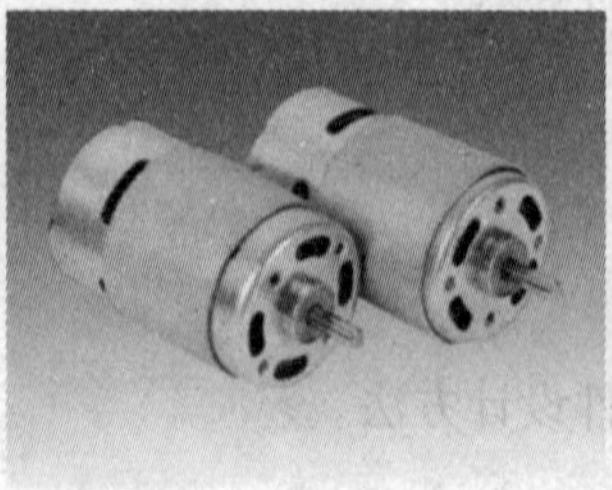

(a)

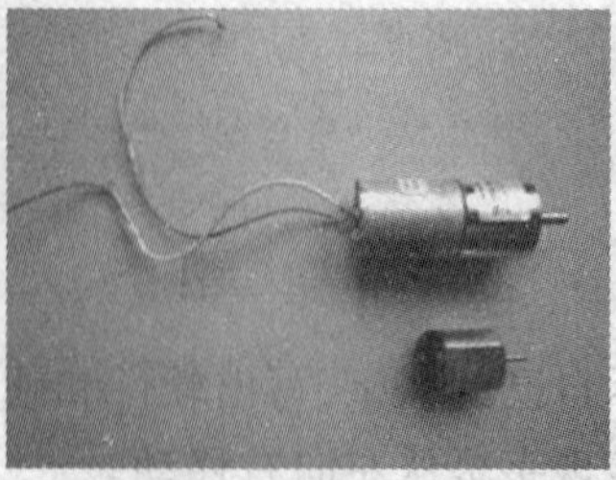

(b)

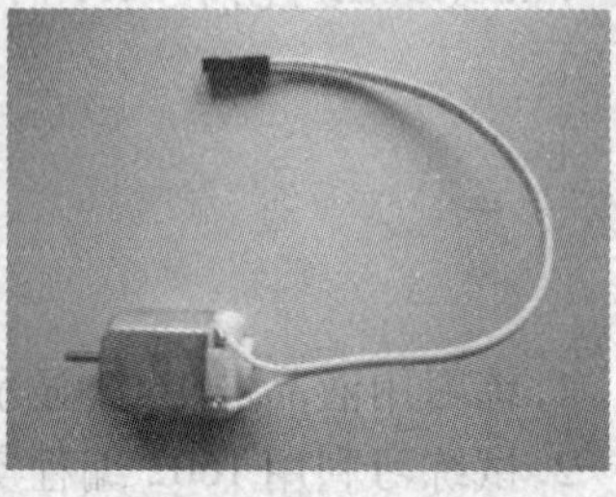

(c)

图 12.1 直流电机实物图

本书中对单片机控制直流电机的驱动方式进行简要介绍,并介绍其硬件连接及软件编程思想。

12.1.2　步进电机驱动

步进电机由于用其组成的开环系统既简单、廉价，又非常可行，因此在打印机等办公自动化设备以及各种控制装置等众多领域有着极其广泛的应用，步进电机实物图如图 12.2 所示。

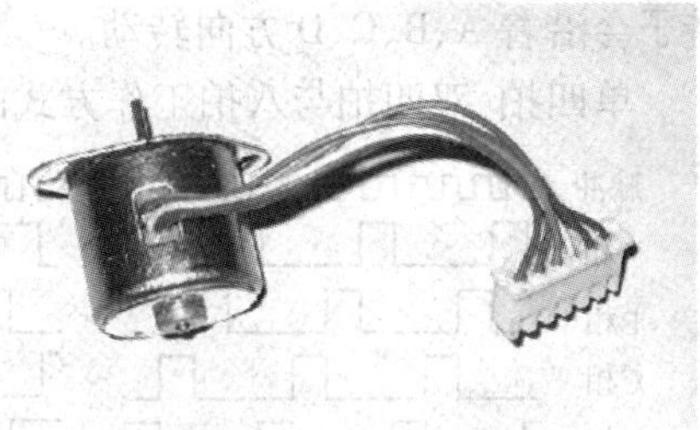

图 12.2　步进电机实物图

步进电机作为执行元件，是机电一体化的关键产品之一，广泛应用在各种自动化控制系统中。随着微电子和计算机技术的发展，步进电机的需求量与日俱增，在各个国民经济领域都有应用。

步进电机是一种将电脉冲转化为角位移的执行机构。当步进驱动器接收到一个脉冲信号，它就驱动步进电机按设定的方向转动一个固定的角度（即步进角）。可以通过控制脉冲个数来控制角位移量，从而达到准确定位的目的；同时可以通过控制脉冲频率来控制电机转动的速度和加速度，从而达到调速的目的。

步进电机的工作就是步进转动，其功用是将脉冲电信号变换为相应的角位移或是直线位移，就是给一个脉冲信号，电机转动一个角度或是前进一步。步进电机的角位移量与脉冲数成正比，它的转速与脉冲频率（f）成正比，在非超载的情况下，电机的转速、停止的位置只取决于脉冲信号的频率和脉冲数，而不受负载变化的影响，即给电机加一个脉冲信号，电机则转过一个步距角。

以下讲述的步进电机为一四相步进电机，采用单极性直流电源供电。只要对步进电机的各相绕组按合适的时序通电，就能使步进电机步进转动。图 12.3 是四相反应式步进电机工作原理示意图。

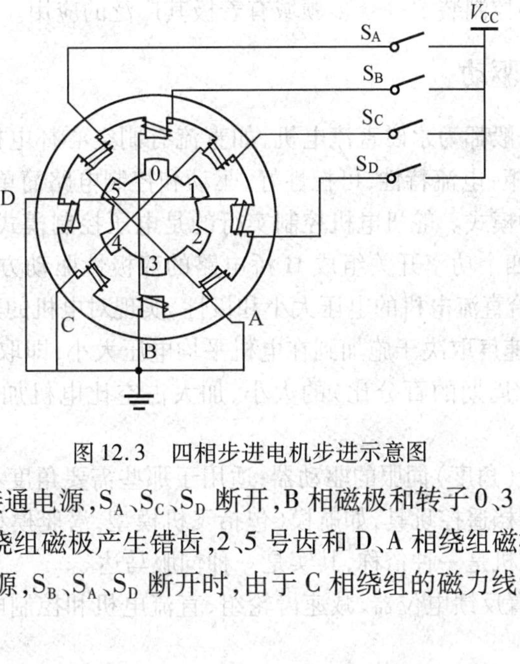

图 12.3　四相步进电机步进示意图

开始时，开关 S_B 接通电源，S_A、S_C、S_D 断开，B 相磁极和转子 0、3 号齿对齐，同时，转子的 1、4 号齿和 C、D 相绕组磁极产生错齿，2、5 号齿和 D、A 相绕组磁极产生错齿。

当开关 S_C 接通电源，S_B、S_A、S_D 断开时，由于 C 相绕组的磁力线和 1、4 号齿之间磁力线的作用,使转子转动,1、4 号齿和 C 相绕组的磁极对齐。而 0、3 号齿和 A、B 相绕组产生错齿,2、5 号齿和 A、D 相绕组磁极产生错齿。以此类推,A、B、C、D 四相绕组轮流供电,则转子会沿着 A、B、C、D 方向转动。

单四拍、双四拍与八拍工作方式的电源通电时序与波形分别如图 12.4 所示。

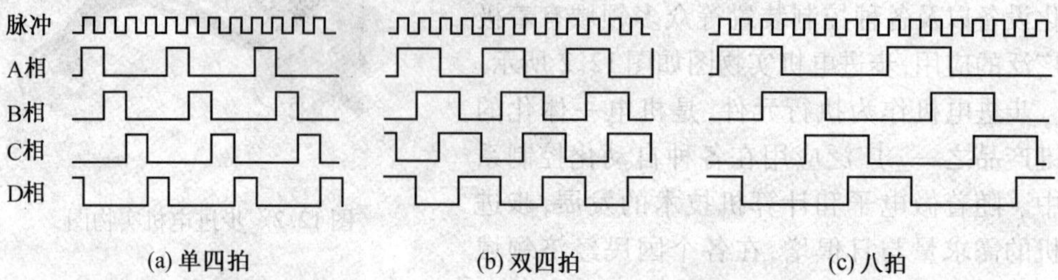

图 12.4　步进电机工作时序波形图

如图 12.2 所示,先将 5 V 电源的正端接上最边上两根褐色的线,然后用 5 V 电源的地线分别和另外四根线(红、蓝、白、橙)依次接触,发现每接触一下,步进电机便转动一个角度,来回五次,电机刚好转一圈,说明此步进电机的步进角度为 360°/(4×5)= 18°。地线与四线接触的顺序相反,电机的转向也相反。如果用单片机来控制此步进电机,则只需分别依次给四线一定时间的脉冲电流,电机便可连续转动起来。通过改变脉冲电流的时间间隔,就可以实现对转速的控制;通过改变给四线脉冲电流的顺序,则可实现对转向的控制。

步进电机软件调试系统初始化之后,前进子程序 R0 用于给 P2 口送不同的值,根据电机转动的相序,使电机正向转动,P2 口的值分别为 01H,03H,02H,06H,04H,0CH,08H,09H。

步进电机由于用其组成的开环系统既简单、廉价,又非常可行,因此在打印机等办公自动化设备以及各种控制装置等众多领域有着极其广泛的应用。

12.1.3　舵机驱动

常见舵机电机一般都为永磁直流电机,如直流有刷空心杯电机。直流电机有线形的转速-转矩特性和转矩-电流特性,可控性好,驱动和控制电路简单,驱动控制有电流控制模式和电压控制两种模式。舵机电机控制实行的是电压控制模式,即转速与所施加的电压成正比,驱动是由四个功率开关组成 H 桥电路的双极性驱动方式,运用脉冲宽度调制(PWM)技术调节供给直流电机的电压大小和极性,实现对电机的速度和旋转方向(正/反转)的控制。电机的速度取决于施加到在电机平均电压大小,即取决于 PWM 驱动波形占空比(占空比为脉宽/周期的百分比)的大小,加大占空比电机加速,减少占空比电机减速。

舵机是一种位置(角度)伺服的驱动器,适用于那些需要角度不断变化并可以保持的控制系统。目前在高档遥控玩具,如航模(包括飞机模型,潜艇模型)、遥控机器人中已经使用得比较普遍。舵机是一种俗称,其实是一种伺服马达。

舵机由舵盘、位置反馈电位器、减速齿轮组、直流电机和控制电路组成。减速齿轮组由直流电机驱动，其输出转轴带动一个具有线性比例特性的位置反馈电位器作为位置检测。控制电路根据电位器的反馈电压，与外部输入控制脉冲进行比较，产生纠正脉冲，控制并驱动直流电机正转或反转，使减速齿轮输出的位置与期望值相符合，从而达到精确控制转向角度的目的。舵机工作原理如图 12.5 所示。

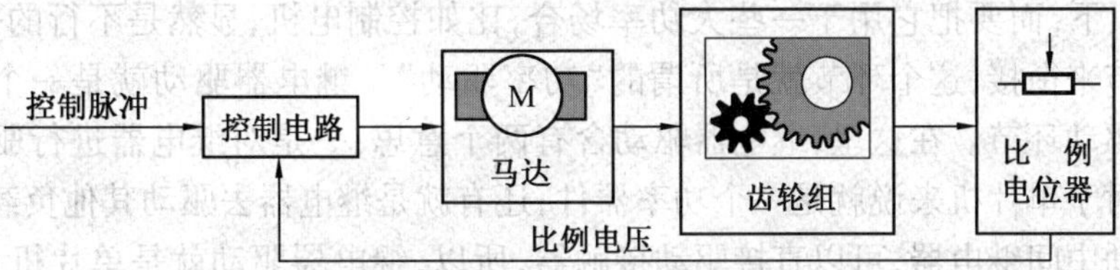

图 12.5　舵机工作原理图

舵机的控制脉冲周期为 20 ms，脉宽为 0.5～2.5 ms，分别对应-90°到+90°的位置，以 180°角伺服为例，如图 12.6 中所示。

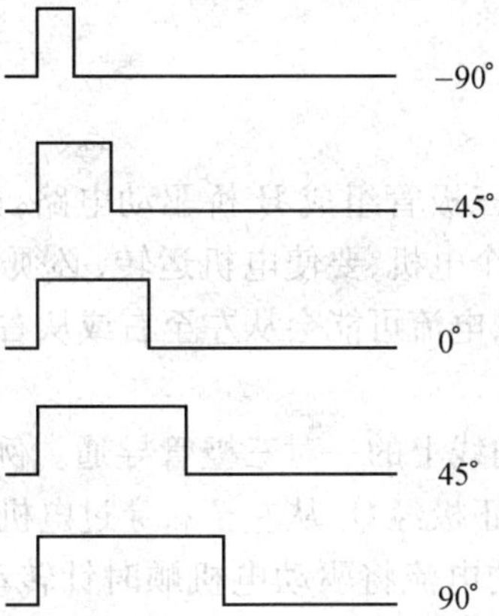

图 12.6　舵机输出转角与输入脉冲宽度的关系

从图 12.6 中可以看出，改变高电平的脉冲宽度就改变了输出角度。舵机只有 3 根线，电压、地、脉宽控制信号线，与单片机接口只需要一条线，PB0 为单片机定时器输出脚，用单片机的定时器产生 20 ms 的脉冲频率控制舵机，通过改变脉冲的占空比来控制输出角度。舵机与单片机外部引脚连接如图 12.7 所示。舵机转动时需要消耗比较大的电流，所以舵机的电源最好单独提供，不要和单片机使用同一路电源。

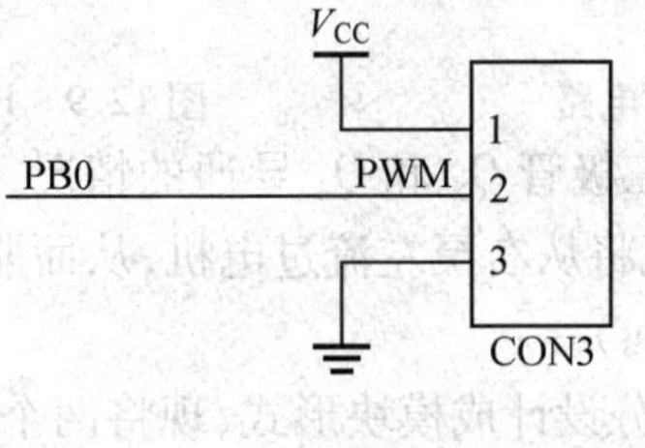

图 12.7　舵机与单片机外部引脚连接图

12.2 电机控制策略

单片机是一个弱电器件，一般情况下它们都工作在 5 V 甚至更低电压下。驱动电流在 mA 级以下，而要把它用于一些大功率场合，比如控制电机，显然是不行的，所以，就要有一个环节来衔接，这个环节就是所谓的“功率驱动”。继电器驱动就是一个典型的、简单的功率驱动环节。在这里，继电器驱动含有两个意思：一是对继电器进行驱动，因为继电器本身对于单片机来说就是一个功率器件；还有就是继电器去驱动其他负载，比如继电器可以驱动中间继电器，可以直接驱动接触器，所以，继电器驱动就是单片机与其他大功率负载接口。

可见，电机不能直接接到单片机引脚上，因为单片机引脚输出的电流过小，因而不能作为驱动器，常用的电机驱动装置有三极管、继电器、控制芯片三种方式，现分别对三种方式进行讲解。

12.2.1 三极管驱动

三极管驱动通常利用四个三极管组成 H 桥驱动电路，如图 12.8 所示。H 桥式电机驱动电路包括 4 个三极管和一个电机，要使电机运转，必须导通对角线上的一对三极管，根据不同三极管对的导通情况，电流可能会从左至右或从右至左流过电机，从而控制电机的转向。

要使电机运转，必须使对角线上的一对三极管导通。例如，如图 12.9 所示，当 Q_1 管和 Q_4 管导通时，电流就从电源正极经 Q_1 从左至右穿过电机，然后再经 Q_4 回到电源负极。按图中电流箭头所示，该流向的电流将驱动电机顺时针转动。（电机周围的箭头指示为顺时针方向）。

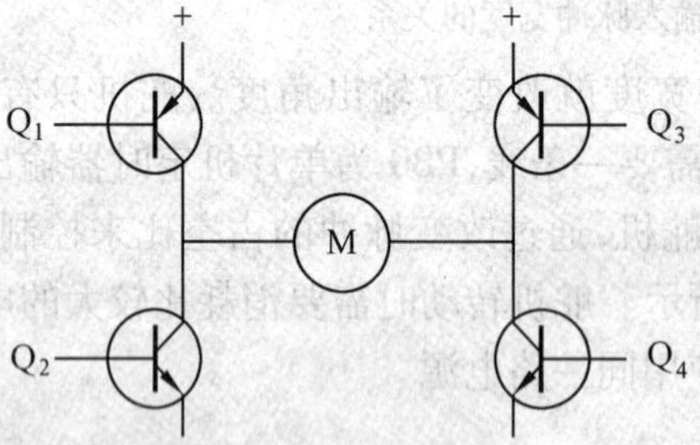

图 12.8 H 桥驱动电路

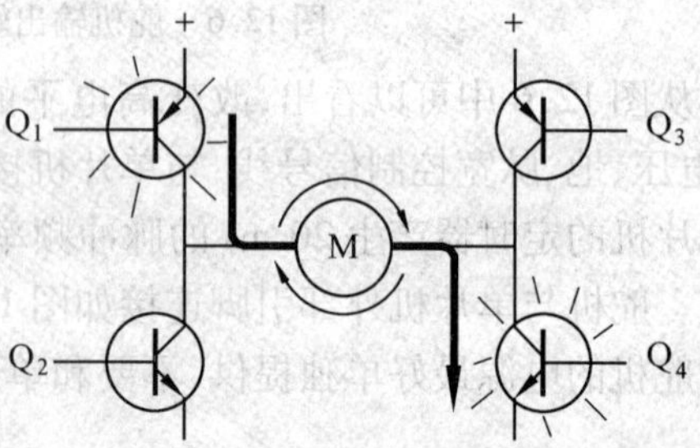

图 12.9 H 桥电路驱动电机顺时针转动

图 12.10 所示为另一对三极管 Q_2 和 Q_3 导通的情况，电流将从右至左流过电机。当三极管 Q_2 和 Q_3 导通时，电流将从右至左流过电机，从而驱动电机沿另一方向转动（电机周围的箭头表示为逆时针方向）。

设计中常将 H 桥驱动部分设计成模块形式，现将两个三极管组成的半桥实物制作成如图 12.11 所示形式。

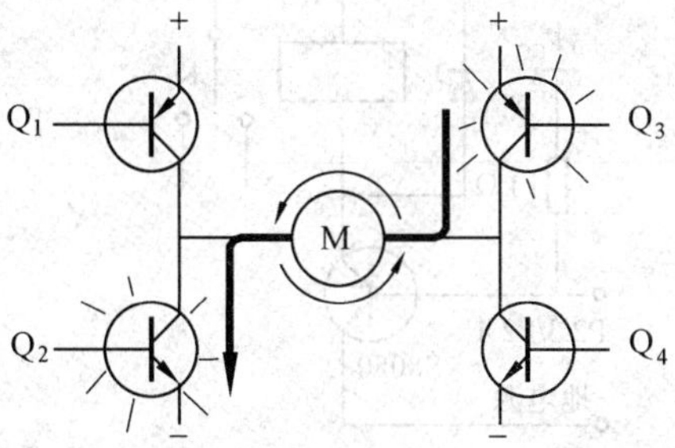

图 12.10　H 桥驱动电机逆时针转动

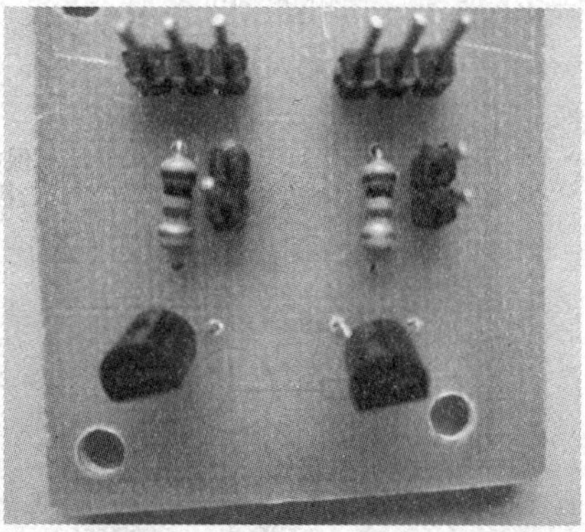

图 12.11　H 桥驱动电机模块实物图

12.2.2　继电器驱动

继电器是一种电子控制器件，它具有控制系统（又称输入回路）和被控制系统（又称输出回路），通常应用于自动控制电路中，它实际上是用较小的电流去控制较大电流的一种自动开关。故在电路中起着自动调节、安全保护、转换电路等作用。继电器电气图如图 12.12 所示。

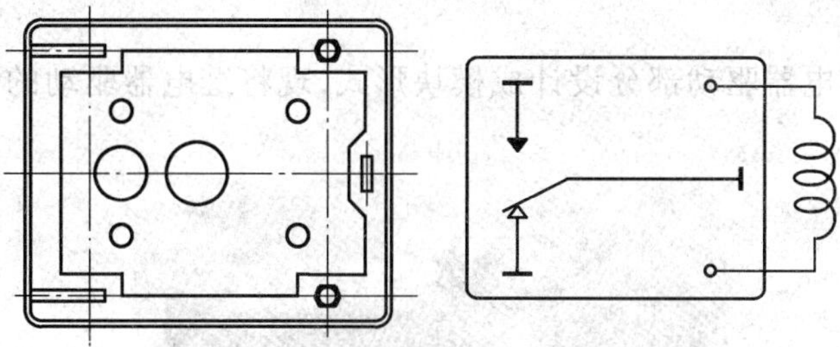

图 12.12　继电器电气图

电磁式继电器一般由铁芯、线圈、衔铁、触点簧片等组成。只要在线圈两端加上一定的电压，线圈中就会流过一定的电流，从而产生电磁效应，衔铁就会在电磁力吸引的作用下克服返回弹簧的拉力吸向铁芯，从而带动衔铁的动触点与静触点（常开触点）吸合。当线圈断电后，电磁的吸力也随之消失，衔铁就会在弹簧的反作用力下返回原来的位置，使动触点与原来的静触点（常闭触点）吸合。这样吸合、释放，从而达到了在电路中的导通、切断的目的。对于继电器的“常开、常闭”触点，可以这样来区分：继电器线圈未通电时处于断开状态的静触点，称为常开触点；处于接通状态的静触点称为常闭触点，继电器的驱动方式如图 12.13 所示。

图 12.13 中，三极管有两个作用，一个是放大作用，一个是开关作用，继电器常常用于控制电机，其连接原理图如图 12.14 所示。

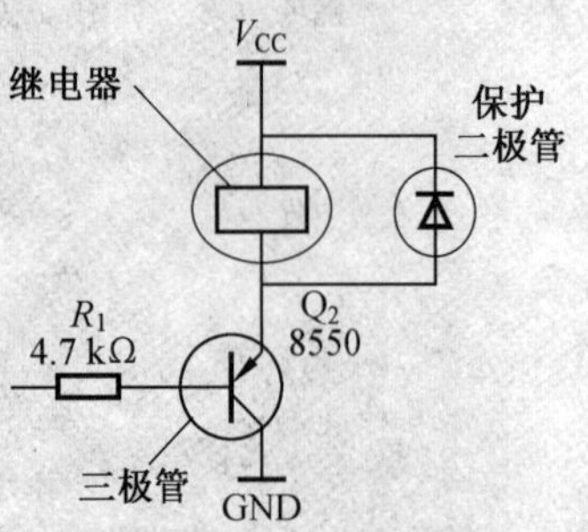

图 12.13　继电器驱动示意图

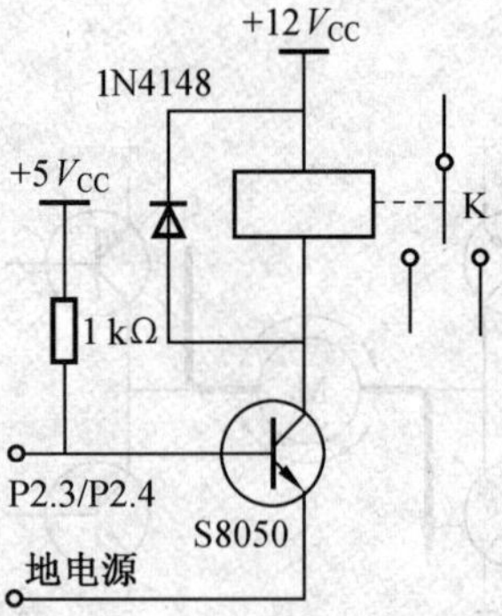

图 12.14　继电器驱动示意图

图 12.14 中继电器由相应的 S8050 三极管来驱动，开机时，单片机初始化后的 P2.3/P2.4 为高电平，+5 V 电源通过电阻使三极管导通，所以开机后继电器始终处于吸合状态。如果在程序中给单片机一条 CLR P2.3 或者 CLR P2.4 的指令，相应三极管的基极就会被拉低到 0 V 左右，使相应的三极管截至，继电器就会断电释放，每个继电器都有一个常开转常闭的接点，便于在其他电路中使用。继电器线圈两端反相并联的二极管是起到吸收反向电动势的功能，保护相应的驱动三极管，这种继电器驱动方式硬件结构比较简单。

设计中常将继电器驱动部分设计成模块形式，现将继电器驱动的实物制作成如图 12.15 所示形式。

图 12.15　继电器驱动模块实物图

采用继电器对电机的开或关进行控制，通过开关的切换对小车的速度进行调整。这个方案的优点是电路较为简单，缺点是继电器的响应时间慢、机械结构易损坏、寿命较短、可靠性不高。

12.2.3　驱动芯片驱动

1. ULN2004

在自动化密集的场合会有很多被控元件如继电器、微型电机、风机、电磁阀、空调、水处理等元件及设备，这些设备通常由 CPU 集中控制，由于控制系统不能直接驱动被控元件，这需要由功率电路来扩展输出电流以满足被控元件的电流、电压。ULN2XXXX 高压大电流达林顿晶体管阵列系列产品就属于这类可控大功率器件,因为这类器件功能强、应用范围广。因此,许多公司都生产高压大电流达林顿晶体管阵列产品,从而形成了各种系列产品。

ULN200X 系列是一个 7 路反向器电路,即当输入端为高电平时 ULN200X 的输出端为低电平,当输入端为低电平时 ULN200X 的输出端为高电平,继电器得电吸合,如图 12.16 所示。

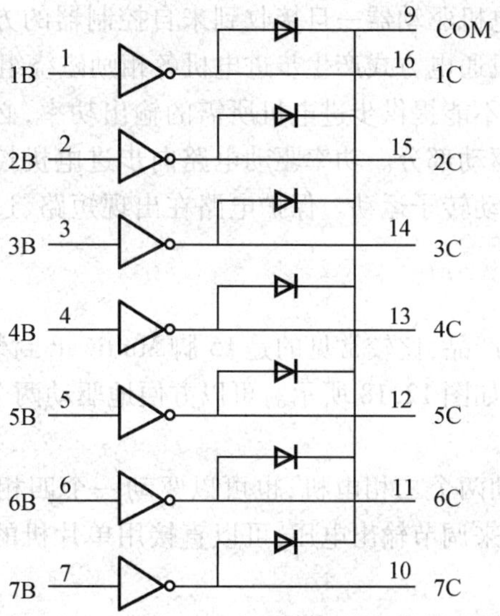

图 12.16　ULN200X 逻辑图

现以 ULN2004A 为例介绍其驱动步进电机的硬件连接图,如图 12.17 所示,其中 1B, 2B,3B 和 4B 连接单片机引脚。ULN2004 系列是一款高耐压、大电流达林顿管驱动器,包含 7 个 NPN 达林顿管。

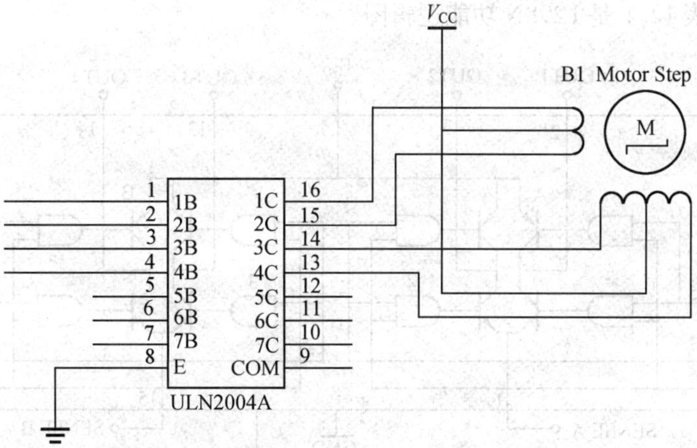

图 12.17　ULN2004 电路连接图

步进电机不能直接接到交直流电源上工作,而必须使用专用设备——步进电机驱动器。步进电机驱动系统的性能,除与电机本身的性能有关外,也在很大程度上取决于驱动器的优劣。典型的步进电机驱动系统是由步进电机控制器、步进电机驱动器和步进电机本体三部分组成。步进电机控制器发出步进脉冲和方向信号,每发一个脉冲,步进电机驱动器驱动步进电机转子旋转一个步距角,即步进一步。步进电机转速的高低、升速或降速、启动或停止都完全取决于脉冲的有无或频率的高低。控制器的方向信号决定步进电机的顺时针或逆时针旋转。通常,步进电机驱动器由逻辑控制电路、功率驱动电路、保护电路和电源组成。步进电机驱动器一旦接收到来自控制器的方向信号和步进脉冲,控制电路就按预先设定的电机通电方式产生步进电机各相励磁绕组导通或截止信号。控制电路输出的信号功率很低,不能提供步进电机所需的输出功率,必须进行功率放大,这就是步进电机驱动器的功率驱动部分。功率驱动电路向步进电机控制绕组输入电流,使其励磁形成空间旋转磁场,驱动转子运动。保护电路在出现短路、过载、过热等故障时迅速停止驱动器和电机的运行。

2. L298N

L298 是 SGS 公司的产品,比较常见的是 15 脚 Multiwatt 封装的 L298N,它内部同样包含 4 通道逻辑驱动电路,如图 12.18 所示。可以方便地驱动两个直流电机,或一个两相步进电机。

L298N 芯片可以驱动两个二相电机,也可以驱动一个四相电机,输出电压最高可达 50 V,可以直接通过电源来调节输出电压;可以直接用单片机的 I/O 口提供信号;而且电路简单,使用比较方便。

L298N 可接受标准 TTL 逻辑电平信号 V_{SS},V_{SS}可接 4.5 ~7 V 电压。4 脚 V_S 接电源电压,V_S 电压范围 V_{IH}为+2.5 ~46 V。输出电流可达 2.5 A,可驱动电感性负载。1 脚和 15 脚下管的发射极分别单独引出以便接入电流采样电阻,形成电流传感信号。L298 可驱动 2 个电机,OUT1,OUT2 和 OUT3,OUT4 之间可分别接电机,本实验装置我们选用驱动一台电机。5,7,10,12 脚接输入控制电平,控制电机的正反转。EnA,EnB 接控制使能端,控制电机的停转。表 12.1 是 L298N 功能逻辑图。

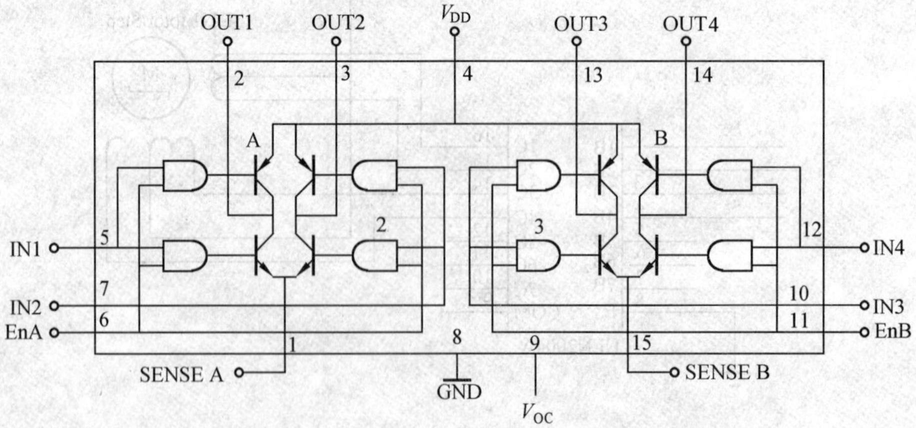

图 12.18　L298N 内部功能模块

表 12.1　L298N 功能模块

EnA	In1	In2	运转状态
0	*	*	停止
1	1	0	正转
1	0	1	反转
1	1	1	刹停
1	0	0	停止

由表 12.1 可知,EnA 为低电平时输入电平对电机控制起作用,当 EnA 为高电平,输入电平为一高一低,电机正或反转。同为低电平电机停止,同为高电平电机刹停。

L298N 驱动代码:

```
#include<reg52.h>          //顺时针旋转
int i;
void delay()
{
for (i=0;i<5000;i++);
}
main()
{
while(1)
P1=0x0e;                   //接 A
delay();
P1=0x0d;                   //接 B
delay();
P1=0x0b;                   //接 A
delay();
P1=0x07;                   //接 B
delay();
}
```

3. 达林顿功率晶体管驱动方式

电机在系统中是一种执行元件,都要带负载,因此需要功率驱动。在电子仪器和设备中,一般功率较小,除了采用 298 驱动方式以外,还可以采用达林顿复合管作为功率驱动。

TIP120,TIP121 和 TIP122 疏外延基 NPN 达林顿功率晶体管,采用 TO-220 塑料封装。与互补类型的 TIP125,TIP126 和 TIP127 可成对使用,在电机驱动中常采用 TIP122 进行驱动,其外部引脚图如图 12.19 所示。

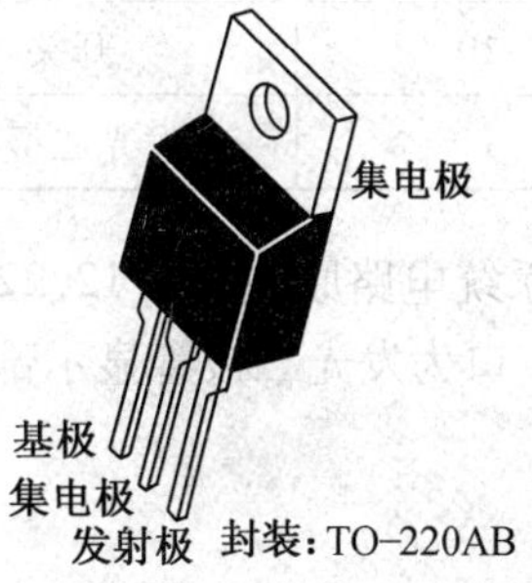

图 12.19　TIP122 外部引脚图

TIP122 驱动原理如图 12.20 所示，由图可见，在 TIP122 的基极上，加电脉冲为高时，达林顿管导通，使绕组 A 加电；电脉冲为低时，绕组 A 断开。图 12.21 为 TIP122 驱动模块实物图。

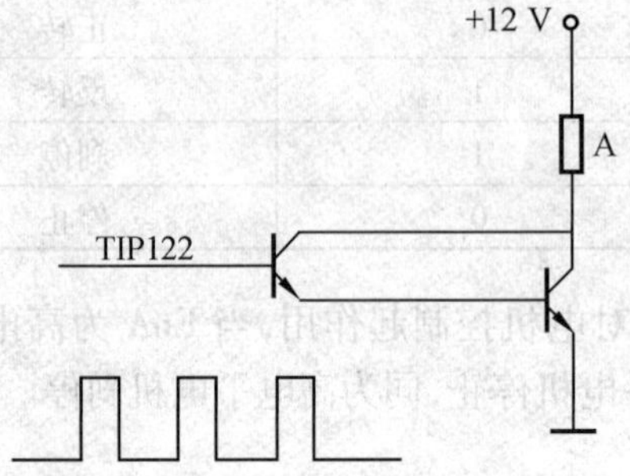

图 12.20　TIP122 驱动原理图

图 12.21　TIP122 驱动模块实物图

12.3　电路的设计

现以步进电机为例，介绍利用 ULN2004 驱动步进电机的电路图设计方案，元器件清单见表 12.2。

表 12.2　元器件清单

序号	名称	代号	型号	数量
1	单片机	U1	AT89C51	1
2	驱动模块	U2	ULN2004A	1
3	步进电机	B1	35BYJ46	1
4	晶振	Y1	12 MHz	1
5	电阻	R1	1 kΩ	5
6	电阻	R7	10 kΩ	5
7	电阻	R6	1 kΩ	1
8	电解电容	C1	10 μF/10 V	1
9	瓷片电容	C2，C3	22 pF	2
10	开关	S1	SW-PB	5
11	发光二极管	D1	06+ DIP 20000	5

系统电路原理如图 12.22 所示，本系统采用外部中断方式，P0 口作为信号的输入部分，P1 口为发光二极管显示部分，P2 口作为电机的驱动部分。

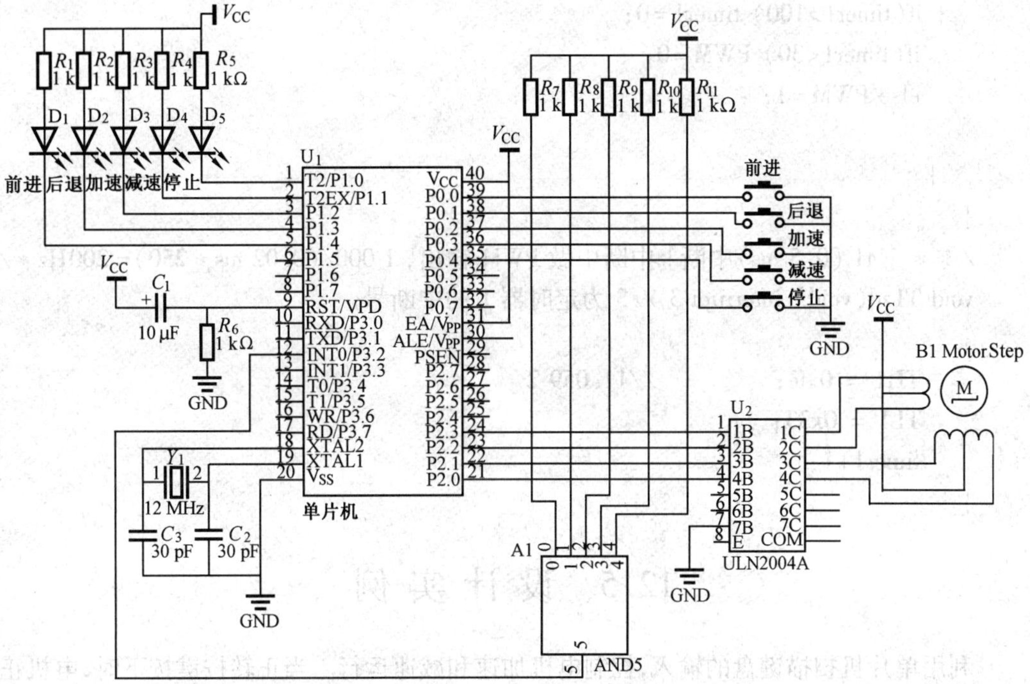

图 12.22　系统电路原理图

12.4　C51 程序代码设计

【例 12.1】　直流电机恒速运行驱动程序,此时直流电机通过 ULN2004 进行驱动,电机的一端接电路正极,一端接单片机 1.2 引脚输出。

```
#include <reg52.h>
unsigned char timer1;
sbit PWM=P1^2;
void system_Ini()
{
    TMOD|= 0x11;
                        //PWM
    TH1 = 0xfe;         //11.059 2
    TL1 = 0x33;
    TR1 = 1;
    IE = 0x8A;
}
main()
{
  system_Ini();
  while(1)
```

```
    { if(timer1>100) timer1=0;
      if(timer1<30) PWM=0;
      else PWM=1;

    }
}
/** [ t1 (0.5 ms)中断] 中断中做 PWM 输出, 1 000/(0.02 ms*250)=200Hz*/
void T1zd(void) interrupt 3 //3 为定时器 1 的中断号
{
    TH1 = 0xfe;              //11.059 2
    TL1 = 0x33;
    timer1++;
}
```

12.5 设计实例

利用单片机扫描键盘的输入,控制电机加速和减速运行。当正转按键按下时,电机正转;当反转按键按下时,电机反转;当逐步加速按键或分挡加速按键按下时,电机转速逐步加快或分挡加快;当逐步减速按键或分挡减速按键按下时,电机转速逐步减慢或分挡减慢。功能描述如下:

有四个独立按键,按下后分别可以实现:1,正转;2,反转;3,逐步加速;4,逐步减速。设计电路的硬件连接图如图 12.23 所示。

对称的左右两部分子电路构成该电路,分别控制电机的正反转。当左边光电耦合器导通时,电源通过三极管 Q_{14}加在直流电机左端,控制电机正转;反之,当右边光电耦合器导通时,电源通过三极管 Q_{24}加在直流电机右端,控制电机反转。其中,光耦起隔断强弱电的作用;二极管起续流与保护三极管的作用;电感起限制冲击电流的作用;电机两端的电容可防止其两端电压的突变,为了实现步进电机实验三(加减速运行),本例的驱动程序编写单双八拍工作方式:A-AB-B-BC-C-CD-D-DA (即一个脉冲,转 3.75°),程序代码如下:

```
#include <reg52.h>
void delay();                //Motor
sbit F1 = P1^0;
sbit F2 = P1^1;
sbit F3 = P1^2;
sbit F4 = P1^3;
unsigned char code FFW[8]={0xfe,0xfc,0xfd,0xf9,0xfb,0xf3,0xf7,0xf6};   //反转
unsigned char code FFZ[8]={0xf6,0xf7,0xf3,0xfb,0xf9,0xfd,0xfc,0xfe};   //正转
unsigned int K, rate;
/*步进电机驱动    */
```

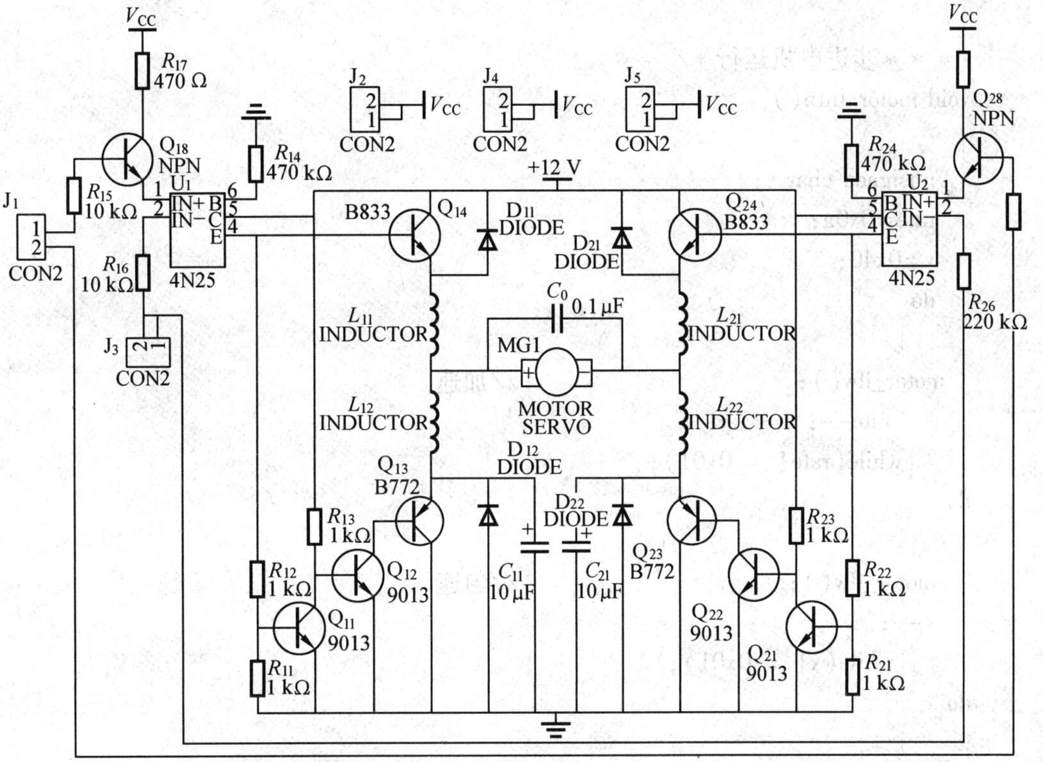

图 12.23　设计硬件原理图

```
void motor_ffw( )
{
  unsigned char i;
    for (i=0; i<8; i++)                //一个周期转 30 度
      {
        P1 = FFW[i]&0x1f;              //取数据
        delay( );                      //调节转速
      }
}
/* 延时程序 * */
void delay( )
{
    unsigned int k,t;
    t=rate;
    while(t--)
    {
      for(k=0; k<150; k++)
      { }
    }
```

```
}
/***步进电机运行*/
void motor_turn()
{
   unsigned char x;
   rate=0x0a;
   x=0x40;
   do
      {
  motor_ffw();                          //加速
      rate--;
    }while(rate! = 0x01);
do
     {
   motor_ffw();                         //匀速
   x--;
     }while(x! = 0x01);
do
     {
  motor_ffw();                          //减速
      rate++;
  }while(rate! = 0x0a);
}
main()
{
     while(1)
     {
     motor_turn();
     }
}
```

习　　题

1. 编写实现直流电机恒速运行的程序。
2. 试说明 PWM 的工作原理。
3. 设计一种电机驱动电路,控制电机的启动和停止。
4. 试结合按键电路,实现按键控制电机的启动和停止。

第13章 传感器设计

13.1 超声波传感器

振动在弹性介质内的传播称为波动，简称波。频率在 16 ~ 2×10^4 Hz 之间，能为人耳所闻的机械波，称为声波；低于 16 Hz 的机械波，称为次声波；高于 2×10^4 Hz 的机械波，称为超声波。当超声波由一种介质入射到另一种介质时，由于在两种介质中传播速度不同，在介质面上会产生反射、折射和波形转换等现象。超声波探头实物图如图 13.1 所示。

图 13.1 超声波探头实物图

1. 压电式超声波发生器原理

压电式超声波传感器利用压电效应的原理,压电效应有逆效应和顺效应,超声波传感器是可逆元件,超声波发送器就是利用压电逆效应的原理。压电逆效应如图 13.2 所示,是在压电元件上施加电压,元件就变形,即称应变。若在图 13.2(a)所示的已极化的压电陶瓷上施加如图 13.2(b)所示极性的电压,外部正电荷与压电陶瓷的极化正电荷相斥,同时,外部负电荷与极化负电荷相斥。由于相斥的作用,压电陶瓷在厚度方向上缩短,在长度方向上伸长。若外部施加的极性变反,如图 13.2(c)所示那样,压电陶瓷在厚度方向上伸长,在长度方向上缩短。

2. 单片机超声波测距系统构成

单片机 AT89C2051 发出短暂的 40 kHz 信号,经放大后通过超声波换能器输出;反射后的超声波经超声波换能器作为系统的输入,锁相环对此信号锁定,产生锁定信号启动单片机中断程序,读出时间 t,再由系统软件对其进行计算、判别后,相应的计算结果被送至 LED 数码管进行显示。

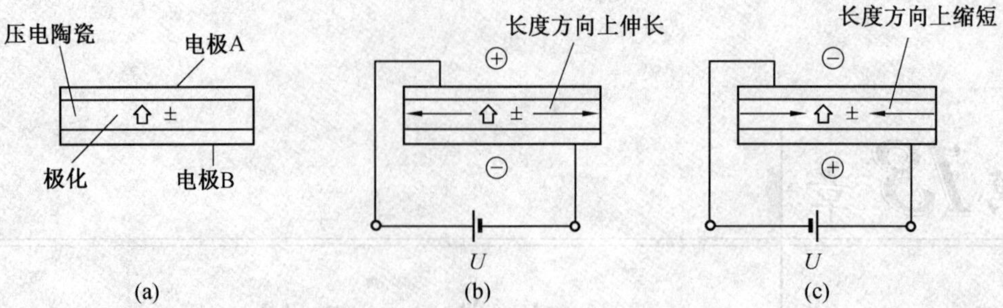

图 13.2　压电逆效应图

超声波测距系统框图如图 13.3 所示。从图 13.3 可知,限制超声波系统的最大可测距离存在四个因素,超声波的幅度、反射物的质地、反射和入射声波之间的夹角以及接收换能器的灵敏度。接收换能器对声波脉冲的直接接收能力将决定最小可测距离。

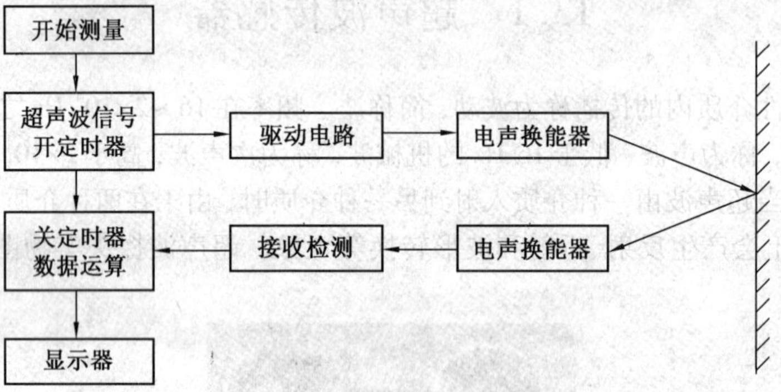

图 13.3　超声波测距系统框图

按照系统设计的功能的要求,初步确定设计系统由单片机主控模块、显示模块、超声波发射模块、接收模块共四个模块组成。

单片机主控芯片使用 51 系列 AT89C2051 单片机,该单片机工作性能稳定,同时也是在单片机课程设计中经常使用到的控制芯片。发射电路由单片机输出端直接驱动超声波发送。接收电路使用三极管组成的放大电路,该电路简单,调试工作量较小。

硬件电路的设计主要包括单片机系统及显示电路、超声波发射电路和超声波接收电路三部分。如图 13.4 所示,单片机采用 AT89C2051,采用 12 MHz 高精度的晶振,以获得较稳定时钟频率,减小测量误差。

超声波接收头接收到反射的回波后,经过接收电路处理后,向单片机 P3.7 输入一个低电平脉冲。单片机控制着超声波的发送,超声波发送完毕后,立即启动内部计时器 T0 计时,当检测到 P3.7 由高电平变为低电平后,立即停止内部计时器计时。单片机将测得的时间与声速相乘再除以 2 即可得到测量值,最后经 3 位数码管将测得的结果显示出来。超声波测距单片机系统主要由单片机、晶振、复位电路、电源滤波部分构成。

超声波发射、接收电路如图 13.5 所示。超声波发射部分由电阻 R_2 及超声波发送头 T40 组成;接收电路由 BG1、BG2X 组成的两组三极管放大电路组成;检波电路、比较整形电路由 C_7、D_1、D_2 及 BG3 组成。

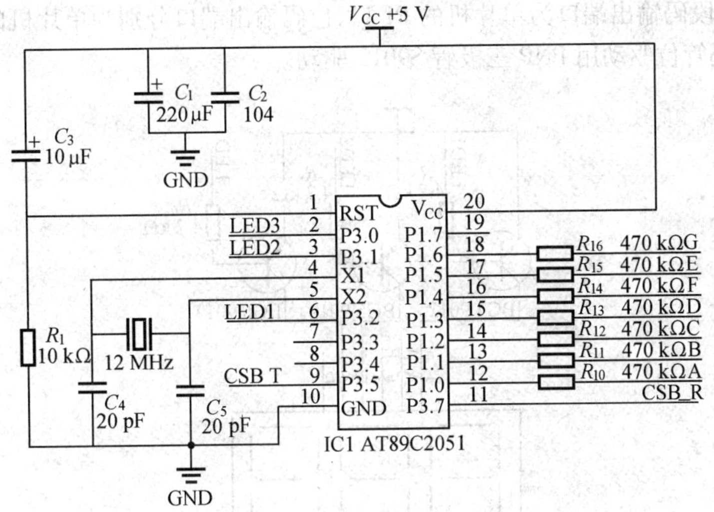

图 13.4　超声波测距单片机系统电路图

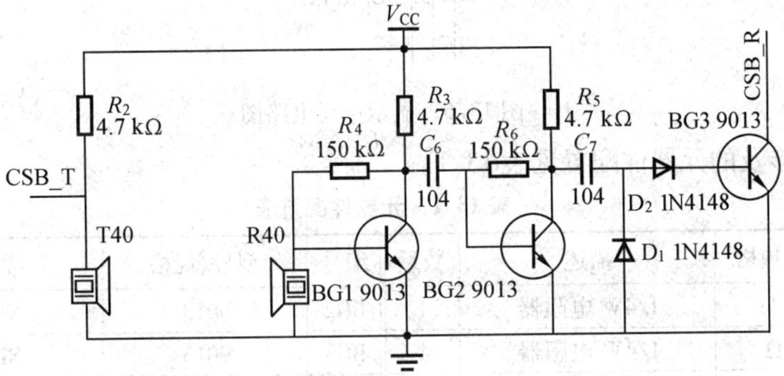

图 13.5　超声波测距发送接收单元电路图

40 kHz 的方波由 AT89C2051 单片机的 P3.5 驱动超声波发射头发射超声波，经反射后由超声波接收头接收到 40 kHz 的正弦波，由于声波在空气中传播时衰减，所以接收到的波形幅值较低，经接收电路放大、整形，最后输出一负跳变，输入单片机的 P3 脚。

该测距电路的 40 kHz 方波信号由单片机 AT89C2051 的 P3.5 发出。方波的周期为 1/40 ms，即 25 μs，半周期为 12.5 μs。每隔半周期时间，让方波输出脚的电平取反，便可产生 40 kHz 方波。由于单片机系统的晶振为 12 MHz 晶振，因而单片机的时间分辨率是 1 μs，所以只能产生半周期为 12 μs 或 13 μs 的方波信号，频率分别为 41.67 kHz 和 38.46 kHz。本系统在编程时选用了后者，让单片机产生约 38.46 kHz 的方波。

由于反射回来的超声波信号非常微弱，所以接收电路需要将其进行放大。接收到的信号加到 BG1、BG2 组成的两级放大器上进行放大。每级放大器的放大倍数为 70 倍。放大的信号通过检波电路得到解调后的信号，即把多个脉冲波解调成多个大脉冲波。这里使用的是 1N4148 检波二极管，输出的直流信号即两二极管之间的电容电压。该接收电路结构简单，性能较好，制作难度小。

本系统采用三位一体 LED 数码管显示所测距离值，如图 13.6 所示。数码管采用动态扫描显示，段码输出端口为单片机的 P1 口，位码输出端口分别为单片机的 P3.2、P3.1、P3.0 口，数码管位驱动用 PNP 三极管 S9012 驱动。

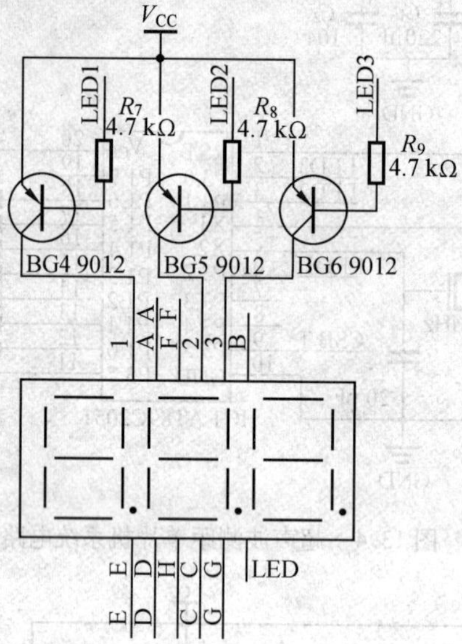

图 13.6　显示单元电路图

设计中涉及的元器件配置见表 13.1。

表 13.1　元器件配置表

编号	型号、规格	描述	数量	编号	型号、规格	描述	数量
R1	10 kΩ	1/4W 电阻器	1	BG2	9013	NPN	1
R2	1 kΩ	1/4W 电阻器	1	BG3	9013	NPN	1
R3	4.7 kΩ	1/4W 电阻器	1	LED	HS310561K	三位数码管	1
R4	150 kΩ	1/4W 电阻器	1	C1	220 μF	电解电容器	1
R5	4.7 kΩ	1/4W 电阻器	1	C2	104	瓷片电容器	1
R6	150 kΩ	1/4W 电阻器	1	C3	10 μF	电解电容器	1
R7	4.7 kΩ	1/4W 电阻器	1	C4	30 pF	瓷片电容器	1
R8	4.7 kΩ	1/4W 电阻器	1	C5	30 pF	瓷片电容器	1
R9	4.7 kΩ	1/4W 电阻器	1	C6	104	瓷片电容器	1
R10	470 Ω	1/4W 电阻器	1	C7	104	瓷片电容器	1
R11	470 Ω	1/4W 电阻器	1	IC1	AT89C2051	单片机	1
R12	470 Ω	1/4W 电阻器	1	Y1	12 MHz	晶振	1
R13	470 Ω	1/4W 电阻器	1	T	T40-16T	超声波传感器	1
R14	470 Ω	1/4W 电阻器	1	R	T40-16R	超声波传感器	1
R15	470 Ω	1/4W 电阻器	1	D1	1N4148	开关二极管	1
R16	470 Ω	1/4W 电阻器	1	D2	1N4148	开关二极管	1
BG1	9013	NPN	1				

3. 系统软件设计

超声波测距的软件设计主要由主程序、超声波发生子程序、超声波接收程序及显示子程序组成。超声波测距的程序既有较复杂的计算(计算距离时),又要求精细计算程序运行时间(超声波测距时),所以控制程序可采用 C 语言编程。

主程序首先是对系统环境初始化,设定时器 0 为计数,1 为定时。置位总中断允许位 EA。运行主程序后,进行定时测距判断,当测距标志位 cl = = 1,即进行测量一次,程序设计中,超声波测距频度是 2 次/秒。测距间隔中,整个程序主要进行循环显示测量结果。当调用超声波测距子程序后,首先由单片机产生 6 ~ 8 个频率为 38.46 kHz 的超声波脉冲,加载在超声波发送头上。超声波头发送完送超声波后,立即启动内部计时器 T0 进行计时,为了避免超声波从发射头直接传送到接收头引起的直射波触发,这时,单片机需要延时 1.5 ~ 2 ms 时间(这也就是超声波测距仪会有一个最小可测距离的原因,称之为盲区值)后,才启动对单片机 P3.7 脚的电平判断程序。当检测到 P3.7 脚的电平由高转为低电平时,立即停止 T0 计时。由于单片机采用的是 12 MHz 的晶振,计时器每计一个数是 1 μs,当超声波测距子程序检测到接收成功的标志位后,由计数器 T0 中的数,即超声波来回所用的时间,即可得被测物体与测距仪之间的距离。

设计时取 15 ℃时的声速为 340 m/s,则有

$$d=(c\times t)/2=172\times T0/10\ 000\ \text{cm}$$

其中,T0 为计数器 T0 的计算值。测出距离后结果将以十进制 BCD 码方式送往 LED 显示约 0.5 s,然后再发超声波脉冲重复测量过程。

```
/* 超声波测距系统　系统盲区值为 25 cm,测量上限为 400 cm */
#include <reg2051.h>
#define csbout P3_5        //超声波发送
#define csbint P3_7            //超声波接收
#define csbc=0.034
#define bg   P3_4
unsigned char csbds,opto,digit,buffer[3],xm1,xm2,xm0,key,jpjs,ki;    //显示标志
unsigned char convert[10] = {0x3F,0x06,0x5b,0x4f,0x66,0x6d,0x7d,0x07,0x7f,
0x6f};    //0 ~9 段码
unsigned int s,t,i,sj1,sj2,sj3,mqs,sx1,sjtz,sja,sjb;
bit cl;
void csbcj();
void delay(i);                              //延时函数
void scanLED();                             //显示函数
void showOnce();                            //显示循环函数
void timeToBuffer();                        //显示转换函数
void offmsd();
void main()                                 //主函数
{
```

```
EA=1;                           //开中断
TMOD=0x11;                      //设定时器 0 为计数,1 为定时
ET0=1;                          //定时器 0 中断允许
ET1=1;                          //定时器 1 中断允许
TH0=0x00;
TL0=0x00;
TH1=0x9E;
TL1=0x57;
csbds=0;
csbint=1;
csbout=1;
cl=0;
opto=0xff;
sj1=25;
sj2=100;
sj3=400;
ki=0;
TR1=1;                          //设定时值 1 为 20 ms
while(1)
{
    csbcj();                    //调用超声波测距程序
    if(s>sj3)                   //大于时显示"CCC"
    {
    buffer[2]=0x39;
    buffer[1]=0x39;
    buffer[0]=0x39;
    }
    else if(s<sj1)              //小于时显示"---"
    {
    buffer[2]=0x40;
    buffer[1]=0x40;
    buffer[0]=0x40;
    }
    else timeToBuffer();        //调用转换段码功能模块
    offmsd();                   //调用判断百位数为零模块,百位为
                                零时不显示
    scanLED();                  //调用显示函数
}
```

```
}
void scanLED()                              //显示功能模块
{
    digit=0x04;
    for(i=0; i<3; i++)                      //3 位数显示
    {
        P3= ~digit&opto;                    //依次显示各位数
        P1= ~buffer[i];                     //显示数据送 P1 口
        delay(20);                          //延时处理
        P1=0xff;                            //P1 口置高电平(关闭)
        if((P3&0x10)==0)                    //判断 3 位是否显示完
        key=0;
        digit>>=1;                          //循环右移 1 位
    }
}
void timeToBuffer()                         //转换段码功能模块
{
    xm0=s/100;
    xm1=(s-100*xm0)/10;
    xm2=s-100*xm0-10*xm1;
    buffer[2]=convert[xm2];
    buffer[1]=convert[xm1];
    buffer[0]=convert[xm0];
}
void delay(i)                               //延时子程序
{
    while(--i);
}
void timer1int (void) interrupt 3 using 2   //中断处理程序,1 s 测量一次
{
    TH1=0x9E;
    TL1=0x57;
    csbds++;
    if(csbds>=15)
    {
        csbds=0;
        cl=1;
    }
```

```
}
    void csbcj( )                                    //超声波测距子程序
    {
        if( cl = = 1)
        {
            TR1 = 0;
            TH0 = 0x00;
            TL0 = 0x00;
            i = 20;                                  //超声波脉冲 10 个
            while( i-- )
            {
                csbout = ! csbout;
            }
            TR0 = 1;
            i = 150;
            while( i-- )
            {
            }
            i = 0;
            while( csbint)                           //判断接收回路是否收到超声波的
                                                     回波
            {
                i++;
    if( i> = 2450)                                   //如果达到一定时间没有收到回波,
                                                     则将 csbint 置零,退出接收回波处理
                csbint = 0;
            }
            TR0 = 0;
            TH1 = 0x9E;
            TL1 = 0x57;
            t = TH0;
            t = t * 256+TL0;
            s = t * csbc/2;                          //计算测量结果
            TR1 = 1;
            cl = 0;
        }
    }
    void offmsd( )                                   //百位为数 0 判断模块
```

```
{
    if (buffer[0] == 0x3f)                //如果值为零时百位不显示
    buffer[0] = 0x00;
}
```

超声波测距实物图如图 13.7 所示。

图 13.7　超声波测距实物图

13.2　红外传感器

RPR220 是一体化反射型光电探测器，其发射器是一个砷化镓红外发光二极管，而接收器是一个高灵敏度的硅平面光电三极管，其外观如图 13.8 所示。

图 13.8　RPR220 外观图

RPR220 采用 DIP4 封装，发射器和接收器都有两根引脚引出，其中长脚为正极，短脚为负极，其对外电路连接图如图 13.9 所示。

比较模块主体为 LM339(或 LM324)，其内部为四运放集成电路，采用 14 脚双列直插塑料封装。其电路功耗小，工作电压范围宽，可用正电源 3 ~ 30 V，或正负双电源±1.5 ~ ±15 V工作。它的输入电压可低到低电位，而输出电压范围为 0 ~ V_{cc}。它的内部包含四组形式完全相同的运算放大器，除电源共用外，四组运放相互独立。LM324 引脚图如图 13.10 所示。每一组运算放大器可用如图 13.11 所示的符号来表示，它有 5 个引出脚，其中“+”、“-”为两个信号输入端，“V_{CC}”、“GND”为正、负电源端，“V_O”为输出端。如两个信号输入端中，(-)为反相输入端，表示运放输出端 V_O 的信号与该输入端的相位相反；(+)为同相输入端，表示运放输出端 V_O 的信号与该输入端的相位相同。

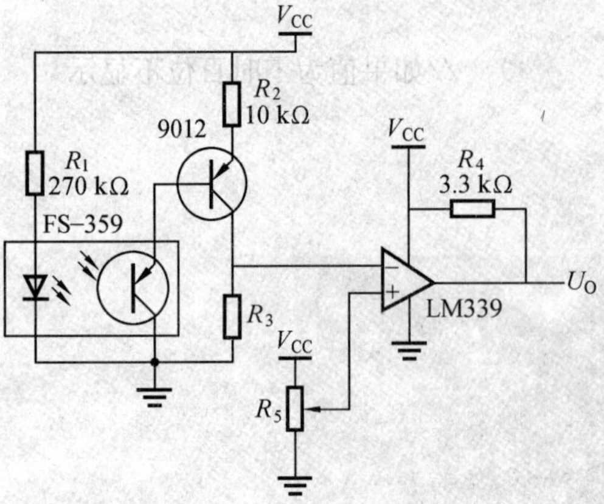

图 13.9　RPR220 连接外电路

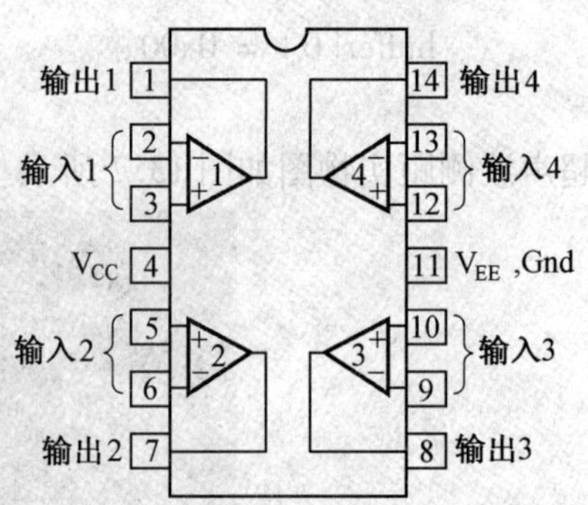

图 13.10　LM324 引脚图

在如图 13.11 中，V_{CC}为芯片供电压 5 V，R_1，R_2 为 10 kΩ 电阻。调节 MC1403(相当于传感器)，使结点得到 2.5 V 参考电压，公式为 $V_O=2.5\ V(1+R_1/R_2)$。通过比较电压判断附近有光源。当结点电压小于 2.5 V 时表示没有光源照射此方向的光电池，当大于2.5 V时表示有光源照射此方向的光电池，此时，LM324 会输出 5 V 电压给单片机，然后再传输相应命令给驱动电路控制电机作相应的反映。

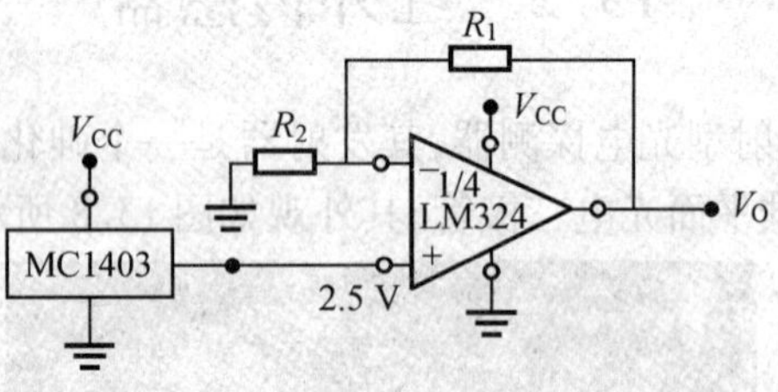

图 13.11　LM324 参考电压示意图

7 路 RPR220 组成的循迹模块实物如图 13.12 所示，此时编写红外测试程序，用单片机通过发射管发射 38 kHz 的调制频率码，由一体化接收并解码，由发光管显示。正常情况下，由于反射和高灵敏度接收，LED4(P1.3)一直闪烁，可以用黑色纸片完全遮挡接收头使之不能接收到发射管的信号，这时 LED4 熄灭。

图 13.12　循迹模块实物图

```
#include<reg52.h>
sbit LED=P3^3;                         //红外发射
sbit LED1=P1^3;
sbit IR=P3^2;                          //红外一体化接收
bit Flag;
```

```
void Init_Timer0(void)
{
   TMOD |= 0x01;
   TH0=0xf0;                              /*定时器初始化*/
   TL0=0x00;
   EA=1;                                  /*开中断*/
   ET0=1;                                 /*定时器0中断*/
   TR0=1;
}
/**定时器0初始化          */
void Timer0_isr(void) interrupt 1 using 1
{
   TH0=0x0f;                              /*数值初始化*/
   TL0=0x00;
   Flag=! Flag;
}
/**主函数      */
main()
{
   unsigned int j;
   Init_Timer0();                         //定时器初始化
   while(1)
   {
        LED1=IR;                          //读取一体化接收头数值
        if(Flag)
          {
             for(j=0;j<27;j++)            //大约38 kHz
               {
                 LED=! LED;               //发射管输出
               }
          }
   }
}
```

此时设计的循迹车实物图如图 13.13 所示,参考程序如下(红外循迹车程序):

```
#include<reg51.h>
#define uchar unsigned char
#define uint unsigned int
sbit guan=P2^0;
```

```
sbit guaa=P2^1;
sbit guab=P2^2;
sbit guac=P2^3;
sbit guad=P2^4;
delay(char t)
{
uint i,j;
    for(i=0;i<t;i++)
    for(j=0;j<10000;j++);
}
main()
{
    while(1)
    {
        guan=0;
        if(guan==1)
        {
            P1=0x01;
            delay(38);
            P1=0x00;
            delay(20);
            break;
        }
        else
        {
            P1=0x05;
        }

    }
        while(1)
        {
            if(guab==0)
            {
                P1=0x0f;
                delay(20);
                P1=0x05;
                delay(3);
                P1=0x0f;
```

```
            delay(20);
            break;
        }
        else
        {
            P1 = 0x05;
        }
    }
    P1 = 0x09;
    delay(22);
    P1 = 0x0f;
    delay(3);
    P1 = 0x05;
    delay(121);
    P1 = 0xff;
    delay(3);
    P1 = 0x04;
    delay(46);
    while(1)
    {
        guaa = 0;
        if(guaa == 1)
        {
            P1 = 0x0f;
            delay(20);
            P1 = 0x4f;
            delay(60);
            P1 = 0x8f;
            delay(60);
            break;
        }
        else
        {
            P1 = 0x05;
        }
    }
        P1 = 0x09;
        delay(1);
```

```
                P1 = 0x0a;
                delay(110);
                P1 = 0x00;
                delay(5);
                P1 = 0x0a;
                delay(30);
            while(1)
        {
        if(guac == 1)
        {P1 = 0x00;

            break;
        }
        else
        {
            P1 = 0x04;
        }
    }
    while(1)
    {
        if(guad == 1)
        {
        P1 = 0x00;
        delay(10);
        break;
        }
        else
        {
        P1 = 0x01;
        }
    }
    P1 = 0x01;
    delay(5);
    P1 = 0x0a;
    delay(10);
        while(1)
        {
            P1 = 0x05;
```

```
        if(guac=0,guad=1)
        {
            P1=0x04;
            delay(1);
            P1=0x0a;
            delay(6);
        }
        if(guac=1,guad=0)
        {
            P1=0x01;
            delay(1);
            P1=0x0a;
            delay(6);
        }
        if(guac=1,guad=1)
        {
            P1=0x00;
            delay(10);
            P1=0x05;
            delay(10);
            break;
        }
    }
        P1=0x05;
        delay(20);
}
```

图 13.13　循迹车实物图

13.3 光电传感器

光电传感器是利用光线检测物体的传感器的统称，是由传感器的发射部分发射光信号并经被检测物体的反射、阻隔和吸收，再被接受部分检测并转换为相应电信号来实现控制的装置。常用的光电传感器包括光敏电阻、光电开关、光电耦合器。

1. 光敏电阻的工作原理

在光敏电阻两端的金属电极之间加上电压，其中便有电流通过，受到适当波长的光线照射时，电流就会随光强的增加而变大，从而实现光电转换。光敏电阻没有极性，纯粹是一个电阻器件，使用时既可加直流电压，也可以加交流电压。

光敏电阻是采用半导体材料制作，利用内光电效应工作的光电元件。它在光线的作用下阻值往往变小，这种现象称为光导效应，因此，光敏电阻又称光导管。光敏电阻外观如图 13.14 所示，其特性见表 13.2。

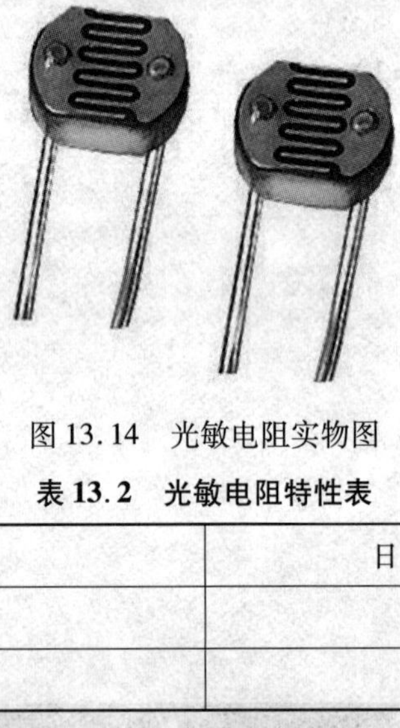

图 13.14　光敏电阻实物图

表 13.2　光敏电阻特性表

2 V 供电	日常光照下光敏电阻阻值
亮点阻	13.52 kΩ
暗电阻	0.05 kΩ

利用光敏电阻的光照特性，可以设计光控电路，如图 13.15 所示。此时，还可以利用光敏电阻的特性，把光电信号作为单片机引脚的输入信号，从而实现电路的控制过程。

图 13.15　光敏电阻应用实物图

2. 光电开关工作原理

光电开关(光电传感器)是光电接近开关的简称,它是利用被检测物对光束的遮挡或反射,由同步回路选通电路,从而检测物体有无的。物体不限于金属,所有能反射光线的物体均可被检测。当有被检测物体经过时,物体将光电开关发射器发射的足够量的光线反射到接收器,于是光电开关产生开关信号。利用光电开关连接的电路实物图如图13.16所示,当有金属接近传感器时,电路接通,电机开始旋转,因此,可以将光电开关是否有物体接近转换为高低电平,进而作为单片机引脚的输入信号,实现控制过程。

3. 光电耦合器

光电耦合器是以光为媒介传输电信号的一种电-光-电转换器件。它由发光源和受光器两部分组成。把发光源和受光器组装在同一密闭的壳体内,彼此间用透明绝缘体隔离。发光源的引脚为输入端,受光器的引脚为输出端,常见的发光源为发光二极管,受光器为光敏二极管、光敏三极管等。

在发光二极管上提供一个偏置电流,再把信号电压通过电阻耦合到发光二极管上,这样光电晶体管接收到的是在偏置电流上增、减变化的光信号,其输出电流将随输入的信号电压作线性变化。光电耦合器也可工作于开关状态,传输脉冲信号。在传输脉冲信号时,输入信号和输出信号之间存在一定的延迟时间,不同结构的光电耦合器输入、输出延迟时间相差很大。图13.17为光电耦合器应用实物图。

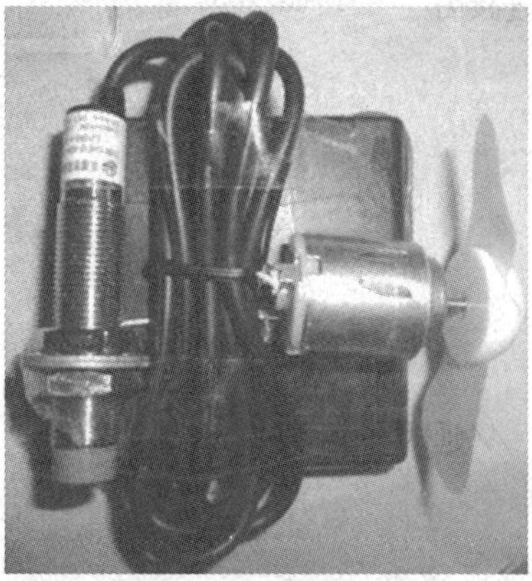

图13.16 光电开关应用实物图

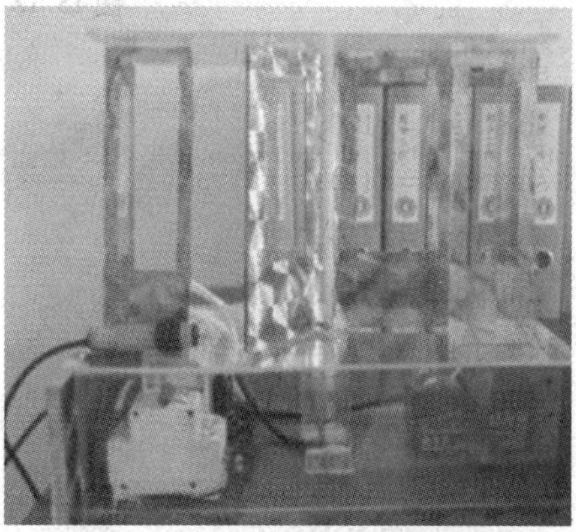

图13.17 光电耦合器应用实物图

设计中,常常利用光电耦合器与单片机联合实验,利用光电耦合器制作小车的硬件电路连接图,如图13.18所示。

参考程序代码如下:

```
#include<reg52.h>
#define uchar unsigned char
#define uint unsigned int
/*定义传感器与单片机的连接引脚*/
sbit  d1=P1^0;
/*lm298驱动*/
sbit ezuo=P1^3;
```

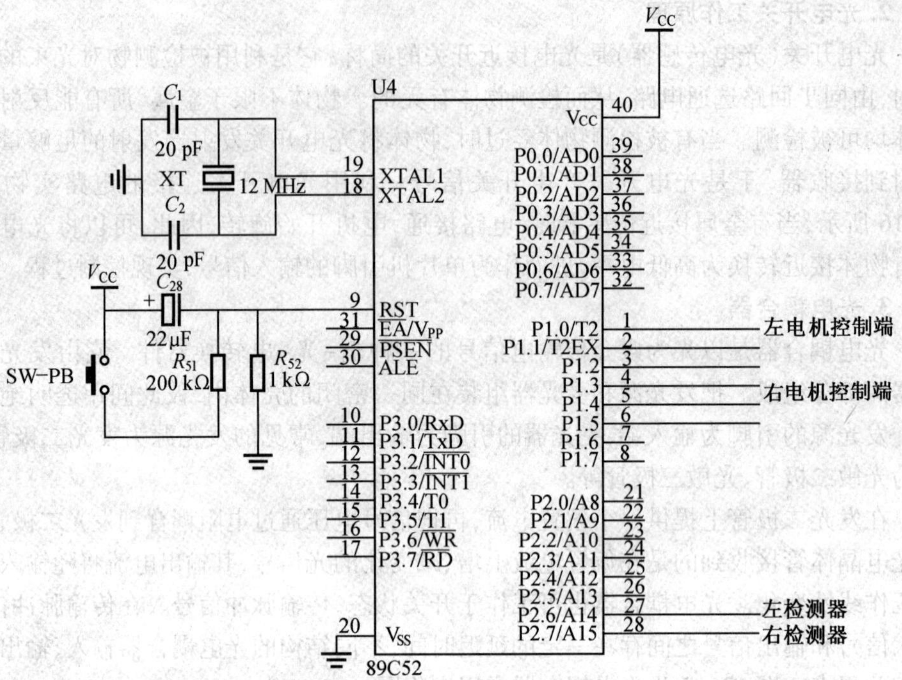

图 13.18　硬件电路连接图

```
sbit eyou=P1^6;
sbit zuo1=P1^1;
sbit zuo2=P1^2;
sbit you1=P1^4;
sbit you2=P1^5;
/*子函数*/
void delay(uchar z)                    //延时子函数 1 ms
{
    uchar x,y;
    for(x=z;x>0;x--)
        for(y=110;y>0;y--);
}
void xunji()                           //循迹子函数
{
    while(! d1)
        {
        zuo1=1;
        zuo2=0;
        you1=0;
        you2=1;
```

```
                    delay(200);
                    delay(200);
                    delay(200);
                    delay(200);
                    delay(200);
                    delay(200);
                    delay(200);
                    delay(200);
                    delay(200);
                    delay(200);
                    zuo1 = 1;
                    zuo2 = 0;
                    you1 = 1;
                    you2 = 0;
                }
        }
/*主函数*/
void main()
{
        ezuo = 1;
        eyou = 1;
        zuo1 = 1;
        zuo2 = 0;
        you1 = 1;
        you2 = 0;
         while(1)
         {
          xunji();
         }
}
```

13.4 烟雾传感器

MQ-2/MQ-2S 气体传感器所使用的气敏材料是在清洁空气中电导率较低的二氧化锡(SnO_2)。当传感器所处环境中存在可燃气体时,传感器的电导率随空气中可燃气体浓度的增加而增大。使用简单的电路即可将电导率的变化转换为与该气体浓度相对应的输出信号。

MQ-2/MQ-2S 气体传感器对液化气、丙烷、氢气的灵敏度高,对天然气和其他可燃蒸汽的检测也很理想。这种传感器可检测多种可燃性气体,是一款适合多种应用的低成本传感器。其实物图如图 13.19 所示,测试电路图如图 13.20 所示。

图 13.19　MQ-2 实物图

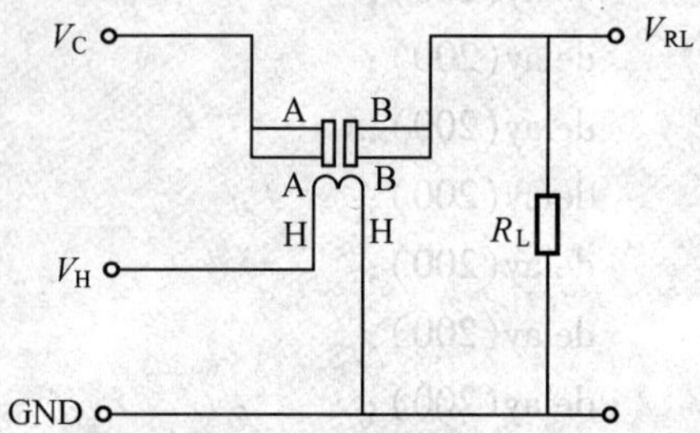

图 13.20　MQ-2 测试电路图

可以利用单片机和 MQ-2 型半导体电阻式烟雾传感器为核心设计烟雾报警器,它是一种结构简单、性能稳定、使用方便、价格低廉、智能化的报警器,具有一定的实用价值,测试电路图如图 13.21 所示。

程序参考代码如下:

```
#include <reg52. h>                              //52 系列头文件
#include <stdio. h>
#include <intrins. h>
#define uchar unsigned char              //宏定义 uchar
#define uint unsigned int                 //宏定义 uint
    long int a1,d0,d,e1,b,c,s,s1,nongdu;
sbit beep=P1^4;                           //定义蜂鸣器的 io
uint temp,t,w;                            //定义整型的温度数据
uchar flag,a,flag1,num;
float f_temp;                             //定义浮点型的温度数据
uint low;                                 //定义温度下限值,是温度乘以 10 后的结果
uint high;                                //定义温度的上限值
sbit jdq=P1^0;
sbit ADCCLK=P1^5;                         //时钟
sbit ADCCS=P1^7;                          //片选端
sbit DI=P1^6;                             //起始信号输入与端口选择及数据输出端
uchar dat=0;                              //AD 值
sbit DO=P1^6;                             //ADC0832 数据输出
uchar CH=0;                               //通道变量
sbit k1=P3^3;                             //功能键控制 io
sbit s2=P3^5;                             //增大按键 io
sbit s3=P3^6;                             //减少键控制 io
sbit s4=P3^7;
```

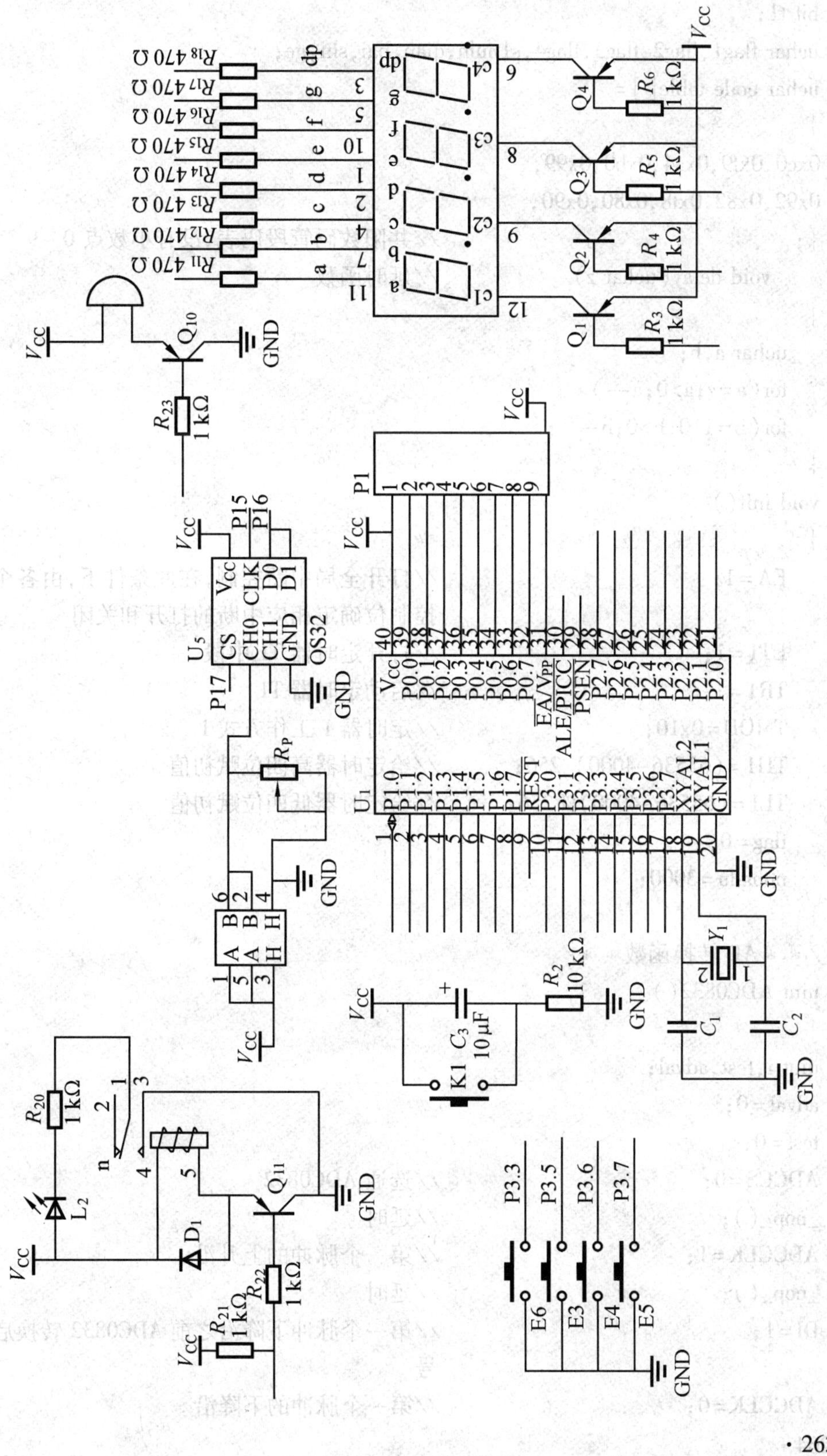

图 13.21　设计硬件原理图

```
bit t1;
uchar flag1,flag2,flag3,flag4,s1num,qian,bai,shi,ge;
uchar code table[]=
{
0xc0,0xf9,0xa4,0xb0,0x99,
0x92,0x82,0xf8,0x80,0x90,
};                              //共阳数码管段码表,没有小数点 0~9
   void delay(uchar z)          //延时函数
{
  uchar a,b;
  for(a=z;a>0;a--)
  for(b=110;b>0;b--);
}
void init()
{
  EA=1;                         //打开全局中断控制,在此条件下,由各个中断
                                控制位确定相应中断的打开和关闭
  ET1=1;                        //打开定时器 T1 中段
  TR1=1;                        //启动定时器 T1
  TMOD=0x10;                    //定时器 1 工作方式 1
  TH1=(65536-4000)/256;         //给定时器高四位赋初值
  TL1=(65536-4000)%256;         //给定时器低四位赋初值
  flag=0;
  nongdu=3000;
}
/**AD 转换函数**/
uint ADC0832()
{
uint i,test,adval;
adval=0;
test=0;
ADCCS=0;                        //选通 ADC0832
_nop_();                        //延时
ADCCLK=1;                       //第一个脉冲的上升沿
_nop_();                        //延时
DI=1;                           //第一个脉冲下降沿之前 ADC0832 转换启动信
                                号
ADCCLK=0;                       //第一个脉冲的下降沿
```

```
_nop_();                                  //延时
ADCCLK=1;                                 //第二个脉冲的上升沿
_nop_();                                  //延时
if(CH==0)                                 //选通 CH0 通道
{
DI=1;                                     //第二个脉冲下降之前送入通道选择第二位
ADCCLK=0;                                 //第二个下降沿
_nop_();
ADCCLK=1;                                 //第三个脉冲上升沿
_nop_();
DI=0;                                     //第三个脉冲下降沿之前送入通道选择第三位
ADCCLK=0;                                 //第三个脉冲的下降沿
_nop_();
ADCCLK=1;                                 //开始第四个脉冲
_nop_();
}
else                                      //选通 CH1 通道
{
DI=1;                                     //第二个脉冲下降沿之前送通道选择的第一位
ADCCLK=0;                                 //第二个下降沿
_nop_();
ADCCLK=1;                                 //第三个脉冲的上升沿
_nop_();
DI=1;                                     //第三个脉冲的下降沿之前送通道选择的第二位
ADCCLK=0;                                 //第三个脉冲的下降沿
_nop_();
ADCCLK=1;                                 //开始第四个脉冲
_nop_();
}
ADCCLK=0;                                 //第四个脉冲的下降沿
DO=1;
for(i=0;i<8;i++)                          //读取前八位
{
_nop_();
adval<<=1;
ADCCLK=1;
_nop_();
ADCCLK=0;
```

```
if(DO)
adval|=0x01;
else
adval|=0x00;
}
for(i=0;i<8;i++)                //读取后八位
{
test>>=1;
if(DO)
test|=0x80;
else
test|=0x00;
_nop_();
ADCCLK=1;
_nop_();
ADCCLK=0;
}
if(adval==test)                 //比较前8位与后8位的数值,如果不相同,舍
                                去
dat=test;
_nop_();
ADCCS=1;                        //释放 ADC0832
DO=1;
ADCCLK=1;
return dat;
}
```

13.5 温度传感器

DS18B20 采用 3 脚 PR35 封装或 8 脚 SOIC 封装,温度计数码管显示实物图如图 13.22所示,DS18B20 的内部结构框图如图 13.23 所示。

DS18B20 温度传感器的内部存储器包括一个高速暂存 RAM 和一个非易失性的可电擦除的 E^2RAM。后者用于存储 T_H,T_L 值。数据先写入 RAM,经校验后再传给 E^2RAM。而配置寄存器为高速暂存器中的第 5 个字节,它的内容用于确定温度值的数字转换分辨率,DS18B20 工作时按此寄存器中的分辨率将温度转换为相应精度的数值。该字节各位的定义见表 13.3。

图 13.22　设计实物工作图

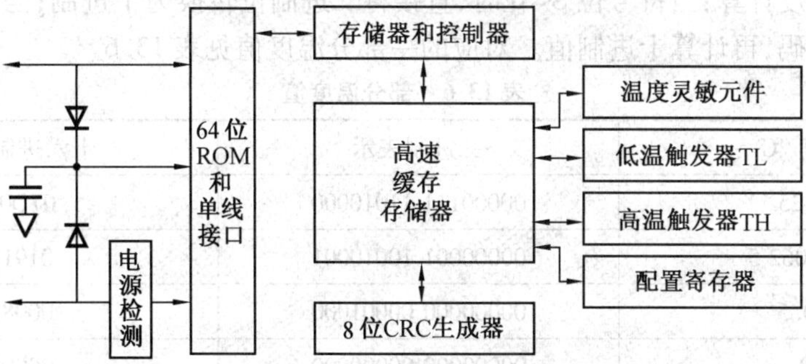

图 13.23　18B20 内部结构

表 13.3　字节各位的定义

TM	R1	R0	1	1	1	1	1

低 5 位一直都是 1，TM 是测试模式位，用于设置 DS18B20 在工作模式还是在测试模式。在 DS18B20 出厂时该位被设置为 0，用户不要去改动，R1 和 R0 决定温度转换的精度位数，即用来设置分辨率，其模式见表 13.4（DS18B20 出厂时被设置为 12 位）。

表 13.4　R1 和 R0 模式表

R1	R0	分辨率	温度最大转换时间/min
0	0	9 位	93.75
0	1	10 位	187.5
1	0	11 位	275.00
1	1	12 位	750.00

由表 13.4 可见，设定的分辨率越高，所需要的温度数据转换时间就越长。因此，在实际应用中要在分辨率和转换时间之间权衡考虑。

高速暂存存储器除了配置寄存器外，还有其他 8 个字节组成，其分配如下：其中温度信息（第 1，2 字节）T_H 和 T_L 值第 3，4 字节、第 6 ~ 8 字节未用，表现为全逻辑 1；第 9 字节读出的是前面所有 8 个字节的 CRC 码，可用来保证通信正确。

当 DS18B20 接收到温度转换命令后，开始启动转换。转换完成后的温度值以 16 位带符号扩展的二进制补码形式存储在高速暂存存储器的第 1，2 字节。单片机可通过单线接口读到该数据，读取时低位在前，高位在后，数据格式以 0.062 5 ℃/LSB 形式表示。温度格式见表 13.5。

表 13.5　温度格式表

2^3	2^2	2^1	2^0	2^{-1}	2^{-2}	2^{-3}	2^{-4}
MSB						LSB	
S	S	S	S	S	2^6	2^5	2^4
MSB						LSB	

对应的温度计算：当符号位 S=0 时，直接将二进制位转换为十进制；当 S=1 时，先将补码变换为原码，再计算十进制值。对应的一部分温度值见表 13.6。

表 13.6　部分温度值

温度/℃	二进制表示	十六进制表示
+125	00000111 11010000	07D0H
+25.062 5	00000001 10010001	0191H
+0.5	00000000 00001000	0008H
0	00000000 00000000	0000H
−0.5	11111111 11111000	FFF8H
−25.062 5	11111110 01101111	FE6FH
−125	11111100 10010000	FC90H

DS18B20 完成温度转换后，即把测得的温度值与 T_H，T_L 作比较，若 $T>T_H$ 或 $T<T_L$，则将该器件内的告警标志置位，并对主机发出的告警搜索命令作出响应。因此，可用多只 DS18B20 同时测量温度并进行告警搜索。

在 64 字节 ROM 的最高有效字节中存储有循环冗余校验码（CRC）。主机根据 ROM 的前 56 位来计算 CRC 值，并和存入 DS18B20 中的 CRC 值作比较，以判断主机收到的 ROM 数据是否正确。

DS18B20 内部测温电路框图如图 13.24 所示。

DS18B20 是美国 DALS 半导体公司推出的一种改进型智能温度传感器。与传统的热敏电阻相比，它能够直接读出被测温度，并且可根据实际要求通过简单的编程实现 9～12 位的数字值读数方式。可以分别在 93.75 ms 和 750 ms 内完成 9 位和 12 位的数字量，而且从 DS18B20 读出的信息或写入 DS18B20 的信息仅需要一根口线（单线接口）读写，温度变换功率来源于数据总线，总线本身也可以向所挂接的 DS18B20 供电，而无需额外电源。因而使用 DS18B20 可以测量采样电阻上的温度值，这样可以实现对恒流源的温度补偿，图 13.25 给出了温度传感器的连接示意图。

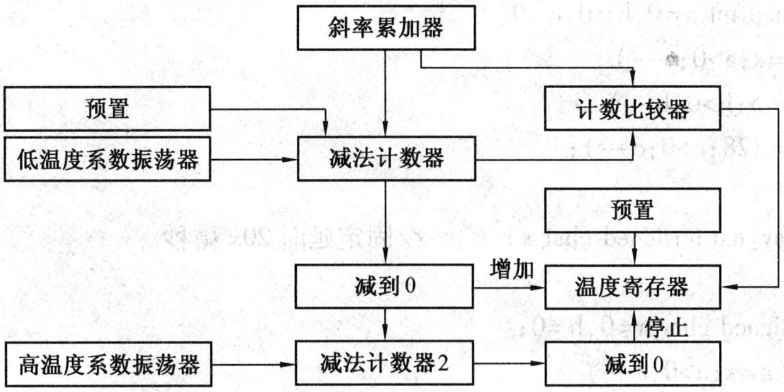

图 13.24　DS18B20 内部测温电路框图

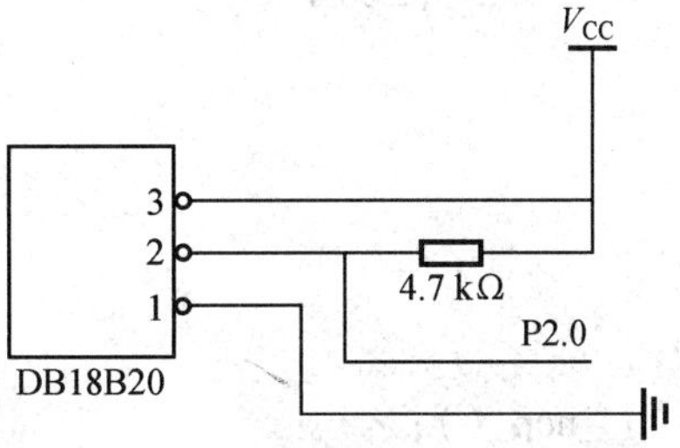

图 13.25　DS18B20 接线原理图

利用温度传感器 18B20，通过液晶屏 12864 显示的温度控制参考程序代码如下：

```
#include<reg52. h>
#include<intrins. h>
sbit LCD_RS = P3^5 ;
sbit LCD_EN = P3^6 ;
sbit LCD_RW = P3^7 ;
sbit beep=P2^2;                    //蜂鸣器端口
sbit DS18B20_DQ=P1^7;              //DS18B20 数据接口
sbit fastheating= P0^4 ;           //快加热器
sbit heating= P0^5 ;               //缓加热器
sbit cooling= P0^6 ;               //慢速制冷
sbit fastcooling= P0^7 ;           //快速制冷
#define Key_port P1
#define LCD_data_port P2           //数据端口定义
unsigned char Key_value=0;
unsigned char Key_flag=0;
unsigned char time_data[3]={00,00,0};
unsigned char reset=0;
void delay_ms(unsigned int x)      //延时毫秒级
{
```

```
    unsigned int a=0,b=0,c=0;
    for(a=x;a>0;a--)
    for(b=5;b>0;b--)
    for(c=128;c>0;c--);
}
void delay_us(unsigned char x)          //固定延时 20x 微秒
{
    unsigned char a=0,b=0;
    for(a=x;a>0;a--)
    {
        for(b=36;b>0;b--) _nop_();
    }
}
void delay_8us()
{
    unsigned char a=0;
    for(a=14;a>0;a--) _nop_();
}
void delay_2us()
{
    unsigned char n=0;
    for(n=2;n>0;n--);
}
/////////////////////////////*秒表子程序*////////////////////////////
void time_initial()
{
    TMOD=0x01;                          //定时器,方式 1
    TH0=0x4c;                           //写入初值高 8 位
    TL0=0;                              //写入初值低 8 位
    EA=1;                               //开总中断
    ET0=1;                              //定时中断允许
    TR0=1;                              //开启定时器
}
void timer0() interrupt 1               //中断
{
    TH0=0x4c;                           //重新写入初值
    TL0=0;
    time_data[2]++;
```

```
    if(time_data[2]==20)
    {
        time_data[2]=0;
        time_data[1]++;
        if(time_data[1]==60)
        {
            time_data[1]=0;
            time_data[0]++;
            if(time_data[0]==60) time_data[0]=0;
        }
    }
}
///////////*液晶显示程序*///////////////////
void LCD_write_com(unsigned char shu)      //写指令
{
    LCD_RS=0;
    LCD_RW=0;
    LCD_EN=0;
    delay_us(1);
    LCD_data_port = shu;
    delay_us(1);
    LCD_EN=1;
    delay_us(1);
    LCD_EN=0;
    delay_us(80);
}
void LCD_write_data(unsigned char shu)      //写数据
{
    LCD_RS=1;
    LCD_RW=0;
    LCD_EN=0;
    delay_us(1);
    LCD_data_port = shu;
    delay_us(1);
    LCD_EN=1;
    delay_us(1);
    LCD_EN=0;
    delay_us(80);
```

```
}
void LCD_write_array(unsigned char  *shu)       //写字符串
{
    LCD_RS=1;
    LCD_RW=0;
    LCD_EN=0;
    while(( *shu)! ='\0')
    {
        LCD_write_data( *shu);
        shu++;
    }
}
////////////*液晶初始化*////////////////////////
void LCD_initial()                  //液晶初始化
{
    LCD_EN=0;
    LCD_write_com(0x30);
    LCD_write_com(0x0c);
    LCD_write_com(0x01);
    LCD_write_com(0x06);
    delay_ms(10);                   //等待一段时间用于清屏
}
///////////////*传感器输入模块*/////////////////////
bit DS18B20_reset()
{
    bit Exist_flag=0;
    DS18B20_DQ=0;                   //拉低数据线
    delay_us(35);                   //延时在480~960 μs之间
    DS18B20_DQ=1;                   //拉高数据线
    delay_us(4);                    //等待返回存在信号
    Exist_flag=DS18B20_DQ;          //读取存在信号
    delay_us(30);                   //等待复位结束
    return Exist_flag;
}
void DS18B20_Byte_write(unsigned char Write_data)       //DS18B20写一个字节
{
    unsigned char n=0;
    for(n=0;n<8;n++)
```

```
    {
        DS18B20_DQ=0;
        delay_8us();
        if(Write_data&0x01) DS18B20_DQ=1;
        else DS18B20_DQ=0;
        delay_us(4);
        DS18B20_DQ=1;
        Write_data=Write_data>>1;
        delay_8us();
    }
    delay_us(4);
}
unsigned char DS18B20_Byte_read() //DS18B20 读取一个字节
{
    unsigned char n=0;
    unsigned char get_data=0;
    for(n=0;n<8;n++)
    {
        DS18B20_DQ=0;
        delay_2us();
        DS18B20_DQ=1;
        delay_2us();
        get_data=get_data>>1;
        if(DS18B20_DQ==1) get_data=get_data|0x80;
        delay_us(4);
    }
    return get_data;
}
unsigned int Read_temperature()    //读取温度
{
    unsigned char n=0;
    unsigned char DS18B20_data[2];
    unsigned int temperature_data=0;
    DS18B20_reset();                        //复位
    DS18B20_Byte_write(0xcc);               //跳过 ROM 序列号命令
    DS18B20_Byte_write(0x44);               //启动温度转换命令
    delay_ms(800);                          //等待温度转化(12 bit 时转换时间
                                            为 750 ms)
```

```
        DS18B20_reset( );                                   //复位
        DS18B20_Byte_write(0xcc);                           //跳过 ROM 序列号命令
        DS18B20_Byte_write(0xbe);                           //读暂存器命令
        DS18B20_data[0]=DS18B20_Byte_read( ); //温度的低位
        DS18B20_data[1]=DS18B20_Byte_read( ); //温度的高位
        temperature_data=(DS18B20_data[1]<<8)+DS18B20_data[0];
        temperature_data=temperature_data * 0.625+0.5;
        return temperature_data;
    }
    unsigned char key_scan( )
    {
        static unsigned char key=0;                         //储存键盘的扫描值
        unsigned char Scan_data=0x01;
        while(Scan_data! =0x08)
        {
            Key_port=((~Scan_data)&0x3f)|(Key_port&0xc0);
            delay_8us( );
            if((Key_port&0x3f)! =((~Scan_data)&0x3f))
            {
                delay_ms(10);
                if((Key_port&0x3f)! =((~Scan_data)&0x3f))
                {
                    Key_flag=1;
                    switch(Key_port&0x3f)
                    {
                        case 0x36: key=1;break;
                        case 0x35: key=2;break;
                        case 0x33: key=3;break;
                        case 0x2e: key=4;break;
                        case 0x2d: key=5;break;
                        case 0x2b: key=6;break;
                        case 0x1e: key=7;break;
                        case 0x1d: key=8;break;
                        case 0x1b: key=9;break;
                    }
                    beep=0;
                    delay_ms(50);
                    beep=1;
```

```
                while((Key_port&0x3f)! =((~Scan_data)&0x3f));
                                                //等待按键释放
            }
        }
        Scan_data=Scan_data<<1;
    }
    return key;                                 //返回扫描键值
}
void main(void)
{
    int display_data=0;
    int Set_teap=0;
    int reset_time=0;
    LCD_initial();
        while(1)
    {
        Key_value=key_scan();
        if(Key_flag==1)
        {
            switch(Key_value)
            {
                case 1: Set_teap=Set_teap+100;break;
                case 2: Set_teap=Set_teap+10;break;
                case 3: Set_teap++;break;
                case 4: if(Set_teap/100) Set_teap=Set_teap-100;break;
                case 5: if(Set_teap/10) Set_teap=Set_teap-10;break;
                case 6: if(Set_teap>0) Set_teap--;break;
                case 7: time_initial();break;
                case 8: EA=0;break;
                case 9: goto dao;
                default: break;
            }
            Key_flag=0;
        }
        display_data=Read_temperature();        //读取温度
        if(display_data>1250) display_data=0;
        LCD_write_com(0x80);
        LCD_write_array("单位:华瑞学院");
```

```
        LCD_write_com(0x90);
        LCD_write_array("时间:");
        LCD_write_data(time_data[0]/10+0x30);
        LCD_write_data(time_data[0]%10+0x30);
        LCD_write_array("分");
        LCD_write_data(time_data[1]/10+0x30);
        LCD_write_data(time_data[1]%10+0x30);
        LCD_write_array("秒");
        LCD_write_com(0x88);
        LCD_write_array("设定值:");
        LCD_write_data(Set_teap/100+0x30);
        LCD_write_data(Set_teap/10%10+0x30);
        LCD_write_data('.');
        LCD_write_data(Set_teap%10+0x30);
        LCD_write_array("度");
        LCD_write_com(0x98);
        LCD_write_array("测量值:");
        LCD_write_data(display_data/100+0x30);
        LCD_write_data(display_data/10%10+0x30);
        LCD_write_data('.');
        LCD_write_data(display_data%10+0x30);
        LCD_write_array("度");
    }
    dao:
    while(1)
{
    display_data=Read_temperature();    //读取温度
    if(display_data>1250) display_data=0;
        LCD_write_com(0x80);
    LCD_write_array("单位:华瑞学院");
    LCD_write_com(0x90);
    LCD_write_array("时间:");
    LCD_write_data(time_data[0]/10+0x30);
    LCD_write_data(time_data[0]%10+0x30);
    LCD_write_array("分");
    LCD_write_data(time_data[1]/10+0x30);
    LCD_write_data(time_data[1]%10+0x30);
    LCD_write_array("秒");
```

```
        LCD_write_com(0x88);
        LCD_write_array("设定值:");
        LCD_write_data(Set_teap/100+0x30);
        LCD_write_data(Set_teap/10%10+0x30);
        LCD_write_data('.');
        LCD_write_data(Set_teap%10+0x30);
        LCD_write_array("度");
        LCD_write_com(0x98);
        LCD_write_array("测量值:");
        LCD_write_data(display_data/100+0x30);
        LCD_write_data(display_data/10%10+0x30);
        LCD_write_data('.');
        LCD_write_data(display_data%10+0x30);
        LCD_write_array("度");
    if(Set_teap-display_data>5) { fastheating=1;heating=0;fastcooling=0;cooling=0;}
    if(Set_teap-display_data<5 && Set_teap-display_data>0) {  fastheating=0;heating=
1;fastcooling=0;cooling=0;}
    if(Set_teap-display_data==0) {fastheating=0;heating=0;fastcooling=0;cooling=0;}
    if(Set_teap-display_data<0 && Set_teap-display_data>-1) {fastheating=0;heating=0;
fastcooling=0;cooling=1;}
    if(Set_teap-display_data<-1) { fastheating=0;heating=0;fastcooling=1;cooling=0;}
        delay_ms(100);
    }
}
```

此时,设计的温度控制实物图如 13.26 所示。

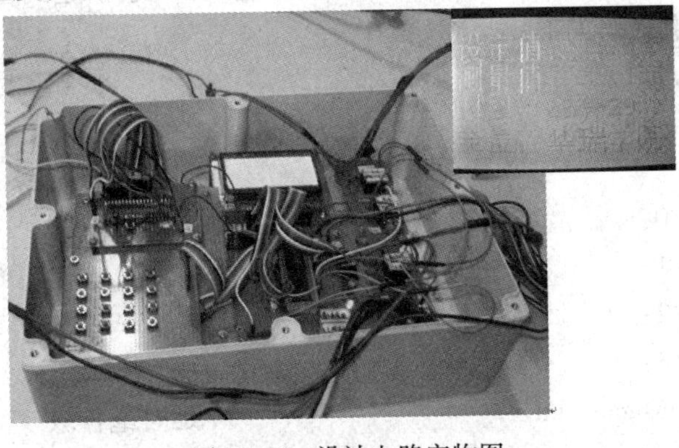

图 13.26　设计电路实物图

13.6 热释电传感器

热释电人体红外传感器的特点是只在由于外界的辐射而引起它本身的温度变化时,才给出一个相应的电信号,当温度的变化趋于稳定后就再没有信号输出,所以说热释电信号与它本身的温度的变化率成正比,或者说热释电红外传感器只对运动的人体敏感,应用于当今探测人体移动报警电路中。目前国内市场上常见的热释电红外传感器有上海尼赛拉公司的 SD02、PH5324 和德国海曼 LHi954、LHi958 以及日本的产品等,其中 SD02 适合防盗报警电路。

HC-SR501 实物如图 13.27 所示,它是基于红外线技术的自动控制模块,采用德国原装进口 LHI778 探头设计,感应部分应用菲涅尔透镜对感应范围进行放大,灵敏度高,可靠性强,超低电压工作模式,广泛应用于各类自动感应电气设备,尤其是干电池供电的自动控制产品。

图 13.27 HC-SR501 实物图

它可以实现 4 节 7 号干电池供电。当感应到人体时就输出 3.3 V 的高电平,无人时输出 0 V 的低电平。同时,可根据需要对感应和输出进行延时设置。

微控制模块采用 STC89C52RC 作为主控芯片,电路原理图如图 13.28 所示。当检测到有 HC-SR501 输入的高电平时,单片机即控制红色 LED 发光,起到警示的作用。

单片机内部控制代码如下:

```
#include<reg52.h>
#include<intrins.h>
sbit R1 = P3^0;                          //外部输入信号
sbit LED_0 = P0^0;
sbit LED_1 = P0^1;
sbit LED_2 = P0^2;
sbit LED_3 = P0^3;
void delay_ms(unsigned int x)            //延时毫秒级
{
    unsigned int a = 0, b = 0, c = 0;
    for(a = x; a>0; a--)
    for(b = 5; b>0; b--)
```

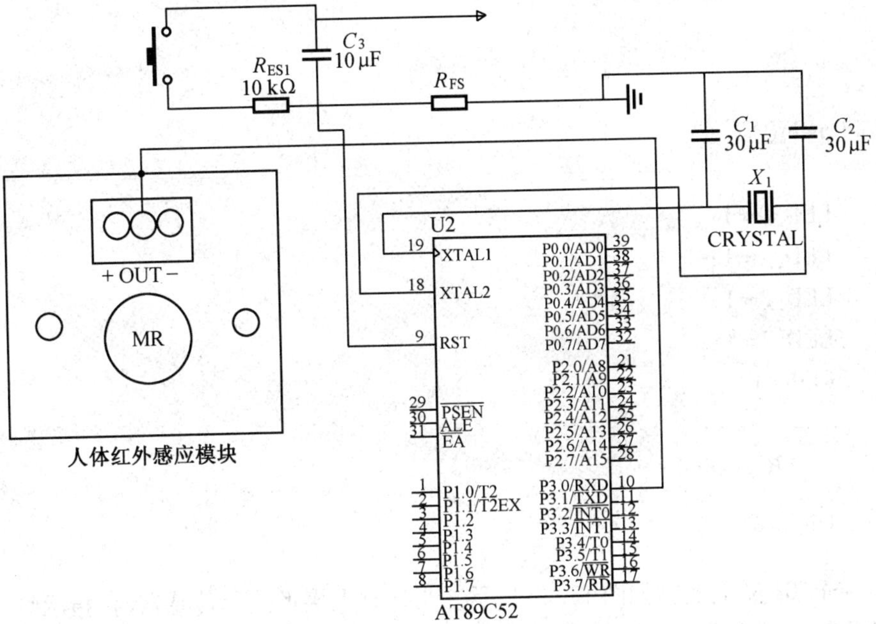

图 13.28　HC-SR501 硬件连接原理图

```
    for(c=128;c>0;c--);
}
void delay_8us()                    //延时大约 8 μs
{
    unsigned char n=0;
    for(n=14;n>0;n--) _nop_();
}
void R_scan()                       //热释传感器扫描程序
{
    R1=1;
    delay_8us();
    if(R1==0)                       //判断按键是否有人接近
    {
    delay_ms(10);
    if(R1==0)
    {
        LED_0=0;
        LED_1=0;
        LED_2=0;
        LED_3=0;
        while(R1==0);               //等待离开
```

```
            }
        }
}
void main()
{
    LED_0=1;
    LED_1=1;
    LED_2=1;
    LED_3=1;
    while(1)
    {
        R_scan();
    }
}
```

HC-SR501 感应实物如图 13.29 所示。当外有人接近热释传感器时,指示灯发光,可以通过调节热释传感器的开关,设置单次和反复的感应方式。

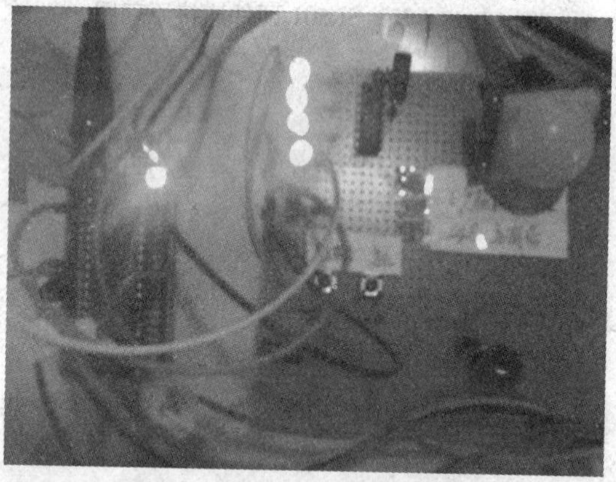

图 13.29　HC-SR501 感应实物图

实际中接触到的传感器很多,同学们可以利用传感器特性和所学过的单片机知识,设计出自己喜爱的科技作品。

13.7　磁敏传感器

磁敏传感器是利用电磁转换原理,检测物体磁性的传感器的统称,常见的磁敏传感器包括磁敏电阻、磁敏二极管、磁敏三极管和磁电传感器。

1. 磁敏电阻的工作原理

在磁敏电阻两端金属电极之间加上电压,其中便有电流通过,加上外部与电流方向垂直或平行的外磁场,电流随着磁场强度的增大而减小,从而实现磁电转换。

磁敏电阻是采用半导体材料,利用磁组效应工作的磁电元件。磁敏电阻实物图如图

13.30 所示。

利用磁敏电阻的磁敏特性,可以设计磁控电路,把磁电信号作为单片机引入信号,从而实现电路的控制过程。

图 13.30 磁敏电阻实物图

2. 磁敏二极管的工作原理

磁敏二极管利用正向导通电流随磁场强度变化而变化的特性,实现磁电变换。当有磁性物质经过时,磁敏二极管加正向偏压,外磁场是正向时,电路随外磁场强度增大,外电路电流变小;当外磁场是反向时,电路随外磁场强度增大,外电路电流变大。

3. 磁敏三极管的工作原理

磁敏三极管在受到正向磁场作用时,集电极电流显著减小;当受到反向磁场作用时,集电极电流显著增大。

4. 磁敏开关(干簧管)

干簧管是一种磁敏的特殊开关,也称干簧继电器,可以当作磁敏传感器来用。它通常有两个或三个软磁性材料做成的簧片触点,被封装在充有惰性气体(如氮、氦等)或真空的玻璃管里,玻璃管内平行封装的簧片端部重叠,并留有一定间隙或相互接触以构成开关的常开或常闭触点。随着时代发展,现在又新生出来塑封干簧管,避免了传统玻璃干簧管易碎的缺点。

干簧管比一般机械开关结构简单、体积小、速度高、工作寿命长;而与电子开关相比,它又有抗负载冲击能力强等特点,工作可靠性很高。干簧管实物图如图 13.31 所示。

图 13.31 干簧管实物图

5. 干簧管的工作原理

当永久磁铁靠近干簧管或者有绕在干簧管上的线圈通电形成的磁场使簧片磁化时,簧片的触点部分就会被磁力吸引。当吸引力大于弹簧的弹力时,接点就会吸合;当磁力减小到一定程度时,接点被弹簧的弹力打开。

干簧管的接点形式有两种:一是常开接点型,平时打开,只有簧片被磁化时,接点才分开;二是转换接点的单簧管,结构上有三个簧片,第一个簧片用只导电不导磁的材料做成,第二个、第三个簧片是用既导电又导磁的材料做成。从结构分布来看,从上部、中部、下部依次是触点 1、触点 3、触点 2。平时,由于弹力的作用,触点 1、3 相连;当有外界磁力时,触点 2、3 磁化相吸合,由此形成一个转换开关。

干簧管可以作为传感器用,用于计数、限位等。例如,有一种自行车公里计,就是在轮胎上粘上磁铁,在一旁固定上干簧管构成的。利用干簧管的开关特性,可以设计磁性监测电路,把干簧管连接到单片机电路里,当检测到磁场信号,电路里的流水灯就闪烁,扬声器发出各种警报声音。它是一种结构简单、性能稳定、控制方便、价格低廉、智能化的报警器,测试电路如图 13.32 所示。

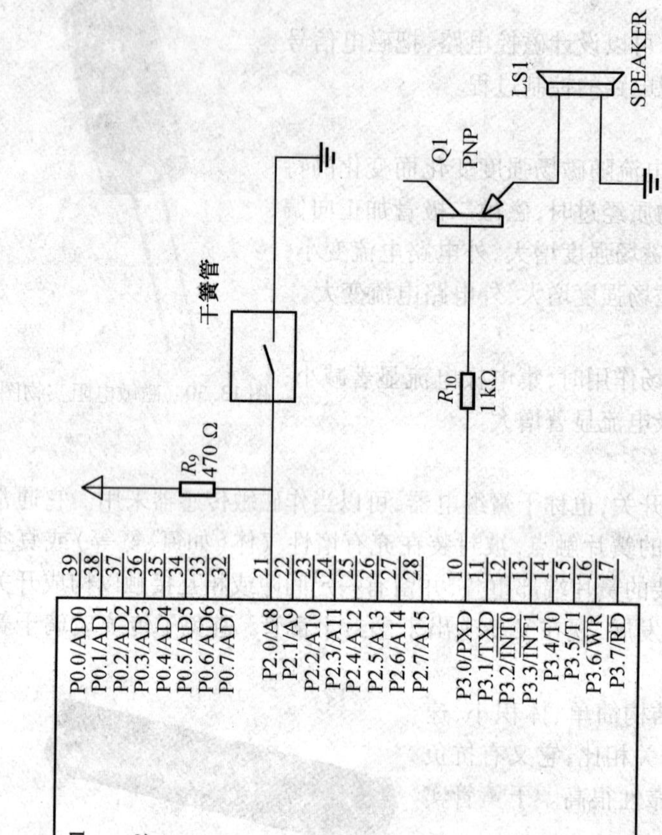

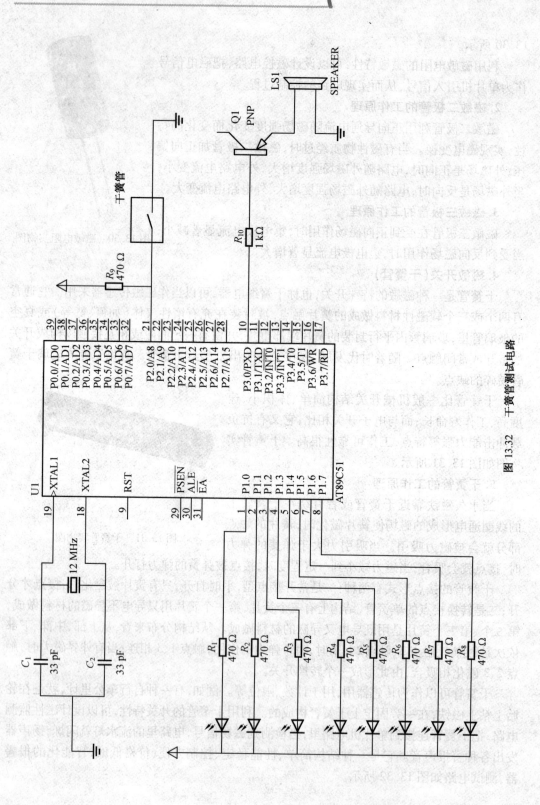

图 13.32 干簧管测试电路

程序参考代码如下：

```
#include <reg52.h>
unsigned int k;
sbit L1 = P1^0;
  sbit L2 =  P1^1;
  sbit L3 = P1^2;
  sbit L4 = P1^3;
  sbit L5 = P1^4;
  sbit L6 = P1^5;
  sbit L7 = P1^6;
  sbit L8 = P1^7;
  sbit ghg = P2^0;                    //干簧管连接在 P2.0 管脚上
void delay( )
  {
    for( k = 0;k<30000;k++);
  }

void display( )
  {
    { L1 = L2 = L3 = L4 = L5 = L6 = L7 = L8 = 0;
      delay(
    };
  L1 = L2 = L3 = L4 = L5 = L6 = L7 = L8 = 1;
  delay( );
  }
void main(   )                        /* 主函数 */
{
   unsigned char i,j;                 /* 声明无符号字符型变量 i,j */
     {
       for( ; ; )                     /* 无限循环 */
       {
        while( P2_0 = = 0 )           /* 按钮 K 按下,执行 while 循环 */
        {
            for( i = 0;i<150;i++)     /* 循环 150 次,1 kHz 音长为 0.075 s */
            {
                P3_0 = ~P3_0;         /* 反相输出 */
                display( );
              for( j = 0;j<50;j++);   /* 延时 500 μs */
```

```
        }
         for(i=0;i<100;i++)    /* 循环 100 次,500 Hz 音长为 0.1 s */
        {
         P3_0 = ~P3_0;          /* 反相输出 */
         display( );
         for(j=0;j<=100;j++);/* 延时 1 000 μs */
        }
      }
    }
  }
}
```

习　　题

1. 设计一个基于单片机的电子秤。
2. 设计一个自动感应垃圾桶。
3. 设计一个自动感应窗帘。
4. 设计一个酒精探测器。
5. 结合实际需要,利用单片机设计一个测试系统。

第14章 综合应用实例

红外线遥控成本低,安全可靠,不会产生电器干扰,因此,在家电设备及其他近距离的遥控中得到广泛应用。本章将通过LED显示遥控器按键值实例、简易红外线遥控开关和红外线遥控七色小彩灯实例,介绍红外线遥控基本原理及其设计、应用方法。

14.1 LED显示遥控器按键值

功能说明:

选用一种电视机遥控器,再利用接收模块结合单片机解码,控制P1端口所接的8个LED亮或灭。因此,8个LED的亮或灭的状态,即是显示红外遥控器的按键值。

8个LED视为8位二进制数,其中LED亮视为0,LED灭视为1。例如,按动红外遥控器按键1,8个LED中右边第一个灭,其他全亮,则表示二进制数为00000001B,转换成十六进制数为01H,即红外遥控器按键1的控制编码为01H;如果按动红外遥控器按键2,8个LED中右边第二个灭,其他全亮,表示二进制数为00000010B,转换成十六进制数为02H,即红外遥控器按键2的控制编码为02H。再如,按动红外遥控器“POWER”键,8个LED中第2、5灭,其他全亮,表示二进制数为00010010B,转换成十六进制数为12H,即遥控器的POWER键控制编码为12H。

14.1.1 红外线遥控原理

1. 红外线遥控系统结构

红外线遥控系统是由发射端和接收端两部分组成,如图14.1和14.2所示。

红外线发射端就是红外遥控器,主要包括键盘、编码调制芯片、红外线发射LED。当按下某一按键后,遥控器上的编码调制芯片便进行编码,并结合载波电路的载波信号而成为合成信号,再经红外线发射二极管,将红外线信号发射出去。

红外线接收端主要包括红外线接收模块、解码单片机。其中红外线接收模块里包括光、电转换放大器及解调电路。当红外线发射信号进入接收模块后,在其输出端便可以得到原先的数字控制编码,再经过单片机解码程序进行解码,便可以得知按下了哪一按键,从而完成红外线遥控的动作。

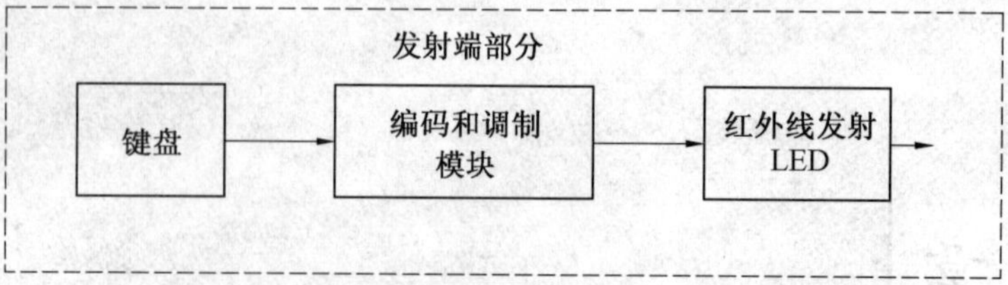

图 14.1　红外线发射端工作方框图

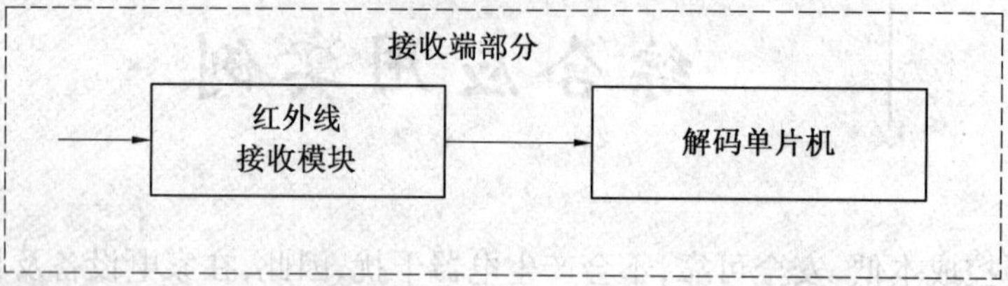

图 14.2　红外线接收端工作方框图

2. 编码方式与解码原理

红外线遥控器的编码与所使用的编码芯片有关，不同的芯片编码有所不同，但基本原理相似。这里以 SC9012 芯片为例，说明遥控编码方式和解码原理。

SC9012 一帧完整的发射码由引导码、用户编码和键数据码三部分组成。编码的格式如图 14.3 所示。

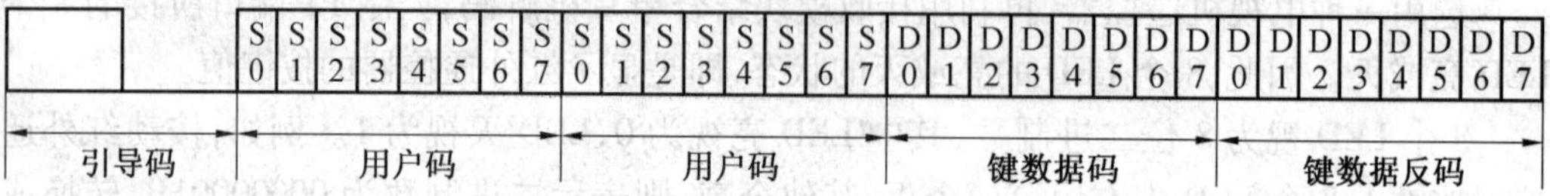

图 14.3　红外线发射码格式

引导码由一个 4.5 ms 的高电平脉冲及 4.5 ms 的低电平脉冲组成。八位的用户编码被连续发送两次，八位的键数据码也被发送两次，第一次发送的是键数据码的原码，第二次发送的是键数据码的反码，所以，整个数据编码占用 32 位。

数据编码方式是通过脉宽调制来实现的，以脉宽为 0.56 ms、间隔为 0.56 ms、周期为 1.125 ms 的组合表示二进制的“0”；以脉宽为 0.56 ms、间隔为 1.69 ms、周期为 2.25 ms 的组合表示二进制的“1”，其接收端波形如图 14.4 和图 14.5 所示。

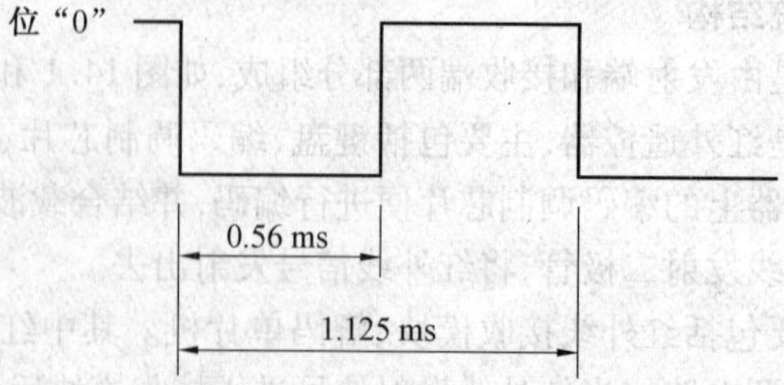

图 14.4　遥控码“0”波形图

单片机解码的关键是如何识别“0”和“1”，从上面遥控码“0”和“1”的波形图中可以

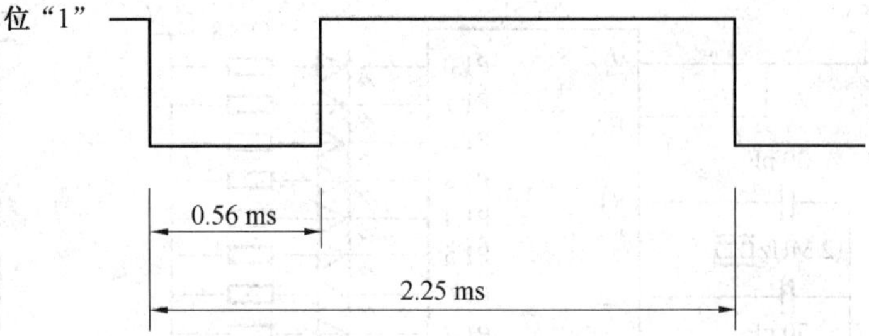

图 14.5　遥控码“1”波形图

发现“0”“1”均以 0.56 ms 的低电平开始，不同的是高电平的宽度不同，“0”为 0.56 ms，“1”为 1.68 ms，即“1”的高电平宽度是“0”的高电平宽度的 3 倍。如果延时 0.56 ms，若读到的电平为低，说明该位为“0”，反之则为“1”。或者设计一精确的延时时间，例如以 0.093 ms 延时时间当作基础时间，以调用基础延时时间的次数来计数实际的波形宽度，若读值为 6 则表示波形宽度为 0.56 ms，若读值为 18 则表示波形宽度为 1.68 ms，因此，可以直接通过判断高电平的宽度的计数值是 6 或是 18，来判断接收的原编码为 0 或 1。

14.1.2　硬件设计

红外线发射端采用市场上通用的一种红外遥控器（芯片为 SC9012 或 TC9012 系列等）。接收端采用一体化红外接收头，红外接收头只有 3 个引脚：引脚 1 为数字信号输出端（OUT），引脚 2 为接地端（GND），引脚 3 为电源输入（VCC）。红外接收头与单片机连接非常简单，只需将信号输出端（OUT）与单片机一个 I/O 引脚连接（P3.2），然后接上电源即可。单片机主要用于解码，P1 端口所接的 8 个 LED 用来显示解码后红外遥控器的按键值。单片机的 P2.4 引脚通过限流电阻 *R* 与三极管基极相接，三极管的集电极接有蜂鸣器，电路如图 14.6 所示。

14.1.3　程序设计

程序中，主程序通过调用解码子程序，将接收到的红外线遥控器信号进行解码，再调用遥控执行子程序，将解码后的按键值由 LED 显示出来。所以，解码子程序是程序中的主要部分。

汇编语言编写的 LED 显示红外线遥控器按键值源程序 IR01. ASM 代码如下：

```
;程序名:IR01. ASM
;程序功能:显示红外遥控器按键值
;---------------------- 程序初始化 -------------------------
SPK     EQU     P2.4            ; 压电喇叭信号输入位
IRIN    EQU     P3.2            ; 红外线 IR 信号输入位
IRDZ    EQU     20H             ; 解码数据放置起始地址
DZ3     EQU     22H             ; 比较第 3 字节
;------------------------ 主程序 ------------------------
MAIN:
```

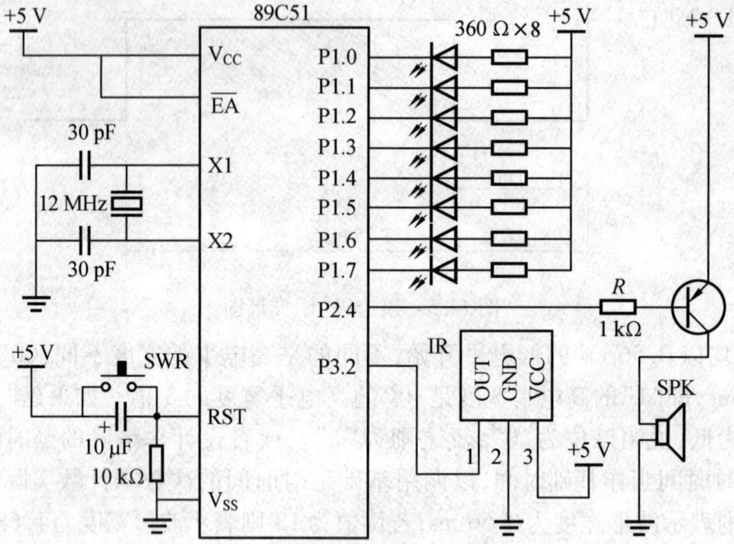

图 14.6　红外线接收电路图

```
ACALL  FS_SPK                         ; 调用发声子程序,响一声
SETB   IRIN                           ; IR 输入位设置为高电平
LOOP:
MOV    R0, # IRDZ                     ; 设置 IR 解码起始地址
ACALL  IR_IN                          ; 调用解码子程序,解码
ACALL  IR_ZX                          ; 调用遥控执行子程序,执行动作
JMP    LOOP                           ; 继续循环执行
;-------------------- 解码子程序 ----------------------
IR_IN:                                ; 解码子程序
;确认 IR 信号出现,避开 9 ms 引导脉冲
L1:    JNB     IRIN, L2               ; 等待 IR 信号出现
       JMP     L1
L2:    MOV     R5,#17                 ; 避开 9 ms 引导脉冲
       ACALL   DELAY05_R5
JB     IRIN, L1                       ; 确认 IR 信号出现
;-------------------------
L3:    JB      IRIN, L4               ; 等 IR 变为高电平
ACALL  DEL                            ; 调用 0.093 ms 延时程序
JMP L3
L4:    MOV     R3,#0                  ; 8 位计数清为 0
;-------------------------
;避开低电平,待直接判断高电平
L5:    JNB     IRIN, L6               ; 等 IR 变为低电平
```

```
ACALL  DEL                        ; 调用0.093 ms 延时程序
JMP L5
L6:    JB       IRIN,L7           ; 等 IR 变为高电平
ACALL  DEL                        ; 调用0.093 ms 延时程序
JMP L6
;-----------------------
;通过调用0.093 ms 延时次数的计数值来判断高电平的宽度,解码 0 或 1
L7:    MOV      R2,#0             ; 0.093 ms 计数清为 0
L8:    ACALL    DEL               ; 调用0.093 ms 延时子程序
JB     IRIN, L9                   ; 等 IR 变为高电平
;------------------
MOV    A,#8                       ; 将 A 寄存器设置为 8
CLR    C                          ; 清除借位标志 C
SUBB   A,R2                       ; 以减法指令 SUBB 来判断高低位
MOV    A,@ R0                     ; R0 值为解码内存地址,即取出内存数据给 A
RRC    A                          ; 将借位标志 C 右移进入 A
MOV    @ R0, A                    ; 将数据写入内存
INC    R3                         ; R3 值加 1,处理完一位
CJNE   R3,#8,L5                   ; 需处理完 8 位
;---------------
MOV    R3,#0                      ; 计数清 0
INC    R0                         ; R0 值加 1
CJNE   R0, #23H, L5               ; 收集到 4 字节
JMP L10
L9:   INC       R2                ; R2 值加 1
CJNE   R2, #30, L8                ; 计数过长离开
L10:
RET                               ; 子程序返回
;--------------------- 遥控执行子程序 ----------------------
IR_ZX:                            ; 遥控执行子程序
MOV    A, DZ3                     ; 将第 3 字节数据赋予 A
MOV    P1, A                      ; 显示二进制按键值
ACALL  FS_SPK                     ; 调用发声子程序,响一声
RET
;----------------------- 发声子程序 ---------------------
FS_SPK:                           ; 发声子程序
MOV    R6, #0
B1:    ACALL    DE
```

```
        CPL     SPK
        DJNZ    R6, B1
        MOV     R5, #100
        ACALL   DELAY05_R5
        RET
;---------------------- 短暂延时子程序 ----------------------
        DE:         ; 短暂延时子程序
        MOV     R7, #180
        DE1: NOP
        DJNZ    R7, DE1
        VRET
;---------------------- 延时子程序 ----------------------
        DELAY05_R5:         ;延时子程序,总延时时间为 0.5 ms * R5
        MOV     R6, #5
        D1:     MOV     R7, #10
        DJNZ    R7, $
        DJNZ    R6, D1
        DJNZ    R5, DELAY05_R5
;---------------------解码延时子程序 ----------------------
        DEL:                    ;用于解码延时子程序,延时为 0.093 ms
        MOV     R7, #22
        E1:     NOP
        111     NOP
        DJNZ R7,E1
        RET
;------------------------------------------------------------
        115 ·   END
;程序结束
```

14.2 简易红外线遥控开关

功能说明:选用一种电视机遥控器,再利用接收模块结合单片机解码,设计一个简易的红外线遥控系统,通过遥控继电器开启关闭,进而控制家用电器开关。

遥控器使用键盘上的 1 键(测得键码为 01H)。按下 1 键,则继电器 SSR 将 ON,蜂鸣器响一声,再次按下遥控器上的 1 键,继电器将 OFF。

14.2.1 硬件设计

红外线发射端采用市场上通用的一种电视机遥控器(芯片为 SC9012 或 TC9012 系

列)。接收端用一体化红外接收头,将接收头脚 1 信号输出端(OUT)与单片机 P3.2 引脚连接,接收头脚 3 接电源,脚 2 接地。单片机的 P2.6 引脚连接交流式固态继电器 SSR,这种继电器是采用光电耦合式无触点隔离输出控制,可以有效防止在电源接通或断开时对系统产生的不良影响。其继电器的输出端 OUT 无正、负之分,可以控制交流回路的通断。单片机的 P2.4 引脚接有蜂鸣器,P1.7 引脚接有 LED,作为解码信号的指示灯。电路如图 14.7 所示。

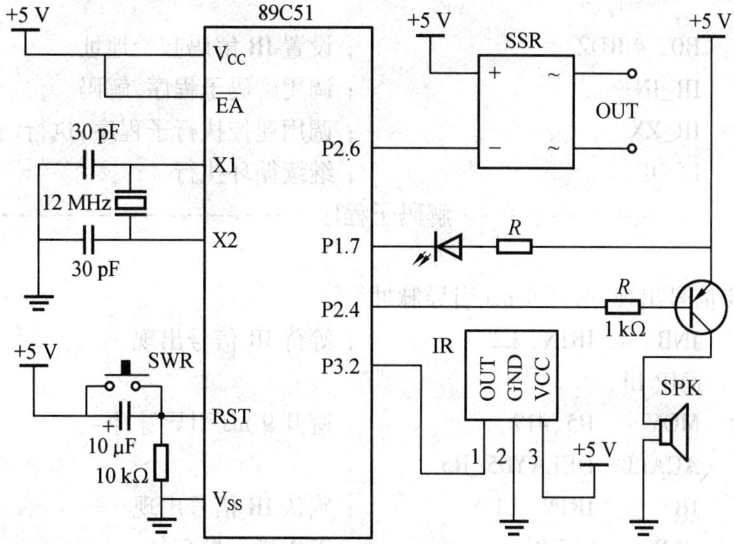

图 14.7　简易红外线遥控开关电路图

14.2.2　程序设计

程序中,将接收到的红外线遥控器信号进行解码,并与按键 1 码(01H)进行比较,如果相同,则继电器才能工作,防止误动。程序清单如下:

```
;-----------------------------------------------------------
;程序名:IR02.ASM
;程序功能:简易红外线遥控开关
;-----------------------------------------------------------
;---------------------- 程序初始化 ---------------------------
IR_K1     EQU     01H          ; IR 遥控器按键 1 码
;--------------------
SSR       EQU     P2.6         ; 继电器控制引脚定义
SLED      EQU     P1.7         ; 工作指示灯引脚定义
SPK       EQU     P2.4         ; 压电喇叭信号输入位
IRIN      EQU     P3.2         ; 红外线 IR 信号输入位
;--------------------
IRDZ      EQU     20H          ; 解码数据放置起始地址
```

```
DZ3     EQU     22H                 ; 比较第 3 字节
;------------------------ 主程序 ------------------------
MAIN:
ACALL   FS_SPK                      ; 调用发声子程序,响一声
SETB    IRIN                        ; IR 输入位设置为高电平
ACALL   SD_LED                      ; 调用工作灯闪动子程序,闪动一次
LOOP:
MOV     R0, #IRDZ                   ; 设置 IR 解码起始地址
ACALL   IR_IN                       ; 调用解码子程序,解码
ACALL   IR_ZX                       ; 调用遥控执行子程序,执行动作
JMP     LOOP                        ; 继续循环执行
;------------------------ 解码子程序 ------------------------
IR_IN:
;确认 IR 信号出现,避开 9 ms 引导脉冲
L1:     JNB     IRIN, L2            ; 等待 IR 信号出现
        JMP L1
L2:     MOV     R5,#17              ; 避开 9 ms 引导脉冲
        ACALL   DELAY05_R5
        JB      IRIN, L1            ; 确认 IR 信号出现
        CLR     SLED                ; 工作指示灯亮起
L3:     JB      IRIN, L4            ; 等 IR 变为高电平
        ACALL   DEL                 ; 调用 0.093 ms 延时程序
        JMP     L3
L4:     MOV     R3,#0               ; 8 位计数清为 0
;--------------------------
;避开低电平,待直接判断高电平
L5:     JNB     IRIN, L6            ; 等 IR 变为低电平
        ACALL   DEL                 ; 调用 0.093 ms 延时程序
        JMP L5
L6:     JB      IRIN,L7             ; 等 IR 变为高电平
        ACALL   DEL                 ; 调用 0.093 ms 延时程序
        JMP L6
;--------------------------
; 通过调用 0.093 ms 延时次数的计数值来判断高电平的宽度,解码 0 或 1
L7:     MOV     R2,#0               ; 0.093 ms 计数清为 0
L8:     ACALL   DEL                 ; 调用 0.093 ms 延时子程序
        JB      IRIN, L9            ; 等 IR 变为高电平
;--------------------------
```

```
        MOV     A, 8                ; 将 A 寄存器设置为 8
        CLR     C                   ; 清除借位标志 C
        SUBB    A,R2                ; 以减法指令 SUBB 来判断高低位
        MOV     A,@R0               ; R0 值为解码内存地址,即取出内存数据给 A
        RRC     A                   ; 将借位标志 C 右移进入 A
        MOV     @R0, A              ; 将数据写入内存
        INC     R3                  ; R3 值加 1,处理完一位
        CJNE    R3, #8, L5          ; 需处理完 8 位
;----------------
        MOV     R3,#0               ; 计数清 0
        INC     R0                  ; R0 值加 1
        CJNE    R0, #23H, L5        ; 收集到 4 字节
        JMP L10
L9:     INC     R2                  ; R2 值加 1
        CJNE    R2, #30, L8         ; 计数过长离开
L10:    SETB    SLED                ; 关闭 LED
        RET                         ; 子程序返回
;--------------------遥控执行子程序 ----------------------
        IR_ZX:
        MOV     A, DZ3              ; 将第 3 字节数据赋予 A
        CJNE    A, #IR_K1,   A1     ; 与按键 1 码比较,不是则返回
        ACALL   FS_SPK              ; 调用发声子程序,响一声
        CPL     SSR                 ; 反相输出,使继电器接通或断开
A1:     RET
;-------------------- 工作灯闪动子程序 ----------------------
        SD_LED:
        MOV     R4, #4
LE1:    CPL     SLED
        MOV     R5, #200
        ACALL   DELAY05_R5
        DJNZ    R4, LE1
        RET
;---------------------- 发声子程序 ----------------------
FS_SPK:
        MOV     R6, #0
B1:     ACALL   DE
        CPL     SPK
        DJNZ    R6,B1
```

```
        MOV     R5, #100
        ACALL   DELAY05_R5
        RET
;---------------------- 短暂延时子程序 ------------------
DE:
        MOV     R7, #180
DE1:    NOP
        DJNZ    R7,DE1
        RET
;---------------------- 延时子程序 ----------------------
DELAY05_R5:                     ; 总延时时间为 0.5 ms * R5
        MOV     R6, #5
D1:     MOV     R7, #10
        DJNZ    R7, $
        DJNZ    R6, D1
        DJNZ    R5, DELAY05_R5
        RET
;---------------------- 解码延时子程序 --------------------
DEL:                            ; 延时为 0.093 ms
        MOV     R7, #22
E1:     NOP
        NOP
        DJNZ    R7, E1
        RET
;---------------------------------------------------------
        END                     ; 程序结束
```

14.3 无线电遥控应用实例

无线电遥控的主要特点是控制距离远，而且通信能够穿透建筑物，没有方向的限制。本章将利用无线电发射及接收模块结合单片机，来设计一个简易的无线电遥控系统，并通过显示无线电遥控器按键值实例、无线电遥控开关和无线电遥控门铃及照明灯实例，来介绍无线电遥控基本原理及其设计方法。

14.3.1 无线电遥控原理

1. 无线电遥控系统结构

无线电遥控系统是由发射端和接收端两部分组成。发射端就是无线电发射器。图 14.8 所示是发射端的工作方框图，发射器上面有 4 组按键，分别为 A 键、B 键、C 键和 D

键,内有编码芯片、密码设置和高频载波电路,当按下任何一键时动作指示灯 LED 点亮,经过编码芯片转换为不同的数字数据,再经过高频载波电路将无线电控制信号发射出去。编码芯片 PT2262 发出的编码信号由地址码、数据码、同步码组成。

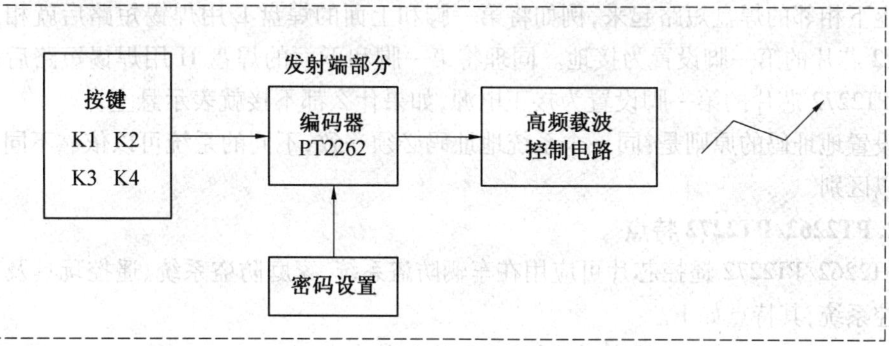

图 14.8　无线电发射端工作方框图

无线电控制接收端是由接收模块和单片机组成,图 14.9 所示是接收端的工作方框图,接收模块中包括高频接收电路、解码芯片 PT2272 和密码设置电路等。高频接收电路接收来自发射器的高频信号,并取出其中的数字信号,送至解码芯片,解码芯片负责将原先编码的数据进行解码,取出原先发射的数据送到单片机上,单片机控制程序负责控制完成相对的按键遥控动作。

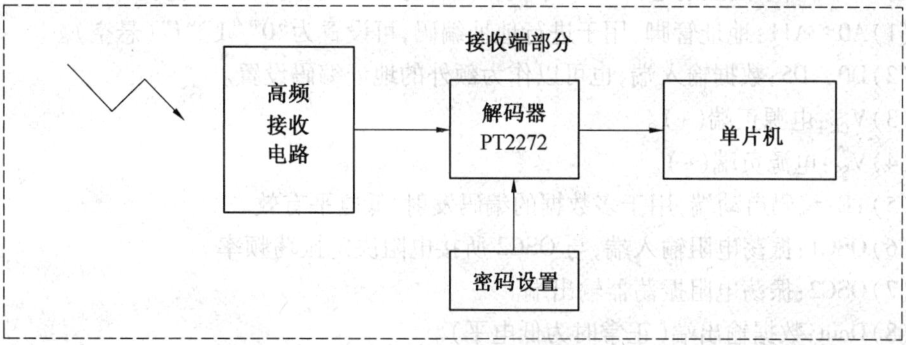

图 14.9　无线电接收端工作方框图

发射器本身并不耗电,只有按键按下时才会耗电,因此不需要装上电源开关。另外,由于无线电遥控是靠高频载波频率传送编码数据,因此在出厂时,其工作频率已先行设置调整完成,用户请勿自行调整,否则工作频率不吻合时,则无法正常接收。

无线电的接收端和发射端的地址必须完全相同,才能配对使用。编码芯片 PT2262 和解码芯片 PT2272 的第 1 ~8 脚为地址设定脚,有悬空、接正电源、接地三种状态可供选择,所以可提供 6561 组密码设置。遥控类产品上一般都预留地址编码区,采用焊锡搭焊方式或插针方式来选择,模块出厂时一般都悬空,便于客户自己修改地址码。图 14.10 所示是接收端模块地址设置跳线区示意图,

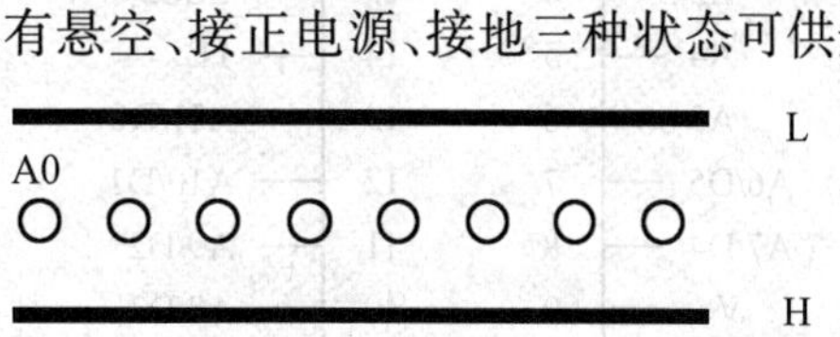

图 14.10　接收端模块地址设置跳线区示意图

地址跳线区是由3排焊盘组成，中间的8个焊盘是解码芯片PT2272的第1~8脚，最左边标注A0的为芯片的第1脚。最上面的一排焊盘右侧标有"L"字样，表示和电源地相连。最下面的一排焊盘标有"H"字样，表示和正电源相连。所谓的设置地址码即设置密码，就是将上下相邻的焊盘短路起来，例如将第一脚和上面的焊盘L用焊锡短路后就相当于将PT2272芯片的第一脚设置为接地。同理将第一脚和下面的焊盘H用焊锡短路后就相当于将PT2272芯片的第一脚设置为接正电源，如果什么都不接就表示悬空。

设置地址码的原则是：同一个系统地址码必须一致，不同的系统可以依靠不同的地址码加以区别。

2. PT2262/PT2272 特点

PT2262/PT2272遥控芯片可应用在车辆防盗系统、家庭防盗系统、遥控玩具及其他电器遥控系统，其特点如下。

(1) CMOS工艺制造，具有低功耗、耐干扰的特点。

(2) 外部元器件少。

(3) 工作电压范围宽：2.6~15 V。

(4) 数据最多可达6位。

(5) 地址码最多可达531 441种。

3. PT2262/PT2272 引脚说明

图14.11所示是发射芯片PT2262引脚图，为18个引脚的DIP包装。

(1) A0~A11：地址管脚，用于进行地址编码，可设置为"0""1""f"(悬空)。

(2) D0~D5：数据输入端，也可以作为额外的地址编码设置。

(3) V_{CC}：电源正端(+)。

(4) V_{SS}：电源负端(-)。

(5) TE：编码启动端，用于多数据的编码发射，低电平有效。

(6) OSC1：振荡电阻输入端，与OSC2所接电阻决定振荡频率。

(7) OSC2：振荡电阻振荡器输出端。

(8) Dout：数据输出端(正常时为低电平)。

图14.12所示是接收芯片PT2272引脚图，也是18个引脚的DIP包装。

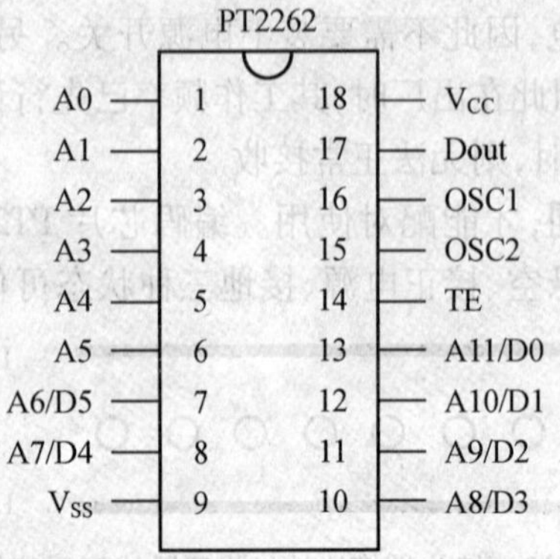

图14.11　PT2262引脚图

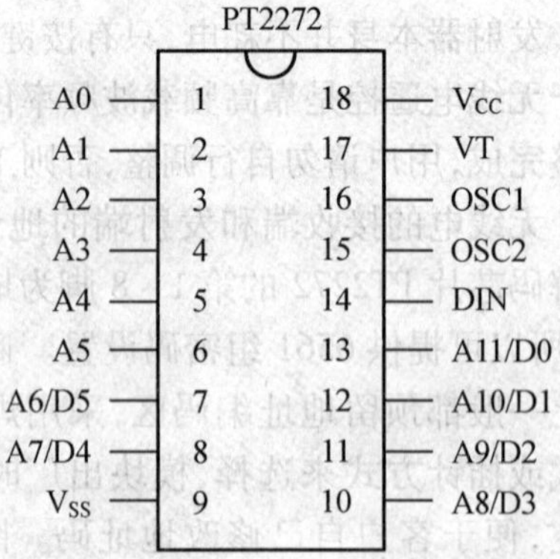

图14.12　PT2272引脚图

(1)A0 ~ A11:地址管脚,用于进行地址编码,可设置为“0”“1”“f”(悬空)。必须与 PT2262 设置相一致,否则不解码。

(2)D0 ~ D5:解码的数据输出端。

(3)V_{CC}:电源正端(+)。

(4)V_{SS}:电源负端(-)。

(5)DIN:未解码的数据信号输入端。

(6)OSC1:振荡电阻输入端,与 OSC2 所接电阻决定振荡频率。

(7)OSC2:振荡电阻振荡器输出端。

(8)TV:解码有效确认端。当发射端与接收端密码一致,若由接收端接收进来的数据解码完成,数据出现在 D0 ~ D5 引脚时,此引脚会呈现高电平,用以通知外部来读取解码信号。

14.3.2　硬件设计——基于无线电遥控门铃及照明灯

功能说明:

利用无线电遥控发射器及接收模块结合单片机,设计一个无线电遥控门铃及照明灯系统。按动无线电遥控器上的 A 键,门铃会响三声,停止 1 s 后,再响三声。按动无线电遥控器上的 B 键,门铃响一声,随后门铃指示灯闪动 3 s 之后,再响一声,门铃指示灯再闪动 3 s。按动无线电遥控器上的 C 键,点亮室内照明灯。按动无线电遥控器上的 D 键,关闭室内照明灯。

无线电发射端采用 PT2262 编码芯片的发射器,接收端是采用 PT2272 解码芯片的接收模块与单片机结合,PT2262/ PT2272 是采用 8 位地址编码和 4 位数据码,发射端与接收端的地址编码必须一致。接收模块中的解码数据输出端引脚 D0 ~ D4 分别与单片机 P0.0 ~ P0.3 引脚连接,模块中解码有效确认端 VT 与单片机 P0.4 引脚连接,模块 V_{CC}引脚接电源正端,V_{SS}引脚接电源负端。

单片机的 P2.6 引脚连接交流式固态继电器 SSR,这种继电器是采用光电耦合式无触点隔离输出控制,可以有效防止在电源接通或断开时对系统产生的不良影响。其继电器的输出端 OUT 无正、负之分,用来控制照明灯电源交流回路的通断。单片机的 P2.4 引脚接有蜂鸣器,P1.7 引脚接有 LED,作为门铃的指示灯,电路如图 14.13 所示。

14.3.2　软件设计

程序中,通过测试 VT 引脚电平高低来判断接收模块是否收到遥控数字信号。如果 VT=1,则说明遥控数字信号出现,等待遥控器按键放开后,读取数据,并将获得的按键数据与按键 A 码、B 码、C 码和 D 码进行比较,从而检测出遥控发射器所按键的编码数据信号,去控制遥控的相应动作。程序清单如下:

汇编语言编写的无线电遥控门铃及照明灯程序 WX03.ASM 代码如下:

```
;----------------------------------------------------
;程序名:WX03.ASM
;程序功能:无线电遥控门铃及照明灯
```

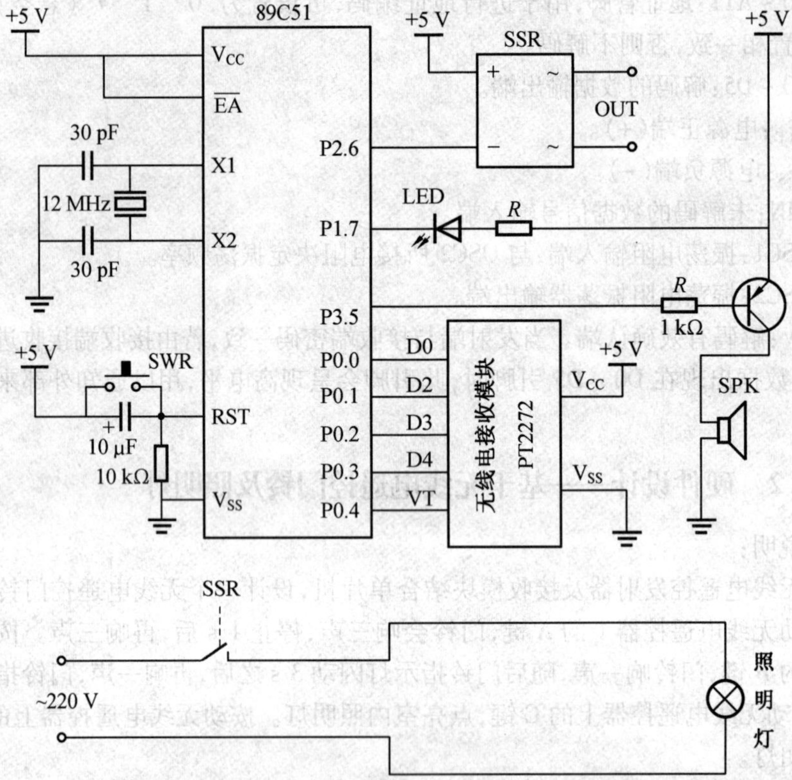

图 14.13　无线电遥控门铃及照明灯电路图

```
;-----------------------------------------------
;---------程序初始化 -----------------------------
SPK     EQU    P3.5          ；压电喇叭信号输入位
VT      EQU    P0.4          ；接收控制信号位
SLED    EQU    P1.7          ；工作指示灯引脚定义
SSR     EQU    P2.6          ；继电器控制引脚定义
;-----------------
WK_A    EQU    08H           ；遥控器按键 A 比较码
WK_B    EQU    04H           ；遥控器按键 B 比较码
WK_C    EQU    00H           ；遥控器按键 C 比较码
WK_D    EQU    01H           ；遥控器按键 D 比较码
;-------------主程序 ----------------------------
MAIN:                        ；主程序
        ACALL  FS_SPK        ；调用发声子程序，响一声
LOOP:
        JNB    VT, LOOP      ；等待发射信号出现，VT=1
        JB     VT, $         ；等待遥控器按键放开，TV=0
```

```
        MOV     A,P0            ; 读取数据
        ANL     A, #0FH         ; 忽略高 4 位
        ACALL   WX_ZX           ; 调用遥控执行子程序,执行动作
        JMP     LOOP            ; 继续循环执行
;----------------遥控执行子程序 ---------------------------
WX_ZX:                          ; 遥控执行子程序
        CJNE    A,#WK_A,A1      ; 比较不是按键 A,则继续比较
        ACALL   FS_SPK          ; 调用发声子程序,响三声
        ACALL   FS_SPK
        ACALL   FS_SPK
        MOV     R5, #100        ; 延时 1 s
        ACALL   DELAY10_R5
        ACALL   FS_SPK          ; 调用发声子程序,响三声
        ACALL   FS_SPK
        ACALL   FS_SPK
        RET
;----------------
A1:     CJNE    A,#WK_B,A2      ; 比较不是按键 B,则继续比较
        ACALL   FS_SPK          ; 调用发声子程序,响一声
        ACALL   SD_LED          ; 调用门铃灯闪动子程序,闪动 3 s
        ACALL   FS_SPK          ; 调用发声子程序,响一声
        ACALL   SD_LED          ; 调用门铃灯闪动子程序,闪动 3 s
        RET
;----------------
A2:     CJNE    A, #WK_C,A3     ; 比较不是按键 C,则子程序返回
        CLR     SSR             ; 接通继电器,点亮照明灯
        RET
;----------------
A3:     CJNE    A,#WK_D,A4      ; 比较不是按键 D,则子程序返回
        SETB    SSR             ; 关闭继电器,关闭照明灯
A4:     RET
;------ 门铃指示灯闪动子程序---------------------------
SD_LED:                         ; 门铃指示灯闪动子程序
        MOV     R4, #30
LE1:    CPL     SLED
        MOV     R5, #10
        ACALL   DELAY10_R5
        DJNZ    R4, LE1
```

```
        RET
;----------- 发声子程序 ---------------------------------
FS_SPK:                              ; 发声子程序
        MOV     R6, #0
B1:     ACALL   DE
        CPL     SPK
        DJNZ    R6,B1
        MOV     R5, #5
        ACALL   DELAY10_R5
        RET
;---------短暂延时子程序 ---------------------------------
DE:                                  ; 短暂延时子程序
        MOV     R7, #180
DE1:    NOP
        DJNZ    R7, DE1
        RET
85;------  延时子程序 -----------------------------------
DELAY10_R5:                          ;延时子程序,总延时时间为 10 ms * R5
        MOV     R6, #100
D1:     MOV     R7, #50
        DJNZ    R7, $
        DJNZ    R6, D1
        DJNZ    R5, DELAY10_R5
        RET
        END                          ; 程序结束
```

习　　题

1. 设计一个红外遥控的智能小车。
2. 设计一个无线遥控的七色灯控制系统。

参 考 文 献

[1] 张毅刚. 单片机原理及应用[M]. 北京:高等教育出版社,2003.

[2] 李敏,孟臣. 数字温度测量模块 LTM8003 及其应用[J]. 国外电子元器件,2002(1):50-52.

[3] 高洪志. MCS-51 单片机原理及应用技术教程[M]. 北京:人民邮电出版社,2002.

[4] 周坚. 单片机的 C 语言轻松入门[M]. 北京:北京航空航天大学出版社,2006.

[5] 赵亮. 单片机的 C 语言编程与实例[M]. 北京:人民邮电出版社,2006.

[6] 孟祥莲,高洪志. 单片机原理及应用[M]. 哈尔滨:哈尔滨工业大学出版社,2010.

[7] 李刚民. 单片机原理及实用技术[M]. 北京:高等教育出版社,2008.

[8] 林益平,赵福建. 单片机 C 语言课程教学的探索与实践[J]. 电气电子教学学报,2007,29(2):104-106.

[9] 王东峰. 单片机 C 语言应用 100 例[M]. 北京:电子工业出版社,2009.

[10] 潘永雄. 电子线路 CAD 实用教程[M]. 西安:电子科技大学出版社,2003.

[11] 李华. MCS-51 系列单片机实用接口技术[M]. 北京:北京航空航天大学出版社,2006.

[12] 杨居义. 单片机课程设计指导[M]. 北京:清华大学出版社,2009.

[13] 马忠梅. 单片机 C 语言程序设计[M]. 北京:北京航空航天大学出版社,2007.

[14] 苏培华,师玉军. 各种单片机编程语言比较[J]. 西安文理学院学报:自然科学版,2008, 11(3):113-115.

[15] 郭惠,吴迅. 单片机 C 语言程序设计完全自学手册[M]. 北京:电子工业出版社,2008.

[16] 赵建领. 51 系列单片机开发宝典[M]. 北京:电子工业出版社,2007.

[17] 吴戈,李玉峰. 案例学单片机 C 语言开发[M]. 北京:人民邮电出版社,2008.

[18] 王守中. 51 单片机开发入门与典型实例[M]. 北京:人民邮电出版社,2009.